中国碳酸盐岩缝洞型油藏认识不准确性及生产优化理论

康志江　尚根华　李红凯　崔书岳　著

中国石化出版社

内 容 提 要

海相碳酸盐岩油气藏开发是我国增储上产的重要领域,中国下古生界奥陶系塔河碳酸盐岩缝洞型油藏地质时代古老,经历了多期构造运动,油气成藏条件十分复杂,经过多期岩溶、多期充填及垮塌改造,缝洞储集体具有强非均质性与离散性,油藏高效开发是世界性难题,没有可借鉴的成果经验。经过多年研究与实践,本书首次提出了中国碳酸盐岩缝洞型油藏认识不准确性理论及生产优化理论,有效指导了复杂油藏科学开发。

图书在版编目(CIP)数据

中国碳酸盐岩缝洞型油藏认识不准确性及生产优化理论／康志江等著．—北京：中国石化出版社，2020.9
ISBN 978-7-5114-5886-5

Ⅰ. ①中… Ⅱ. ①康… Ⅲ. ①碳酸盐岩油气藏-油田开发-研究-中国 Ⅳ. ①TE344

中国版本图书馆 CIP 数据核字(2020)第 133386 号

中国石化出版社出版发行

地址:北京市东城区安定门外大街 58 号
邮编:100011　电话:(010)57512500
发行部电话:(010)57512575
http://www.sinopec-press.com
E-mail:press@sinopec.com
北京富泰印刷有限责任公司印刷
全国各地新华书店经销

*

787×1092 毫米 16 开本 12.5 印张 290 千字
2020 年 11 月第 1 版　2020 年 11 月第 1 次印刷
定价:108.00 元

INTRODUCTION / 序

康志江教授等专家撰写的《中国碳酸盐岩缝洞型油藏认识不准确性及生产优化理论》，是在多年科学研究、技术开发成果的基础上总结提炼而成的专业著作。书中阐述了团队创建的碳酸盐岩大型缝洞型油藏认识不准确性及生产优化理论与技术，并介绍了该领域的最新进展和发展趋势。专著内容新颖，信息丰富。

全书共分为九章。第一章至第四章的主要内容是建立缝洞型油藏认识不准确性理论，认为客观存在的油藏成藏过程具有随机性、复杂性和时变性，而人类对油藏的认识存在模糊性、或然性及暂时性，即对油藏认识的不准确性。书中剖析了不准确性的主控因素，提出了认识油藏的“条件符合”观点，不追求对油藏的全面清晰认识，而追求检测、地质、演化规律的全部条件符合。由此提出的提高检测精度、多条件符合、静动态一体化的地质建模理论和技术，有效地降低了对缝洞储集体描述的不准确性，提高了表征精度。第五章至第八章的主要内容是基于对碳酸盐岩缝洞型油藏认识不准确性的理论而建立的油藏生产优化理论与技术，加强概念模型的开采机理研究并建立开发对策；基于地球物理模型、地质模型和油藏动态模型的静动态一体化系统研究，并以油藏生产最优为目标，实现了油藏研究的整体化和系统化；基于多个不准确模型的优化方法，有效地降低了开发风险。第九章阐述了缝洞型油藏高效开发的发展战略与主要研究方向。

该书内容新颖，系统性强，理论明确，方法实用。序者相信，该书的问世必将大为促进复杂碳酸盐岩缝洞型油藏的效益开发，为石油工业的进一步发展做出重要贡献。

2020 年 9 月

前言

PREFACE

海相碳酸盐岩油气藏开发是我国增储上产的重要领域，中国下古生界奥陶系塔河碳酸盐岩缝洞型油藏地质时代古老，经历了多期构造运动、多期岩溶、多期充填及垮塌改造，油气成藏十分复杂，缝洞储集体具有强非均质性与离散性。由于埋藏深，地球物理响应多解性强，储集体识别与预测不准确性强。此类复杂油藏高效开发是世界性难题，没有可借鉴的成果经验。经过多年研究与实践，本书首次提出了中国碳酸盐岩缝洞型油藏认识不准确性理论及生产优化理论，有效指导了复杂油藏科学开发。

提出油藏认识不准确性理论内涵。油藏是客观存在的，但由于成藏的随机性、复杂性、时变性，导致人类认识油藏具有模糊性、或然性、暂时性，即油藏认识的不准确性，特别是中国碳酸盐岩缝洞型油藏认识具有更强的不准确性。

提出认识油藏的"条件符合"观点。认识油藏的常用手段有：露头、岩心、测井、地球物理及地质建模预测等。基于这些手段准确、清晰认识油藏是不可能的，因而提出全部符合基础条件为目标的油藏认识手段。基础条件是指检测认识、地质认识与演化认识，其中检测认识包括钻井、测井、地震等常用检测手段的认识，地质认识包括不同储集体之间的关系与联系的认识，演化认识是指不同时间的变化规律，如沉积过程、成岩过程、岩溶过程、油气运聚过程、开发过程等演化规律认识。采用地质建模方法，通过"条件符合"，建立其有可能性的三维地质模型，建模的精度取决于基础条件的多少与精度。

创建了基于不准确性的油藏静动态一体化的油藏表征方法。在剖析缝洞型油藏地质构造、测井解释、地震解释预测、地质参数、缝洞体类型、缝洞体物性、地质储量等的不准确性的基础上，创新形成了静动态一体化的油藏表征方法，包括如何提高地球物理解释精度、分类精细建模方法、条件符合建模方法、静动一体化条件符合方法等，有效降低储集体预测的不准确性，提高了油藏表征精度。

创建了基于不准确性的油藏生产优化理论，解决了认识不准确性的复杂油藏如何高效开发的问题。理论包括三方面内容：①加强概念模型的开采机理研究。建立开发对策，解决了地质模型强不准确性不能直接指导生产问题，通过沉积、断裂、裂缝、岩溶、充填等地质规律，建立地质概念模型，通过物理与数值实验，揭示高效开发机理，直接指导油藏科学有效开发。②大系统实时优化理论。创建基于地质模型、动态模型与方案优化的大系统研究方法，融合地球物理模型、地质模型和油藏动态模型信息，油藏静态、动态一体化研究，以油藏生产最优为目标，实现油藏研究的整体化、系统化，减小地质模型不准确引发生产优化基础不准确。同时，强调实时生产历史拟合来更新油藏模型，并以更新后的模型进行后期生产优化。油田实施后，再生产拟合，再生产优化，使油藏实时处于最优控制状态，实现油藏实时最优化开发。③多个不准确地质模型的鲁棒优化理论。提出了基于多个不准确模型的鲁棒优化方法，与单一模型优化方法的区别在于它是基于若干个条件符合的地质模型进行鲁棒优化的，目的也是获得一个最优方案，但该方案对于任意一个模型都能改善开发效果，有效降低开发风险。

理论方法在塔河碳酸盐岩缝洞型油藏有效应用，建立缝洞型油藏多条件符合的地质模型，有效降低储集体表征的不准确性，提高了油藏表征精度；基于概念模型物模与数模研究，创建缝洞型油藏"时空差异性"注水开发方法与注氮气"气顶驱"提高采收率方法，通过大系统实时鲁棒方法精细优化了注采参数。实现缝洞型油藏开发生产的系统化、定量化、精细化，示范单元采收率已提高 5.6 个百分点，实现了我国碳酸盐岩油藏开发技术的重大跨越。

本书的编写分为三大部分：①缝洞型油藏不准确性理论的建立、对策、方法与应用；②基于不准确性的油藏生产优化理论；③缝洞型油藏精细描述与开发理论方法的发展战略。

第一部分包括第一章至第四章，分别介绍了缝洞型油藏不准确性理论的建立过程，阐明了大型溶洞、溶蚀孔洞、大尺度裂缝、小尺度裂缝分类精细建模与融合方法，有效提高了地质建模精度；介绍了缝洞型油藏条件符合地质建模方法，包括不同阻抗截断值、不同随机数、不同变程、不同建模算法、不同软硬数据相关性等方法研究，建立多个可能的地质模型，为鲁棒优化奠定了基础。进一步介绍了静动态条件符合降低不准确性方法，利用动态单井控制储量、动态井间连通程度约束修改地质模型，基于油藏数值模拟进行生产动态数据历史拟合，实际静动态条件符合，降低模型的不准确性。

第二部分包括第五章至第八章，分别介绍了基于不准确性的油藏生产优化理论与方法。阐明基于概念模型、通过物理模拟与数值模拟揭示开采机理的研究方法。介绍了地质模型、流动模型与方案设计优化的大系统优化方法，通过不断地生产拟合—更新油藏模型—生产优化，使油藏实时处于最优控制状态，实现实时最优化开发。最后介绍了多模型鲁棒生产优化方法，有效降低了开发风险。

第三部分为第九章，介绍了缝洞型油藏精细描述与开发理论方法的发展战略。包括单项技术进步带动整体技术水平的提高；推动不准确性理论，减小整个油藏系统的不准确性；加强基于大数据、人工智能的技术方法研究等。

本书研究成果得到了国家重大科技专项(2016ZX0514)、国家自然科学基金项目(51574277)、国家重点基础研究发展计划(2011CB201000)、国家自然科学联合基金项目(U19B6003)的资助，在此一并表示感谢。

本书在编写过程中，得到了中国石化科技部、石油勘探开发研究院、西北油气分公司及石油物探技术研究院领导与专家的大力支持和帮助，还得到了长江大学赵辉和中国地质大学（武汉）张冬梅等研究团队的鼎力相助，另外还在成果提炼与统稿方面得到了康玉柱院士、綦凌燕的大力支持与帮助，在此一并表示感谢。

本书由康志江设计、修正和统稿，第一章由康志江、尚根华执笔，第二章由王世星、李红凯、邬兴威、吕心瑞、李军执笔，第三章由李红凯、康志江执笔，第四章由康志江、朱桂良、张允执笔，第五章由康志江、尚根华执笔，第六章由崔书岳、康志江、吕爱民、王月英执笔，第七、八章由康志江、赵辉执笔，第九章由康志江执笔。

由于编者水平所限，书中难免存在不妥或错误之处，敬请广大读者批评指正。

目录 CONTENTS

第一章　缝洞型油藏不准确性理论

中国下古生界奥陶系碳酸盐岩缝洞型油藏储集体地质时代古老，经历了六次构造运动，地质构造及油气成藏条件十分复杂，受多期岩溶、多期充填及垮塌改造，油藏表征难度极大，基于常用的岩心、测井、地球物理、地质建模、数值模拟等研究方法与流程难以精准认识油藏。本书提出了缝洞型油藏认识的不准确性理论，认为油藏认识是近似的、模糊的、或然的、暂时的性质，剖析了不准确性主控因素，提出认识油藏的"条件符合"观点，不追求全面清晰认识油藏，而是追求全部的条件符合。

第一节　不准确性理论的学习阶段

与油藏不准确性相关的理论有概率论、模糊数学、粗糙集理论、灰色系统理论、不确定性理论、测不准原理等，这些理论与不准确理论既有相似又有不同。

概率论的发展有悠久的历史，它的起源与博弈问题有关。16 世纪意大利的一些学者开始研究赌博中掷骰子等的一些简单问题，例如比较掷两个骰子出现总点数为 9 或 10 的可能性大小。17 世纪中叶，法国数学家布莱兹·帕斯卡尔、P. de 费马及荷兰数学家 C. 惠更斯基于排列组合方式研究了一些较复杂的赌博问题，解决了"合理分配赌注问题"（即"得分问题"）、"输光问题"等。其方法不是直接计算赌徒赢局的概率，而是计算期望的大小，导致了数学期望概念的建立。1933 年科尔莫戈罗夫（Andreyii Nikolaevich Kolmogorov）出版了《概率论基础》一书，在世界上首次以测度论和积分论为基础建立了概率论的公理，这是一部具有划时代意义的巨著，在科学史上写下了原苏联数学最光辉的一页。概率论研究的是"随机不确定"现象，着重于考察随机现象的统计规律，考察随机现象中每一种结果发生的可能性。概率论研究的内容包括：随机分析、随机分布、随机规划、随机决策和大数定律等，其出发点是大样本，并要求对象服从某种典型分布。在油藏研究中很难得到油藏大样本数据，目前只在油藏地质储量评价中有应用。

模糊理论源于美国加州大学的 Zadeh 教授在 1965 年发表了著名的论文《Fuzzy Sets》，文中首次提出表达事物模糊性的重要概念——隶属函数，从而突破了 19 世纪末康托尔的经典集合理论，奠定了模糊集理论的基础。该理论以模糊集合为基础，以处理概念模糊的事物为研究目标，并将其量化成计算机可以处理的信息。经过近四十年的发展，模糊集理论得到广泛的应用，研究领域分为模糊数学、模糊系统、模糊决策等。

粗糙集理论是由波兰科学家 Z. Pawlak 创立的，他于 1982 年发表了论文《Rough Sets》，宣告了粗糙集理论的诞生。他在 1991 年出版了第一本关于粗糙集的专著，1992 年在波兰召开了第一届国际粗糙集讨论会，接着 Slowinski 出版了关于粗糙集理论及其应用的论文集，推动了国际上对粗糙集理论与应用的深入研究，以后每年都召开一次以粗糙集理论为主题的国际研讨会。粗糙集理论现在已成为一门完整、独立的学科，其理论模型不断完善和发展，并渗透到很多学科，成为研究数据挖掘、知识约简计算的理论基础。目前，国内外对粗糙集理论的研究主要集中在以下几个方面：粗糙集的数学性质、数据的预处理、核和约简的求取、粗糙集模型的拓广和粗糙集的应用研究。

灰色系统理论源于 1982 年我国学者邓聚龙教授在《System & Control Letter》杂志上发表的第一篇灰色系统论文《The Control Problem of grey systems》。之后，许多学者纷纷加入灰色系统理论研究行列，开展理论探索及其在不同领域中的应用研究。近年来，灰色系统理论得到迅速发展，已初步建立起一门新兴学科的结构体系，包括以灰色朦胧集为基础的理论体系，以灰色关联空间为依托的分析体系，以灰色序列生成为基础的方法体系，以灰色模型为核心的模型体系，以系统分析、评估、建模、预测、决策、控制、优化为主体的技术体系。包括灰色序列生成方法、灰色决策方法、灰色预测模型、灰色规划模型、灰色控制和灰色博弈等。

上述四种理论有什么不同呢？概率论研究的是随机现象，着重于考察随机现象的历史统计规律，考察具有多种可能发生的结果与随机现象中每一种结果发生的可能性大小，重点在测度结果的分布，其出发点是大样本并要求对象服从某种典型分布。模糊集理论是经典数学的推广，着重研究模糊问题，其研究对象具有“内涵明确，外延不明确”的特点。解决问题的方法主要是凭经验借助于隶属函数进行处理。粗糙集理论也是用于解决集合之间的不确定性，作为一种处理不精确、不一致、不完整等各种不完备的信息有效的工具，能够直接对数据进行分析和推理，从中发现隐含的知识，揭示潜在的规律，它不需要提供问题所需处理的数据集合之外的任何先验知识，因此与其他理论有很强的互补性。灰色系统理论以“部分信息已知，部分信息未知”的“小样本、贫信息”不准确性系统为研究对象，主要是通过对部分“已知信息”的生成、开发提取有价值的信息，实现对系统运行行为、演化规律的正确描述和有效监控灰色系统理论，其特点是“少数据建模”，研究的对象是外延明确而内涵不准确，着重解决概率论、模糊数学所难以解决的“小样本、贫信息”问题，并依据信息覆盖通过序列算子的作用探索事物运动的现实规律。

在研究中人们发现，包括可能性理论在内的各种模糊数学理论无法对所有的主观不确定现象进行有效处理。为了解决由人类主观不准确性产生问题，2007 年我国清华大学数学系的刘宝锭首次系统地论证了不准确数学理论，论证了不准确数学的基本特征，包括规范性、单调性、自对偶性、次可加性等，之后该团队相继尝试用这个新公理化体系处理各类不准确系统，尤其对金融、经济、贸易等领域中的不准确规划问题进行建模、优化和规律认识，这类问题的特点是缺少实验观测和历史数据，所需数据都由有人们主观给出。由于不准确理论是一个新生事物，对其中的许多问题以及相应的应用了解的还不够多，有必要对它的数学性质进行探究，进而研究不确定变量熵的性质，并且尝试把不准确理论应用到推理中去，这就是不准确理论希望解决的问题。在之后的2010年，Liu对不准确理论体系进行了改良。经过短短五年的发展，这套基于规范性、对偶性、次可加性和乘积测度四条公理的理论体系已经逐步发展为一个公理化的数学分支，得到了很多学者的关注和研究，衍生出了不确定统计、不确定规划、不确定逻辑、不确定推理、不确定过程、不确定分析、不确定微分方程、不确定金融、不确定最优控制、不确定风险分析等众多理论。实际上自然界中的物理量一个点的确定是相对简单的，但要确定自然现象中物理量的变化趋势即分布变化就需要进行大量的测试工作，而物理量变化规律相对于单个的数据点由于更能反映其实质，因此其作用也更加明显。另外一方面，由于测试数据分布受制于各种因素，很难获得准确的分布曲线，为此可以采用专家认可的经验曲线(信度曲线)代替测试的分布曲线(测度曲线)。

部分人认为不确定性理论是起源于量子力学中的测不准原理。量子力学中的测不准原理表明，粒子的位置与动量不可同时被确定，位置的不准确性与动量的不准确性遵守不等式。对于两个正则共轭的物理量，一个量越确定，则另一个量的不准确性程度就越大。时间和能量之间，也存在类似的关系。就是说，微观粒子世界中，精确地知道其中一个变量的同时，必定会更不精确地知道另外一个变量。

测不准原理是德国物理学家沃纳·卡尔·海森堡于1927年通过对理想实验的分析提出来的，不久就被证明可以从量子力学的基本原理及其相应的数学形式中把它推导出来。测不准原理突破了经典物理学关于所有物理量原则上可以同时确定的观念。在对它的进一步理解上，在物理学家和哲学家中存在着不同的看法。在此理论中，微观粒子不再有分别被很好定义的、能被同时观测的位置和速度，而代之以位置和速度的组合在一起的量子态。有很久一段时间，不确定性原理被称为“测不准原理”，但实际而言，不确定性原理与测量准确不准确并没有直接关系。很明显测不准原理不是自然界中普遍的现象，只是微观世界的一类问题而已，这类问题不具有普适性。实践证明，测不准原理仅仅是自然界中微观世界的不准确现象，其理论体系架构中模型假设、求解方法、模型应用及模型的适应性都与自然界中宏观问题很难契合，自然界中绝大多数的问题不能用该理论体系进行求解。

测不准原理突破了经典物理学关于所有物理量原则上可以同时确定的观念，认为不可能同时知道一个粒子的位置和它的速度，粒子位置的不确定性表明微观世界的粒子行为与宏观物质很不一样。此外，不确定原理涉及很多深刻的哲学问题，用海森堡自己的话说：“在因果律的陈述中，即‘若确切地知道现在，就能预见未来’，所得出的并不是结论，而是前提。我们不能知道现在的所有细节，是一种原则性的事情。”

爱因斯坦和海森堡讨论时认为：一个人把实际观察到的东西记在心里，是会有启发性帮助的……在原则上试图单靠可观察来建立理论，那是完全错误的。

霍金也认为：科学理论，特别是牛顿引力论的成功，使得法国科学家拉普拉斯侯爵在19世纪初论断，宇宙是完全被决定的。他认为存在一组科学定律，只要我们完全知道宇宙在某一时刻的状态，我们便能依此预言宇宙中将会发生的任一事件。简言之可以这么说：由于你的一个喷嚏，使气流发生强运动，通过气流之间力的作用，最终使美国的一朵云达到了降水的条件。由于你的一个喷嚏，使美国降了一场雨！而没有你的喷嚏，那个云的运动也是一定的，降水就不可能了。妄想通过物理定律推算未来事件的努力是可笑的，从计算机学来看，这种推算是一种无限递归，终止递归的条件是得到未来某一时刻的状态，但算法需要知道自己得出结果后计算者对环境的影响（必须考虑）而陷入递归，因为终止条件是无法达成的，故算法无法完成，故未来不可知。

总的说来，这个世界具有多样的性质，有随机性、模糊性、不一致性、贫信息性、主观不确定性与微观测不准性，针对这些问题人类也产生了对应的理论与研究方法：概率论、模糊数学、粗糙集理论、灰色系统理论、不确定性理论、测不准原理等，这些理论思想在油藏认识与预测研究中也得到了借鉴与应用，如储量的概率计算、不确定性分析等，但对复杂的油藏系统进行描述与表征还存在大量的不准确性。

第二节　不准确性理论的建立

一、不确定性理论存在的问题

多年来，在中国古生界酸酸盐岩油气藏开发过程中，通过学习和应用不确定理论发现了以下几点问题。

（1）古生界碳酸盐岩油气藏形成条件是多时代沉积地层叠加、多时代原型盆地复合、多时代生储盖组合、多期成藏、多类型油气藏、油气藏保存等。在研究认识上，不是不确定而是不准确。

（2）在预测寻找油气的过程中，首先是区域地质分析研究指出有利区和目标区在哪里，不是不确定而是不准确。

（3）对地质上指出目标区开展物探工作，重点是地震勘探，结果发现了新的构造。多年来对上百个构造或圈闭进行钻探，证明构造或圈闭确定是存在的，但是圈闭的大小、深浅及高点位置不准确。

（4）在描述油藏过程建立地质模型，能够建立出地质模型是确定的，而建立地质模型与实际地下模型相比，永远是不准确的，只能无限地趋于准确，或只是地下实际模型的一种可能。

二、油藏不准确性理论的建立

油藏认识不准确性理论内涵：油藏是客观存在的，但由于成藏的随机性、复杂性、时变性，导致人类认识油藏具有模糊性、或然性、暂时性，即油藏认识的不准确性。特别是中国碳酸盐岩缝洞型油藏认识具有更强不准确性。

扩展至复杂自然界的认识也具有同样道理：自然界是客观存在的，但由于自然界的随机性、复杂性、时变性，导致人类认识自然是具有模糊性、或然性及暂时性，即认识的不准确性。尤其是地球科学、矿产地质学、油气地质学等认识自然研究中。

部分学者认为，油藏开发研究是一种“不确定性”研究。笔者认为，用“不准确性”研究更加准确，因为在油藏开发研究过程中，油藏是存在的、也是确定的，研究重点是提高油藏认识的准确性，避免低产低效开发。同时，认为“不确定”是指“是与否”的关系、存在与不存在的关系。而“不准确性”指认识是近似的、模糊的、或然的与暂时的，认识只能无限地趋于准确，强调的研究无止境、认识无止境、预测无止境，需要不断提高认识水平。

不准确性理论研究的目的：一是强调在认识油藏过程中存在不准确性，是近似的、模糊的、或然的与暂时的。二是如何提高认识油藏的准确性，减少不准确性；三是如何在不准确认识条件下，科学优化开发。

认识油藏的常用手段有：露头、岩心、测井、地球物理及地质建模预测等，基于这些手段准确清晰认识油藏是不可能的，认识油藏都存在较大的不准确性。提出认识油藏的"条件符合"观点。其思想是以检测认识、地质认识与演化认识为基础条件，以全部符合基础条件为目标的认识油藏，不追求全面清晰认识油藏，追求符合全部的条件，从而最优可能性的表征油藏。检测认识：包括钻井、测井、地震等常用手段的认识，地质认识包括不同储集体之间的关系与联系的认识，演化认识是指不同时间的变化规律，如沉积过程、成岩过程、岩溶过程、油气运聚过程、开发过程等演化规律认识。采用地质建模方法，通过"条件符合"，建立三维地质模型，建模的精度取决基础条件的多少与精度。达到的目标，但由于条件局限性及油藏随机性、复杂性，地质模型存在许多的不准确性。

剖析了认识缝洞型油藏表征过程中地质构造、测井解释、地震解释预测、地质参数、缝洞体类型分布、缝洞体物性、地质储量等存在的不准确性，基于不准确性理论，创新形成了基于不准确性的缝洞型油藏地质建模综合研究方法与对策，包括：如何提高地球物理解释精度，分类精细建模方法、条件符合建模方法、静动一体化条件符合方法等，有效降低储集体预测的不准确性，提高了油藏表征精度。

同时，针对"不准确性强的油藏如何高效开发"问题，建立了基于人能智能优化理论的生产优化技术方法，实现了开发设计的定量化、系统化、精细化，使不准确性强的油藏实现高效开发。

中国下古生界碳酸盐岩塔河缝洞型油藏，具有很强的非均质性与随机性，导致油藏的表征、开发决策及生产优化具有不准确性。

（1）油藏认识的不准确性。人类认识油藏的常用手段有：露头、岩心、测井、地球物理及地质建模预测等。基于这些手段准确清晰认识油藏是不可能的，目前认识油藏都存在较大的不准确性，目前人类认识油藏最好的表达是以计算机预测三维地质模型表征等。

（2）提出了认识油藏的"条件符合"观点。其思想是以检测认识、地质认识与演化认识为预测条件，以全部符合预测条件为目标的认识油藏，不追求全面清晰认识油藏，追求符合全部的条件，从而最优可能性的表征油藏。检测认识：包括钻井、测井、地震等常用认识结果，地质认识包括不同储集体之间的关系与联系的认识，演化认识是指不同时间的变化规律，如沉积过程、成岩过程、岩溶过程、油气运聚过程、开发过程等演化规律认识。

例如：依据油藏钻井、测井、地震检测结果，采用地质建模方法，建立了三维地质模型，达到了"条件符合"理论目标，但由于随机性、复杂性，还存在许多的不准确性。依据大裂缝与小裂缝之间的关系认识、大溶洞与小溶洞之间的关系认识、裂缝与溶洞之间的关系认识，通过建模方法，建立了"条件符合"的不同尺度缝洞地质模型，但由于特殊性、差异性，还存在许多的不准确性。依据沉积演化预测与认识，通过演化建模，建立了"条件符合"的演化地质模型；但由于时变性、不确定性，还存在许多的不准确性。说明我们目前认识油藏只是在“条件符合”的表征油藏，表征了油藏的一种可能性。

(3) 基于条件符合观点的优化新方法与技术。提出了分类条件符合、提高条件精度、多条件符合建模、静动条件一体化符合等新方法，明确了研究方向，系统减小油藏认识的不准确性。分类条件符合方法：在野外露头岩溶模式指导下，按储集空间细分大型溶洞、溶蚀孔洞、断裂与裂缝四类储集体，分类研究其发育模式、分类精细描述、分类精细建模研究，提高储集体表征精度。提高条件精度，建立多个符合条件的地质模型：提高缝洞储集体测井解释、地震解释与地震预测精度，获得的大型洞体和大型断裂带高的可信度；基于提高的地震属性与随机建模方法，建立多个符合基础资料的可能的多个地质模型。生产动态条件的符合方法：基于 PTA、PDA 及井间连通等动态法特征，单井控制储量的静动态符合，动态连通程度与裂缝开度的符合，实际模型参数与生产动态符合。基于油藏数值模拟技术，修正地质参数达到生产历史的符合：通过拟合实际生产数据来更新油藏地质参数，缝洞型油藏采用地震预测模型、地质模型与数模模型一体化研究，获得静动条件符合的油藏地质模型。

在不准确研究方面，发现缝洞型油藏不准确性明显高于碎屑岩油藏，究其原因最主要的缝洞型油藏储层的不连续性、强非均质性，形成了缝洞型油藏不准确性地质建模的方法。基于置信度提出了模型参数的不准确定量表征方法，分析了影响地质模型不准确系数的主控因素。通过结合岩溶系统地质认识、提高解释预测精度、静动态生产历史拟合等手段，形成了降低缝洞型油藏地质模型不准确性方法，为油田开发提供多个条件符合的地质模型。

(4) 针对认识不准确油藏如何高效开发问题，创建基于不准确性的油藏生产优化理论。理论包括：加强概念模型的开采机理研究，建立开发对策，解决地质模型不准确性不能直接指导生产的问题；创建基于地质模型、动态模型与方案优化的大系统研究方法，以油藏生产最优为目标，实现油藏实时最优化开发。在多个可能地质模型基础之上，优化油藏开发控制参数，获得风险最小、经济效益最大的目标方案。碳酸盐岩缝洞型油藏注水优化的主要内容包括：注采井网、注采对应关系、注采参数和注水方式等四个方面的优化。制约缝洞型油藏注采参数优化的关键问题有两个，一个是优化油藏地质建模；另一个是优化方法求解的速度和精度不能满足要求。在缝洞型油藏优化方面，建立了以连续求解目标函数梯度的优化方法，克服了枚举法的缺点，计算了控制变量变化前后目标函数的变化。研究发现，计算目标函数梯度时，调用模拟器次数对优化的效率影响最大。随着计算机技术和优化算法的发展，提高了缝洞型油藏梯度优化的速度和精度，达到了智能优化要求。另外，特别提出了基于不准确模型计算目标函数梯度的鲁棒优化方法，对多个地质模型同时优化，实际多个条件符合的地质模型的开发方案优化，优化方法进行了验证和应用。理论使开发设计定量化、系统化、精细化，系统性性解决了油藏不准确问题，有效降低开发风险，使不准确性强的油藏实现高效开发。

一个新理论的出现与其他理论的实践应用不适用有直接关系，同时，一个新理论后期理论的应用也必将对理论的完善和发展起着促进作用。不准确理论也是这样，虽然其应用仍然属于初步，处于雏形阶段，但在理论体系完善与应用中，必将出现大量的不准确理论应用方面的成果。

第三节　不准确性理论的应用阶段

2010年针对缝洞型油藏的复杂性逐步认识到油藏表征的不准确性，无论你怎么研究，油藏研究都存在不准确性，有的在油藏宏观规律(如岩溶规律)认识上、有的在某一方面(如测井解释)的研究上、有的在微观(微裂缝)对岩溶的控制上，都存在着不准确性，感觉通过测试手段知道一些认识，还总是还是不知道的问题与不准确性的方面。为此，围绕常规油藏描述研究的次序，系统解剖与分析了油藏研究中不准确性。了解与认可了表征的不准确，研究中也就不恐惧不准确性了，在研究中在精细研究的同时也注意研究中的不准确性，准确性与不准确性是相互矛盾的也是共存的，在一定条件下准确与不准确是相互转化的。在不准确研究与应用中，首先解剖了复杂缝洞型油藏在认识过程中相存在什么样不准确性，不准确性之间是如何影响的，之后形成基于不准确理论的研究对策与方法，提高表征精度，减小表征中的不准确。

碳酸盐岩缝洞储集体经过了碳酸盐岩沉积以外，还经历了多次构造运动作用、多期岩溶、多期充填及垮塌改造，油藏的复杂性与储集体认识不准确性更强。油气藏描述需要各种诸如地震、测井、露头等资料，很明显这些资料只是人类可认知的部分信息，无法覆盖油气藏全部信息，由此也产生了认识的局限性与不准确性。

一、静动态资料缺乏造成的不准确性

由于工作量等限制引起的基础资料没有测量，在油气田勘探开发不同阶段都有这种情况，这种资料缺失造成认识的不准确性。部分油田的勘探开发过程中，由于种种原因，静压、流压、产液剖面等没有系统测试，由于资料的缺乏少，油藏后期能量与剩余油评价不准确性加大。由于油藏认识是“条件符合”性认识，资料少相当于条件少，认知能力就差。复杂缝洞型油藏要加大资料的测量与录取，认知能力才更强。

二、地质构造研究的不准确性

在进行缝洞型油藏不整合溶蚀构造面及断裂的解释中，由于油藏埋藏深、地震信号噪音大，精细解释难度大，在研究过程中采用的地震处理及成像、速度模型、时-深转换、数据品质及分辨率、人工解释和拾取、钻井位置等研究中存在很强的不准确性，导致构造解释的不准确性。

三、测井解释参数的不准确性

(1) 测井过程引起的不准确。测井曲线在测量过程中，由于测井仪器与井壁发生碰撞导致测井曲线数值不准确、刻度误差、复杂储集体的测井方法不适应等，导致测量的测井曲线存在测量误差，使测井曲线的基础数据具有不准确性。

(2) 钻井泥浆产生的不准确性。测井时受充满泥浆的井眼、泥饼、冲洗带、侵入带等的影响；甚至套管井的套管、水泥环对测量结果都存在影响，如果不分析与去除影响，测井曲

线数值也存在具有不准确性。

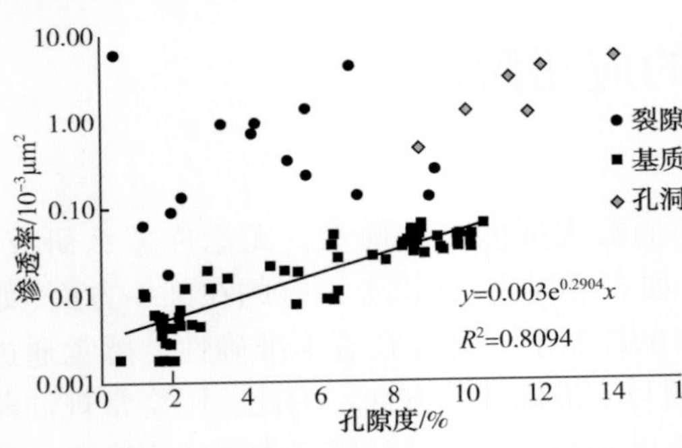

图 1-1 岩心渗透率和岩心孔隙度交会图

(3) 测井解释的不准确性。渗透率值一般由岩心分析资料的孔渗关系确定，由于孔渗关系是拟合出来的一条曲线，存在一定的误差，这样求取的渗透率值导致了不准确性(图 1-1)。孔隙度测井解释模型一般是用三孔隙度测井曲线来求得的，由于测井环境及围岩的影响，导致孔隙度值的不准确性。含油饱和度值一般是用阿尔奇公式求取的，阿尔奇公式适应于纯岩石的计算。m、n 值是变化数值，实验误差又给这些值的求取带来了不准确性。

(4) 裂缝解释的不准确性。目前大多数油气田存在裂缝，裂缝的识别十分困难，裂缝孔隙度以及裂缝含油饱和度的求取就更加困难。这样给地层总的孔隙度及含油饱和度的求取带来了不准确性。

四、地震解释参数的不准确性

(1) 受地震分辨率限制，储层地震异常尺度远粗于测井解释的储层尺度。如图 1-2 所示，642 井为地震剖面上串珠反射(溶洞储集体)，约为 40m，但对应测井只有 5.5m 溶洞，地震异常体尺度远大于测井解释储层厚度。

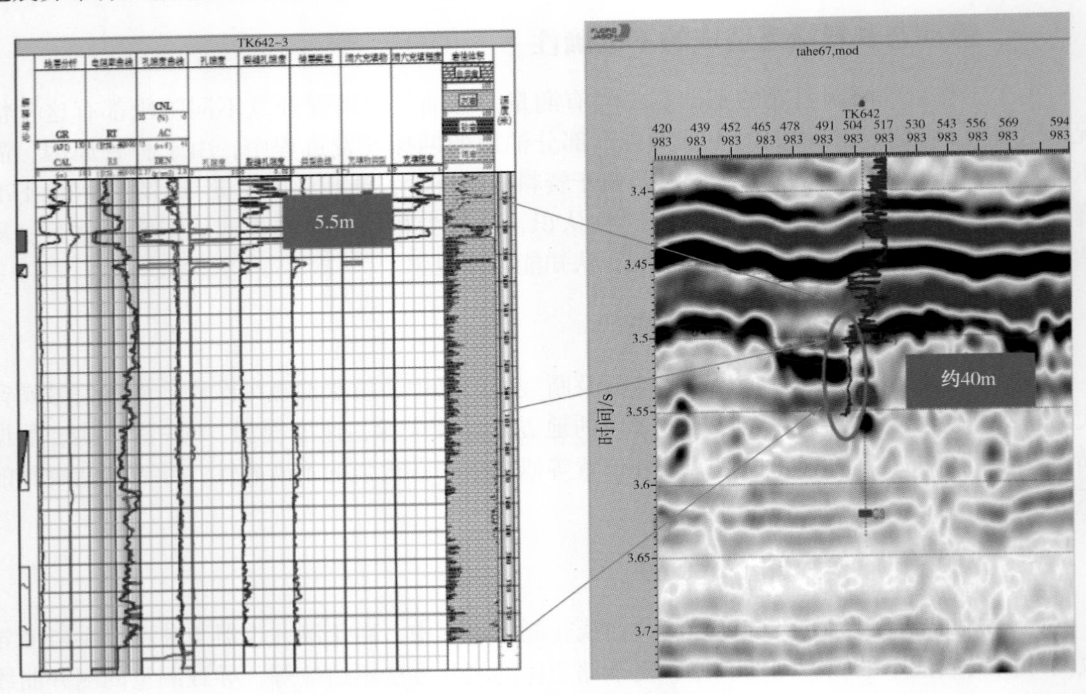

图 1-2 测井与地震不同尺度溶洞预测对比

(2) 地震反射特征相同，其储层类型可能不一致。如图 1-3 所示，12528、12524、

12508 井地震反射均为弱反射，但钻实为裂缝孔洞与裂缝储层不同，这就是地震预测精度导致的储层识别的不准确性。

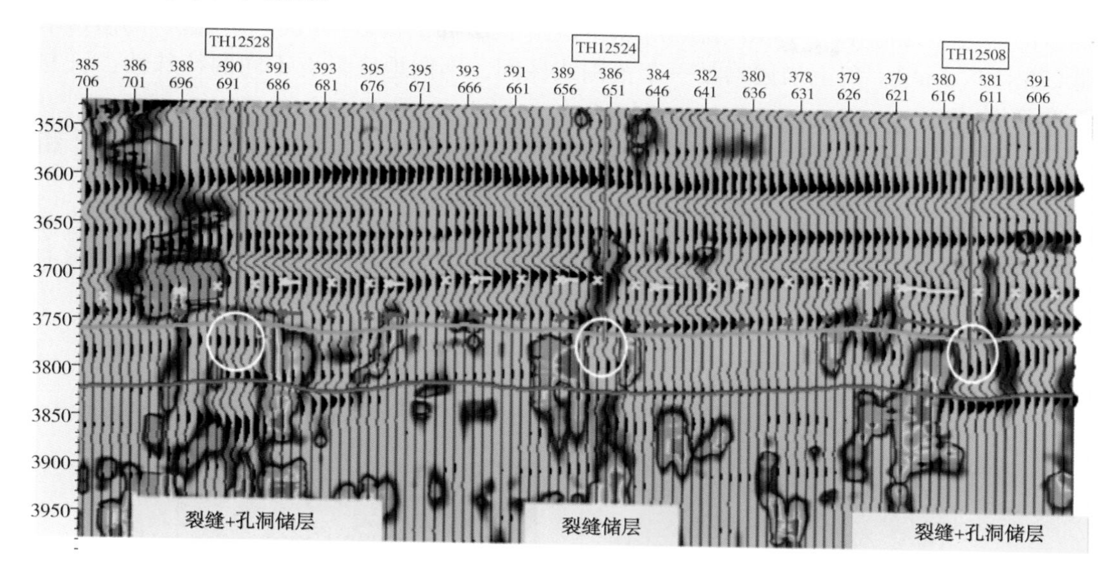

图 1-3　相对地震反射特征不同储层对比

（3）缝洞储集体地震响应特征均为“串珠”，判断洞穴充填与否、充填流体性质（油、水）具有很大的不准确性（图 1-4）。

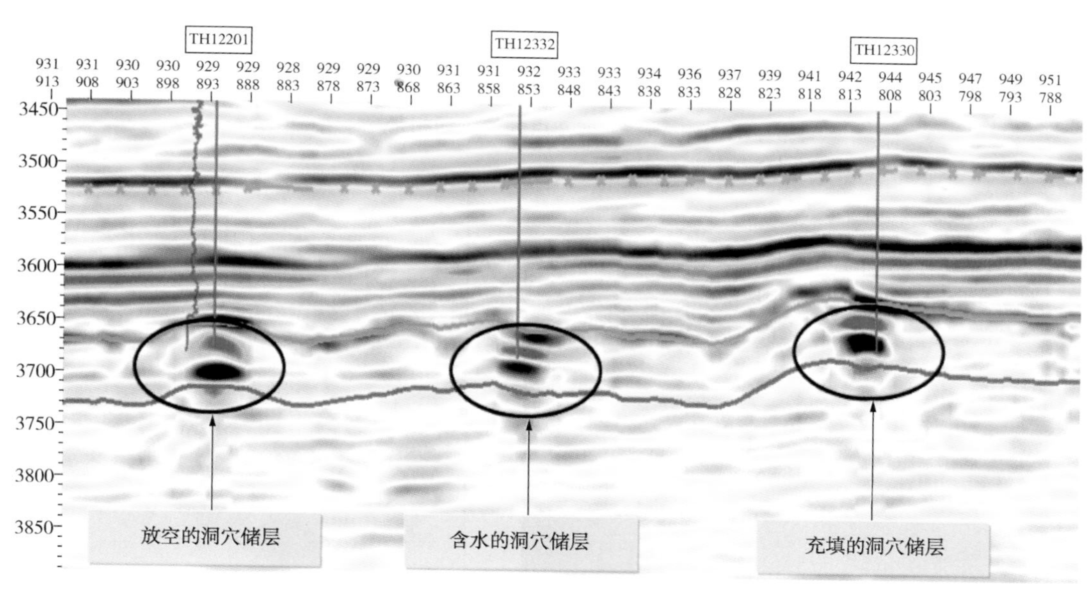

图 1-4　相同串珠地震反射不同的储层对比

五、地质参数的不准确性

（1）野外地质露头统计参数只能给出沉积体参数分布范围，如何优选参数具有不准确性。例如地质描述：90%的分支河道的宽度小于 850m，50%的小于 325m，20%的小于 75m。

90%的分支河道的厚度小于18m，50%的小于9m，20%的小于3.5m。90%的分支河道的宽厚比小于130∶1，50%的小于40∶1，20%的小于10∶1。侧向加积层状砂岩(曲流河体系)中测量的渗透率为中等($314\times10^{-3}\mu m^2$)，横向上广泛分布的薄砂层(决口扇沉积)的渗透率值最低($75\times10^{-3}\mu m^2$)。以上描述均是一个范围或区间，不同地区具有不同的特殊性，研究具有不准确性。

(2) 利用井点值手绘或地震预测得到的相带分布图(图1-5、图1-6)，在相边界、相厚度、相变化趋势上都存在较大的不准确性。

(3) 局部统计规律代替全局统计规律产生误差。对于相变严重、非均质性极强的岩性油气藏，利用局部(A区或B区)的概率统计规律预测全区的储层或属性分布都会出现较大的偏差(图1-7)。

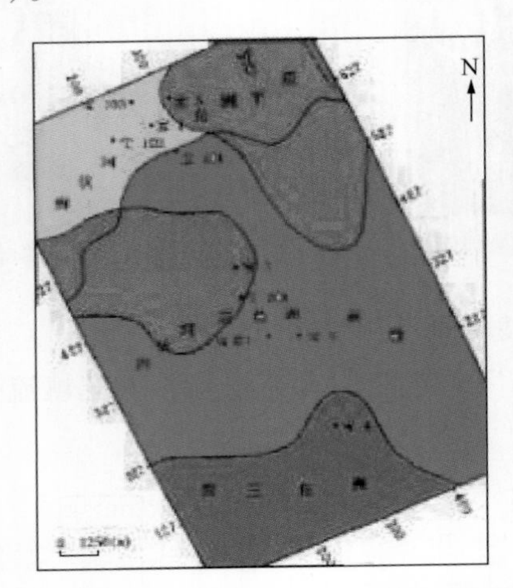

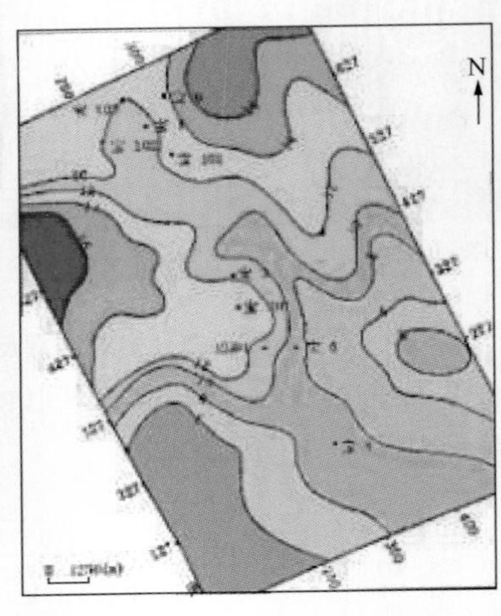

图1-5　依据井点划的沉积相带

图1-6　地震相带的预测

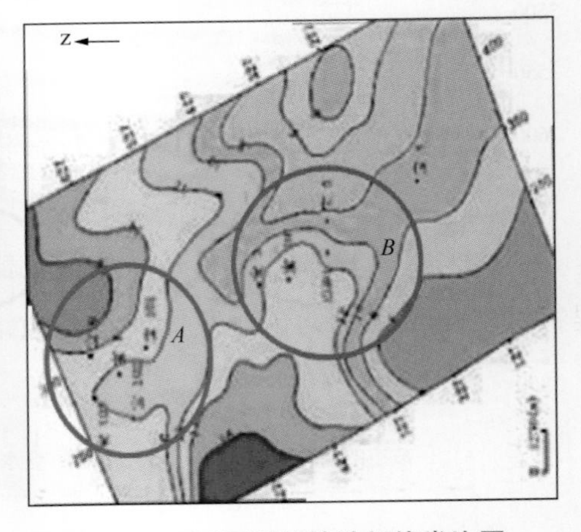

图1-7　不同局部统计规律类比图

六、建模方法的不准确性

1. 确定性建模方法

确定性建模方法均是以克里格理论为基础，后期发展出指示克里格、协克里格等。克里格方法核心是区域加权平均求出未知点的值，关键是加权系数的确定，加权系数的确定产生了指示克里格、协克里格等方法。当某点处的值与周围的值不具有线性关系时，利用周围数据的加权平均取得的估计值就是错误的，利用克里格方法求取某点值时具有不准确性。克里格算法是一种线性插值，边界求取的属性值为周围的平均值，导致边界光滑。如果沉积边界出现离散型边界，无法得到。

2. 随机建模方法

确定性建模每次只能有一个模拟结果，而随机建模每次可以产生多个等概率的模拟结果；按照储层相控程度，随机建模分为基于相的随机建模和基于网格点的随机建模。

基于目标建模方法需要建立目标体几何形状、不同储集体的厚度、接触关系等参数，一般利用地球物理预测、井点、露头和类比来估计。而这些估计与预测具有较大的不准确性。

高斯模拟方法关键是条件概率分布函数和分位数的选取。其中，条件概率分布函数求解中用到变差函数，非均质性油藏变差函数具有较强的不准确性；分位数为随机选取，也具有不准确性。

截断高斯模拟方法(沉积相)关键是截断值选取和误差模拟。沉积相空间分布变异强时，截断值随位置而变化，具有不准确性；误差模拟为无条件模拟，是一个不准确性过程。

指示模拟关键是概率分布函数和分位数的选取，条件概率分布函数中用到克里格算法，需要调整不同储集体类型的变程，根据认识不同，变程具有不准确性；而分位数为随机选取，为一个不准确过程。

分形模拟主要利用模拟参数具有分形的特点模拟随机变量的空间分布，主要在于分形维数的确立，包括平面和垂向的。取样点少的情况下分形维数计算具有不准确性。

多点地质统计学方法关键是建立训练图像，而训练图像的获取主要是根据地质人员的认识，具有一定的不准确性。

七、缝洞储集空间类型的不准确性

碳酸盐岩储层形成受到古地理环境影响大，如构造运动、海平面升降、白云岩化等后期改造作用。其次，早碳酸盐岩储集体形成以后，会发生剧烈的成岩作用，碳酸盐岩的矿物组成和孔隙结构特征变化，尤其是溶蚀过程对孔隙结构的改造，会产生或破坏孔隙。这些改造作用极大地改变了岩石的物性特征，成岩作用、孔隙度、孔隙结构类型和声波速度之间的相关性不强，尤其储集空间类型、渗透率与速度的关系。因此基于波阻抗的地震波处理解释将产生很强的不准确性，尤其是利用声波传播和反射等规律计算得到的储集体的孔渗可靠性大大受到影响(图 1-8)。

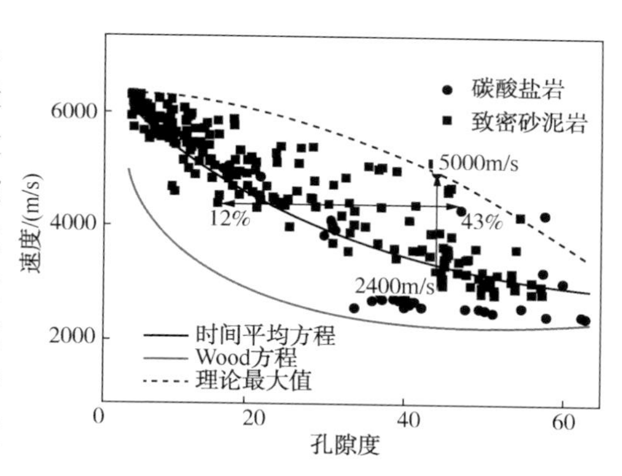

图 1-8 声波速度在碳酸盐岩和致密砂泥岩传播情况差异

缝洞储集体类型很多，不同类型储集体内部结构也很复杂，对缝洞储集体储集空间类型解释的手段主要是地震和测井解释，由于解释结果尺度的差异很大，很可能产生不同的解释结果，其主要表现为：

由于钻井位置与大型溶洞之间的配合关系不同，可能导致地震解释、测井解释结果等与完钻井结果不一致，实际研究中发现，当油井钻穿到溶洞中央位置时，一般地震与测井解释的结果都符合为溶洞型，而当油井钻穿到溶洞的边界位置，测井解释一般为裂缝溶洞型或裂缝型。因此，对于缝洞储集体类型解释结果将由于钻井位置的不同产生歧义。

多个小尺度的溶洞组合体在地震解释中常常难以被区分开来，无论小溶洞体在平面上如何分布，溶洞体的形状如何变化，地震波的处理结果均表现为自上到下的串珠状分布，这主要是由于在地震波反射解释中产生模糊效应，串珠的多少、长度与溶洞体之间的关系很难搞清楚，常常解释为单个大型的溶洞，而实际钻井位置在几个小型的溶洞之间的概率明显大，这样测井和钻井结果与地震解释结果也将不一致(图 1-9)。

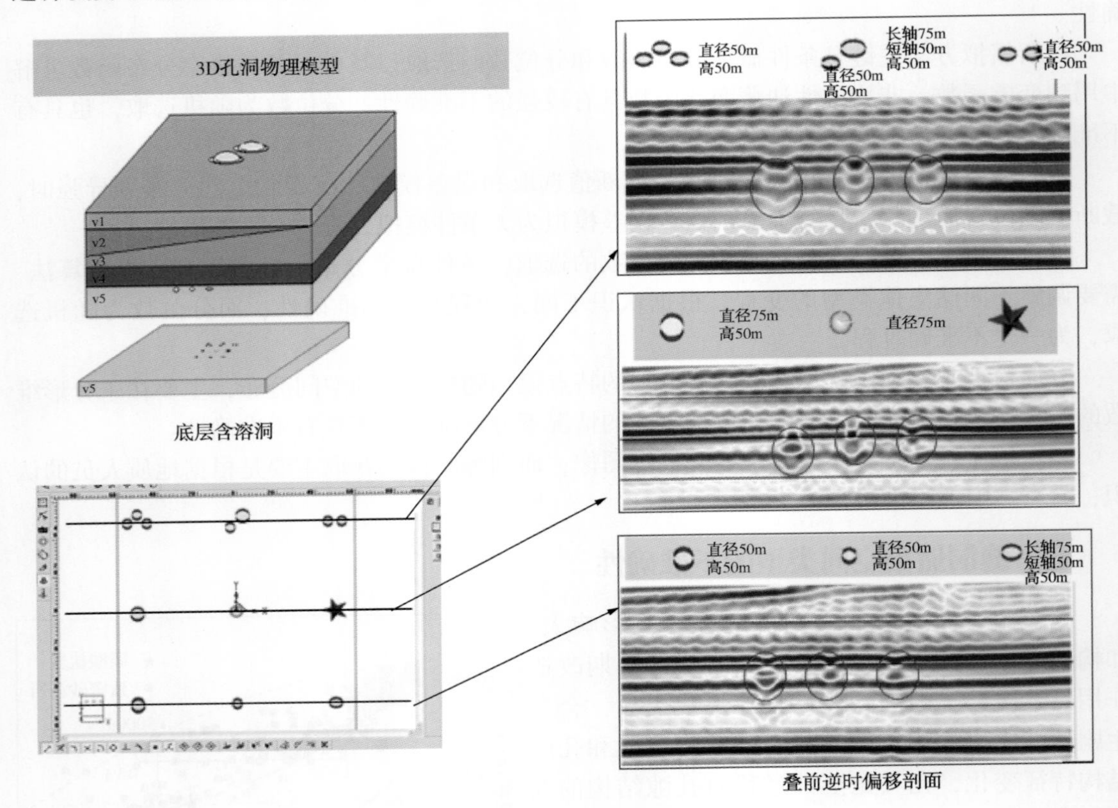

图 1-9　多个小型溶洞体模糊效应

目前对于复杂的缝洞单元，地震预测技术还处于定性—半定量阶段，还需与井点处的测井、测试等数据进行对比、校正、综合分析。对于大型缝洞储集体包括大型溶洞和断裂发育带的预测，通常采用地震解释大于 25m 的溶洞是基本可靠的；对于 5~10m 的缝洞储集体，地震解释结果具有很强的不准确性；对于小于 5m 溶洞的解释基本不可靠，必须采用井震结合的方法解决小尺度缝洞的识别问题。无论是何种尺度的缝洞储集体，应该尽可能地采用井震结合，动静结合的方法提高解释的确定性。另外，可以通过将解释结果按照概率的方式进行赋值，然后结合测井、钻井资料、动态分析、酸化压裂施工效果分析等改变概率值，逐步提高缝洞型油藏储集体解释的确定性和信度值。

八、缝洞储集体分布的不准确性

与砂砾岩油藏相比较，缝洞碳酸盐岩油藏储集体中岩溶发育和分布主要受构造裂缝及溶蚀孔洞的发育强度控制。此类储集层中包含大量独立、不连续的叠加孔隙单元，缺乏连续性是岩溶储集层非均质性的主要特征。表现为储集空间构成复杂，分布不均；储集层与非储集层在空间随机交互出现；储集能力和渗流能力空间分布不均，差别较大。岩溶的垂向分带性是控制岩溶储集层垂向非均质性的主要原因。岩溶作用从剥蚀面往下依次可划分为地表岩溶带、渗流岩溶带和潜流岩溶带，优质岩溶储集层(或岩溶储集体)的发育位置往往是多次渗流和潜流交替溶蚀和叠加改造的部位。横向非均质性表现为溶蚀岩柱分隔成较窄的溶洞空间，这些空间可能成为相对不渗透体的侧向流动的屏障，由此导致了岩溶储集体为主的油藏油井产能横向差别极大。裂缝发育带控制了部分储集层中的流体流动，不同规模的断裂和微裂缝在岩溶缝洞储集层中非常发育，成群成组出现的微裂缝会对不同尺度的储集层非均质性有明显的影响，断裂和裂缝增加了储集层的渗透率。小尺度上，岩相的变化，对于不同规模的储集层垂向分布有明显的分割作用，增大了油藏的非均质性。

对缝洞储集空间发育和分布规律的不准确性研究属于世界性难题(图 1-10)，曾经有很多岩溶地质学家对缝洞发育和分布的主控因素进行分析，发现影响缝洞型油藏岩溶的主要地质因素是水动力学特征和古地貌特征。在确定缝洞型油藏的地质特征中，需要首先取得缝洞储集体的构造类型、边界界限等，实际研究中，对缝洞储集体分布的研究手段也是地震和测井，其解释的精度很难能够满足研究要求。研究发现，大型溶洞和断裂带的解释的准确性和可信度是较高的，但仍然存在不同的属性预测的结果差异很大的问题。

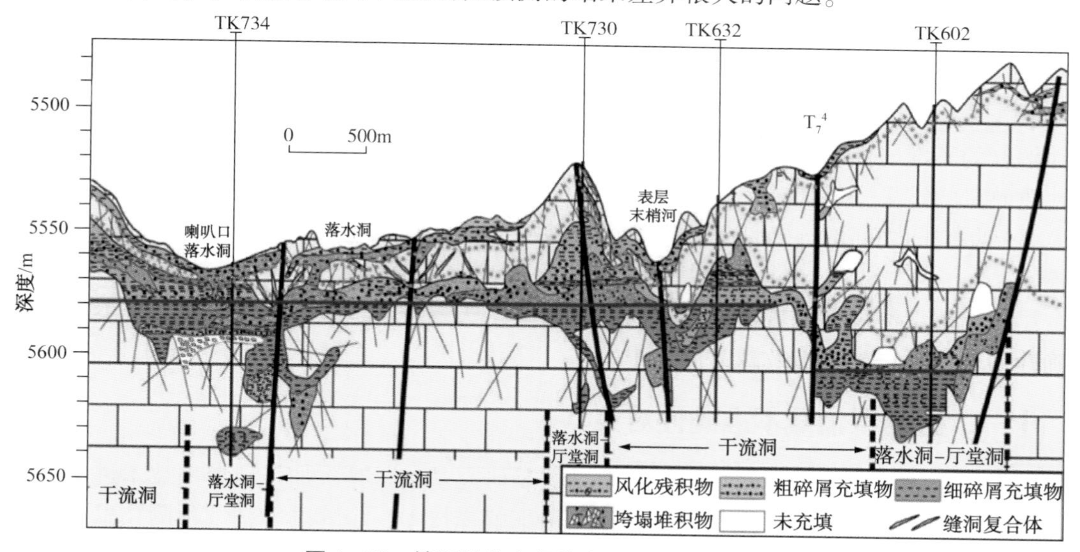

图 1-10　缝洞储集空间发育和分布的复杂性

与大型溶洞和断裂带的解释相比较，裂缝和溶孔的解释存在的不准确性更大，因此对缝洞型油藏储集体的储集空间的分布产生的不准确性远远大于砂岩油气藏。

九、缝洞储集体属性的不准确性

受到研究资料、方法、测试手段等因素的制约，缝洞储集体的属性确定方面也存在着很强的不准确性，这些属性包括孔隙度、渗透率、饱和度等。确定储层属性的主要手段是测井或岩心测试，其中尤以测井结果应用最为广泛，效果也最好。

获得缝洞储集体属性的方法很多，产生的不准确性也是不能忽略的，这些方法包括工程测试和实验室内部的测试。例如在油气田勘探开发过程中，储层的渗透性是进行储层评价的基础性参数。目前，获得储层渗透率主要途径有岩心分析、测井计算渗透率和地震解释渗透率、电缆地层测试渗透率、钻杆地层测试渗透率以及试井渗透率等方法。由于渗透率获取的方式不同，所得到的意义不同，现场应用条件也有区别。岩心分析渗透率反映的是几厘米范围内的岩石渗透性，属于小尺度范畴；测井分析得到的渗透率反映几十厘米范围内的岩石渗透性，属于中尺度范畴；试井分析探测范围较大，属于大尺度范畴。不同方法获得的渗透率差异很大，因此，在某一特定区块选用哪种方法计算渗透率，是油气田勘探开发储层评价的关键问题。

十、缝洞型油藏储量的不准确性

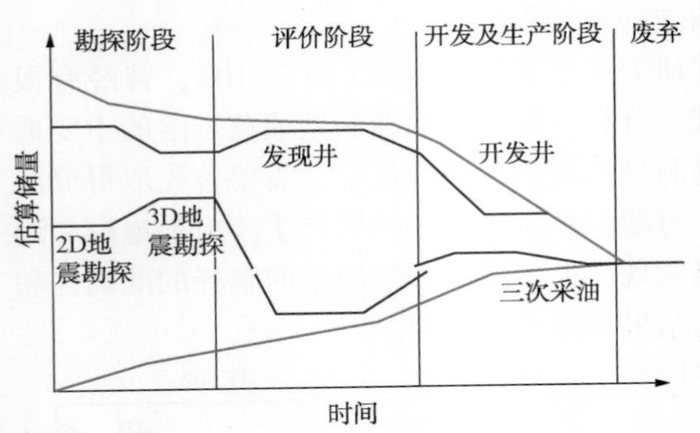

图 1-11　不同开发时期储量不准确性变化

与其他类型的油气藏一样，缝洞型油藏地质储量确定过程中由于受到各种因素影响，在不同时期存在不同的上下限范围(图 1-11 的红线)，勘探阶段估算储量不准确性较大、储量范围较大，随着进入评价阶段、发现井出现，储量不准确性减小，储量范围减小，到开发及生产阶段，开发井大量增多，储量逐步精确。缝洞型油藏储量的评估中，由于井间储量是引起的储量差异是主要因素。

缝洞型油藏储集空间类型、储集空间分布、属性解释的不准确性，必将产储量的不准确性，具体的表现是存在单井动态控制储量大于模型地质储量的结果，最大差距达到 50% 以上，缝洞型油藏中由于单井动态控制储量计算时考虑了储集空间之间的连通性等动态特征，地层中由于缝洞之间连通增大了单井控制储量的规模。

尽管缝洞型油藏存在着这样那样的不准确性，认为问题是解决问题的基础，不能因为不准确性强就固步自封、不敢越雷池一步。

十一、缝洞型油藏不准确性对策

首先加强没油藏静态检测与资料录取，这是研究基础。其次加强以单项技术进步、带动整体技术水平的提高，单项技术包括：测井精细解释技术、小缝洞体精细预测技术、走滑断裂精细解释技术、裂缝精细解释等等。在丰富的地质与油藏认识与资料基础之上，形成成基础不准确性的地质建模研究对策与方法。

(1) 分类地质建模研究。加强野外露头模式研究，按储集空间细分大型溶洞、溶蚀孔洞、断裂与裂缝，研究其发育模式，分类 4 类精细描述、精细建模研究，提高储集体表征精度。

(2) 不准确地质建模研究。提高缝洞储集体测井解释与地震预测精度，基于精细地震解释的构造模型，利用地震解释获得的大型洞体和大型断裂带结果高可信度，开展基于多地震属性与多随机建模方法的不准确建模，建立多个符合基础资料的可能的多个地质模型。

（3）模型参数与生产动态相结合。动、静态单井储量结合，基于地质模型的单井控制储量评价、基于 PTA 及 PDA 等动态法的单井控制储量评价，利用动态连通关系修正裂缝开度等参数。

（4）生产历史拟合修正缝洞参数。静、动态系统一体化研究，地质模型系统优化属于典型的反问题，是通过拟合实际生产数据来更新油藏地质参数，最终获得合适的油藏模型估计。缝洞型油藏数值模拟与常规砂岩不同，储集体类型多样，在生产历史拟合之前需要开展各种参数对生产动态的敏感性研究。主要分析参数包括：溶洞孔隙度、溶孔孔隙度、溶洞非达西系数、裂缝渗透率、溶孔渗透率、孔洞压缩系数、水体大小、井生产指数等。

（5）基础多个不准确建模的生产优化。“鲁棒约束优化方法”在多个不准确地质模型基础上，进行最优开发方案优化，获取更为可靠的注采控制方案，减小开发风险性。多个模型中找出最优方案，同一方案不同模型累积产量最高，模型中没有极差方案，减小方案设计风险。

十二、理论方法应用

基于缝洞型油藏认识不准确性理论方法，在油藏精细表征与高效开发过程中，创建缝洞型碳酸盐岩油藏开发系列关键技术、静动态一体化建模数模技术、差异性注水开发方法与注氮气洞顶驱提高采收率方法等，实现我国碳酸盐岩油藏开发技术的重大跨越，部分技术获国家发明二等奖。

（1）创建缝洞型碳酸盐岩油藏开发系列关键技术。包括岩溶储集体精细描述技术、分类地质建模技术、静动态结合的地质模型反演技术、不同流动尺度的油藏模拟技术、注采系统参数优化技术、基于不准确性的鲁棒优化技术等，领跑缝洞型油藏开发技术研发，整体水平鉴定为国际领先。油田应用后，采收率已提高 5.6 个百分点。

（2）基于不准确性的静动态一体化地质建模技术，与常规方法对比，提高了 5 米缝洞体预测能力。同时，发明多尺度渗流与自由流耦合数值模拟方法，解决了缝洞型油藏开发过程精细模拟与预测难题，实现地质建模与数值模拟一体化，产油量预测符合率由 47.6% 提高到 85.1%，应用 8 个区块，揭示剩余油分布，新增产能 120×10^4t。

（3）创建缝洞型油藏注水开发技术。塔河油田首次注水现场实验在 S48 缝洞单元进行，实验后发现沿裂缝严重水窜，三口井暴性水淹(采油井含水 20%左右快速上升到 90%以上)，在缝洞型油藏能不能注水？如何注水？关键技术问题上，基于不准确性理论研究，结合建模数模，首次提出“时空差异性”注水方法，空间上：缝注洞采、低注高采、同层注采；时间上：早期试注，之后温和注、周期注，后期注水压锥、换向驱油，解决了大裂缝易水窜的难题，实现缝洞型油藏高效注水，此方法已普遍推广应用，也成为常规提高采收率方法，仅塔河油田已累增油 503×10^4t 以上。

（4）创建注水优化注采参数技术，实现变强度注采、流势调整、精准注水，使多井组间均衡注水、靶向受效，累积增油量 10.2×10^4t。

（5）创建注氮气“气顶驱”提高采收率技术。缝洞型油藏注水井逐渐失效后，下一步提高采收率方法是什么？突破“塔河地下不能混相、不宜注气”认识，首次揭示注入气重力分异、驱替洞顶油机理，提出注氮气“气顶驱”提高采收率方法。目前，塔河已实施气顶驱阶段增油 151.2×10^4t，新增可采储量 388×10^4t，提高采收率 2.25 个百分点。

(6) 创建缝洞型油藏开发中后期新井部署技术。针对塔河油田老区能不能布井，怎样布井的关键问题，揭示高产储集体类型及产能主控因素，阐明了井间隆脊缝洞体剩余油大量富集新认识，建立了老区优选隆脊、避水、避气等 11 条布井原则。塔河油田 6 区示范区建设方案实施后，投产 7 口井，建产率 100%，平均单井日产油量 23.7t，较近年同期单井能力提升约 30%。

第二章　缝洞型油藏分类地质建模

缝洞型碳酸盐岩油藏储集空间类型多、尺度悬殊且随机分布，精准认识难度大，建模存在较大的不准确性。形成了地球物理缝洞体识别与预测方法，有效提高预测精度；针对缝洞型油藏多样多尺度的特点，提出分类精细地质建模方法，即按照储集体尺度划分为大型溶洞、溶蚀孔洞、大尺度裂缝、小尺度裂缝4种类型，分类建立储集体地质模型，之后演化次序、同位条件赋值方法融合成综合地质模型，有效提高地质建模精度。

第一节　基于地球物理的缝洞体高精度预测方法

研发了共散射角偏移技术、提高小尺度缝洞体成像精度；基于反射系数反演技术、提高地震资料分辨率；基于振幅谱梯度技术、精细刻画表层小尺度储集体；基于曲率蚂蚁追踪技术、精细预测裂隙储集体；建立测井决策树量化流程和方法、精细识别储集体类型及充填。

一、共散射角偏移成像技术，提高小尺度缝洞体成像精度

针对小尺度异常体(缝洞体)的弱散射信号，创新性的研发了基于散射角域地震响应的散射波分离成像方法(图2-1)，在散射偏移过程中提高了弱散射体成像能量，能发现掩盖在反射同相轴中的隐蔽散射体。

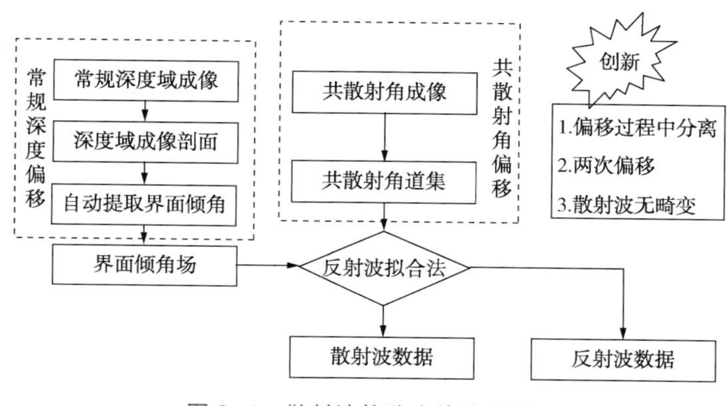

图2-1　散射波偏移实施流程图

通过理论分析，利用散射波和反射波在传播方向上的不同，提出了散射角域概念，并推导获得了散射角域反射波与散射波的不同地震响应特征。通过建立传播过程中散射角计算方法和共散射角成像条件，实现了共散射角偏移，同时解决了

共散射角成像中的计算效率和存储效率问题。利用散射角域反射波和散射波的不同，研发了反射波拟合法散射波分离技术，通过拟合反射同相轴对反射波进行消除，实现散射波能量无畸变分离。

塔河实际资料进行方法测试，通过对比图 2-2 和图 2-3 可以看出，散射波分离方法有效地压制了反射能量，消除了风化壳“强反射”的影响，保留了散射能量，凸显了小尺度散射体，如缝洞、小断层和异常体。

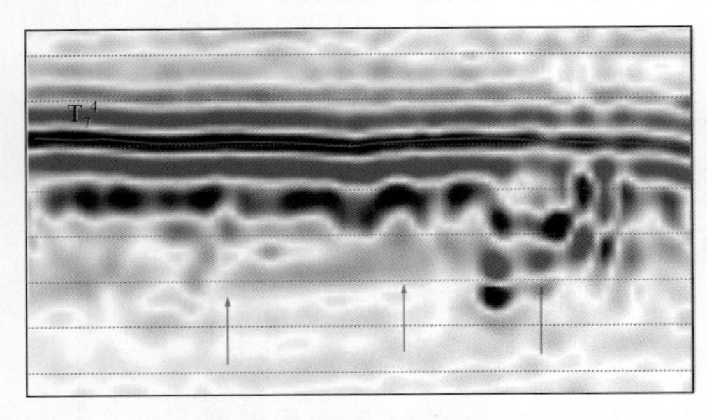

图 2-2　RTM 全波场成像剖面

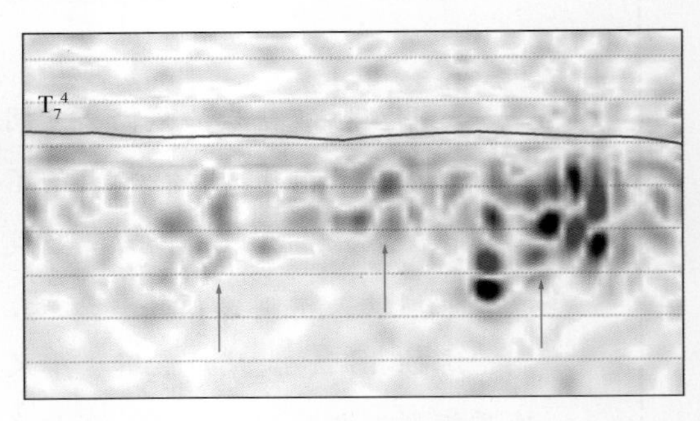

图 2-3　散射波成像剖面

二、基于反射系数反演技术，提高地震资料分辨率

小尺度储集体要能够识别，需要增强小尺度储集体地震响应，合理提高地震资料分辨率，可以通过拓宽地震资料频带宽度处理来实现，提出了基于叠后反射系数反演技术来提高地震资料分辨率的方法，通过反射系数“奇偶分解”获得能提高薄层分辨率能力的“偶分量”，利用反射系数反演出高频成分(薄层)的偶分量反射系数序列，与地震子波褶积可获得分辨率更高的“新地震数据”。在峰值频率和峰值振幅属性上，偶反射系数与总反射系数反映薄互层的特征基本一致，而奇反射系数与总反射系数存在较大差异。依据单层厚度模型，进行奇偶分解后偶反射系数预测厚度与地层厚度误差小，而奇反射系数预测厚度与地层厚度误差大。同时偶反射系数能够提高薄层识别能力，通过反射系数反演后可获得比原始地震数据分辨率更高的新数据。

在反射系数反演过程中，反演质量需要控制，以保证处理资料的可靠性，这体现在反演实现过程的每一流程步骤中。反射系数反演在频率域以反射系数目标函数为基础，获取地层时间顺序中每个地震道的反射系数序列。反射系数反演实现过程需要四个步骤：①子波提取，精细提取时变子波，保证反射系数具有更高的可靠性；②从地震数据中去除子波，按照奇、偶反射系数分解原理，提取计算反射系数的奇分量和偶分量；③根据稀疏脉冲反演计算初始反射系数的方法，反演出高频成分，以期望最终反演结果提高地震资料主频；④由权重函数控制高频成分与偶部反射系数，组合出完整的宽频反射系数体，该数据比原始数据具有更高的薄互层分辨率能力。

同时叠后反射系数反演具有以下优点：①用高、中、低三个数据约束子波反褶积，在时域实现点谱白化作用，结果稳定；②具分频去噪和反演结果谱整形功能，实现分辨率和信噪比同时提高。同时为了保证反射系数反演结果的可靠性，对反演处理获得数据进行阿尔法滤波、弥散滤波和反演结果谱整形，消除部分高频噪声，为后续储层预测提供可靠数据。

目标区地震数据进行反射系数反演提高地震资料分辨率，地震数据主频从 25Hz 提高到 40Hz，被 T74 强反射压制的小尺度储集信号增强，T74 界面下小尺度储集体反射特征明显，响应异常埋深与测井解释的裂缝孔洞储层(黄色)存在对应关系，表明叠后反射系数反演增强地震信号是可行的、地震数据可靠性有保障(图 2-4)。

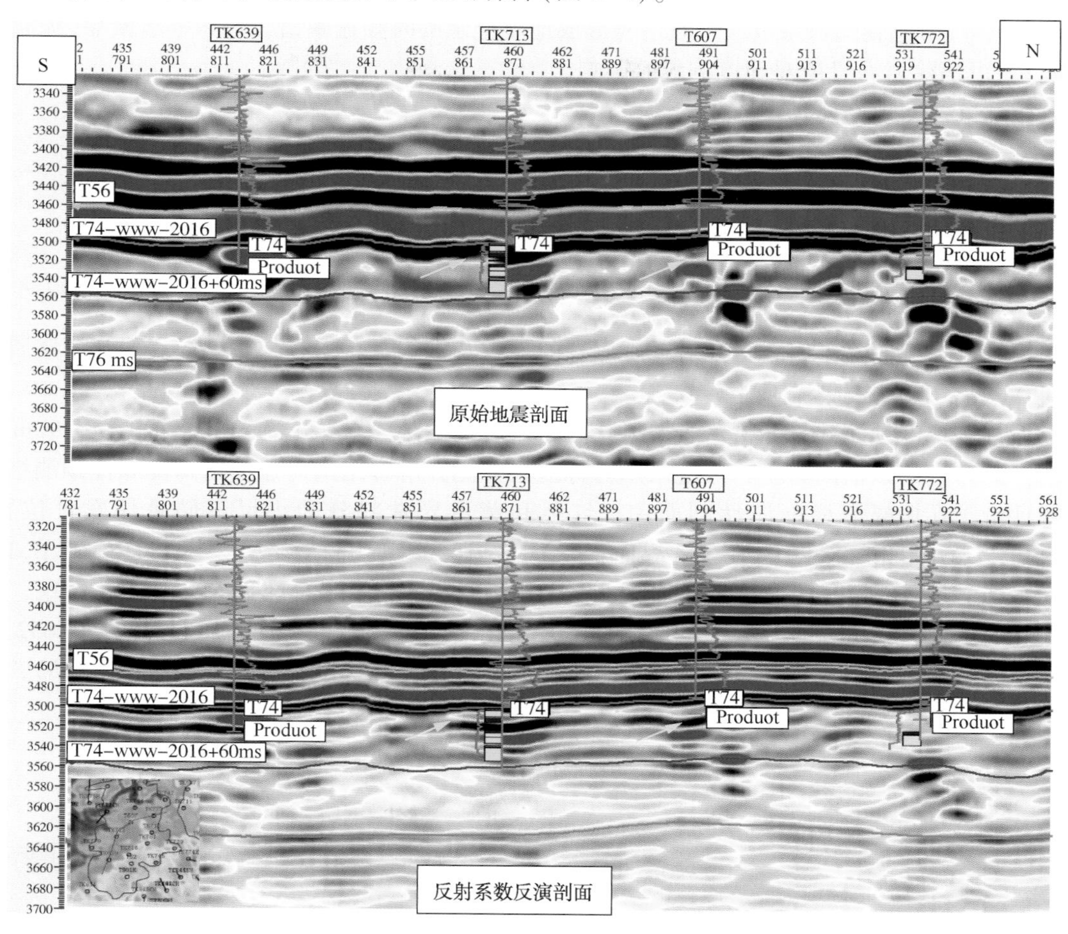

图 2-4 塔河 6-7 区原始地震剖面与反射系数反演剖面对比图

三、基于振幅谱梯度技术、精细刻画表层小尺度储集体

小尺度储集体主要受控于岩溶残丘，该类型储集体平面上主要在上奥陶统剥蚀区呈片状展布，由于振幅变化率只能反映储集体边界，特别是强反射振幅边界，不能反映内部实体，因此振幅变化率不适用于平面上大规模展布的表生小尺度储集体预测，需要一种既能反映储集体平面分布又能反映储集体平面变化特征的新属性来预测小尺度储集体，由于振幅谱梯度属性能够比较客观地揭示储层储集性能的平面变化特征，因此提出利用振幅谱梯度预测小尺度储集体。

振幅谱梯度属性预测原理：地震资料振幅谱梯度是指在地震资料有效频带内地震反射波振幅随频率的变化率，它突出了地震资料不同频率振幅的变化特征，更加直观地揭示了储层横向渗透性能变化特征。

地震反射系数与岩石骨架、岩石渗透率、岩石所含流体和地震波频率之间的近似计算公式为：

$$R = R_0 + R_1\sqrt{i - \tau\omega}\sqrt{\frac{K\rho\omega}{\eta}} \qquad (2-1)$$

式中，R 为岩石总反射系数；R_0 为岩石骨架反射系数；R_1 为储层流体反射系数；K 为岩石渗透率；η 为流体黏度；ρ 为流体密度；ω 为地震波角频率。

$A(t, f)$ 为地震反射系数与子波褶积形成地震记录的时频振幅谱，对频率求偏导（振幅谱梯度），可消除岩石骨架对地震响应的影响。

振幅谱梯度计算公式：

$$G(t, f) = \frac{\partial A(t, f)}{\partial f} \approx -\sqrt{\frac{K\rho}{\eta f}} \tag{2-2}$$

上式两侧开平方得到：

$$G^2(t, f) \times f \approx \frac{K\rho}{\eta} \tag{2-3}$$

振幅谱梯度消除了岩石骨架对地震属性的贡献及影响，获得只与储层渗透率和流体属性（密度、黏度）有关的地震属性。

振幅谱梯度预测效果分析：表层风化壳小尺度储集体主要发育在 T74 界面下 0~90m 范围内，展布方向以横向为主，因此采用目标区录井测井解释结果对振幅谱梯度属性预测结果进行评价。在振幅谱梯度属性剖面中，红色和黄色异常部分为小尺度储集体发育位置，TK652、TK6100 和 TK629 均在 T74 界面 0~20ms 钻遇裂缝+孔洞型储层。其中 TK6100 在 T74 界面下 20m 出现放空漏失现象，TK652 和 TK6100 井裂缝+孔洞储层横向展布稳定，而 TK629 处于残丘斜坡部位裂缝+孔洞储层发育相对差。振幅谱梯度属性表明 TK652 和 TK6100 处于高值区（属性值远大于 50），而 TK629 处于振幅梯度中等强度值区（图 2-5），预测结果与测井类型解释结果吻合。

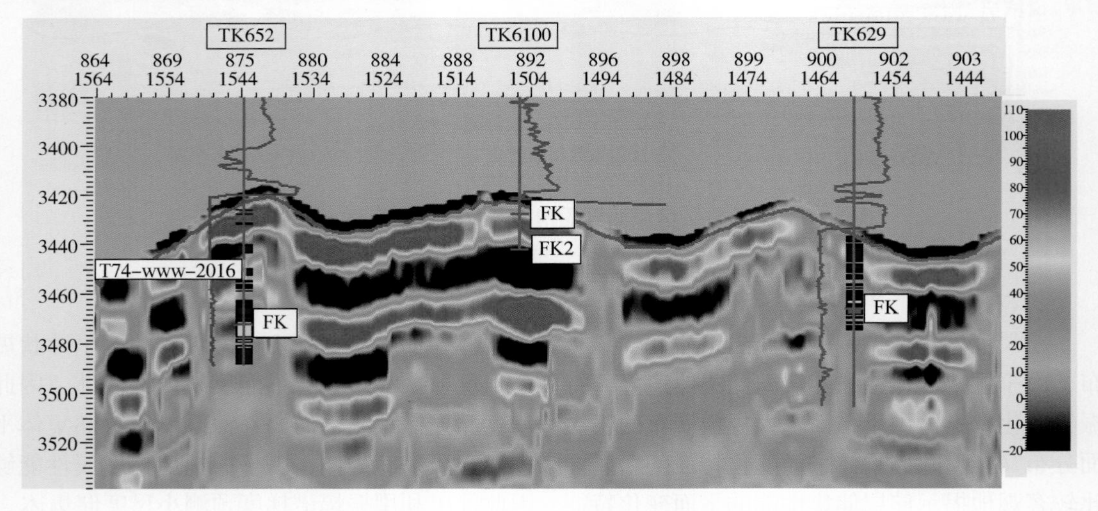

图 2-5　过 TK652—TK6100—TK629 井的振幅谱梯度剖面图

塔河示范 230 口井储层类型统计结果表明，钻遇裂缝—孔洞型储集体（累积厚度大于 20m）的有 114 口井，其中 94 口井处于振幅谱梯度属性高异常区（红色—黄色区域），小尺度储集体预测与测井解释吻合率为 82%。

四、曲率蚂蚁追踪技术、精细预测裂隙储集体

形成了一套成熟的用不同方法预测不同级别断裂预测方法，主干断裂采用相似性相干预

测，全方位蚂蚁体、AFE、AFE 蚂蚁体追踪及 3D 曲率分布来预测次级断裂，利用 GR 追踪预测微裂缝带。主干断裂预测方法成熟，预测结果符合构造发育特征，但也有一些需要改进的地方。次级断裂受地震资料和预测方法限制，效果有改进的空间。

不管是相似性相干、蚂蚁体追踪，还是 AFE 及 AFE 蚂蚁体追踪，其相干算法都受到地震资料反射振幅和波形影响，相干切片可清楚识别深层主干断裂格局，但在中浅层受暗河和串珠等干扰，相干切片对中浅层次级断裂识别不清晰、构造格局不明，因此次级断裂及裂缝带预测需要尝试新方法来解决浅层断裂识别问题。

本次研究采用曲率蚂蚁体刻画中小级别裂缝。以蚂蚁体为代表预测次级断裂方法都是基于相干属性，而相干属性对反射振幅和波形都敏感，受干扰因素多。我们考虑引入不受反射振幅和波形影响的体曲率属性来改进蚂蚁体追踪流程，进而更好地预测次级断裂。因为体曲率只计算同相轴的形变程度，对反射振幅和强串珠不敏感，其对挠曲(没断开)、褶皱等横向变形更敏感，这些都是相干属性无法识别的次级断裂和裂缝带，改进蚂蚁体提取流程可提高次级断裂识别效果(图 2-6)。

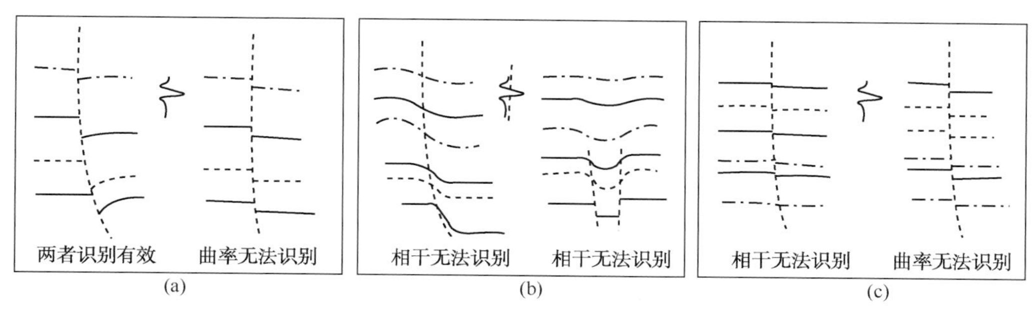

图 2-6 曲率与相干属性预测裂缝适用性对比图

曲率蚂蚁体更能清晰预测次级断裂及裂缝带发育情况，曲率蚂蚁体属性不受暗河和串珠等反射干扰，相干属性是达不到此类效果的。此外，褶曲、挠曲等变形位置同样被预测出来，这些位置是裂缝带发育的有利区域。相干、全方位蚂蚁体和 AFE 蚂蚁追踪识别出北东、北西向主干断裂，但断裂之间切割关系和组合关系不是非常清楚。而曲率蚂蚁追踪不仅将北东向、北西向主干断裂切割和组合关系清楚识别出来，而且主干断裂派生的次级别断裂和裂缝带也可以清晰识别出来，某单元的整个构造格局很清楚，为下一步连通关系及分隔因素分析提供了较为可靠的断裂预测结果(图 2-7)。

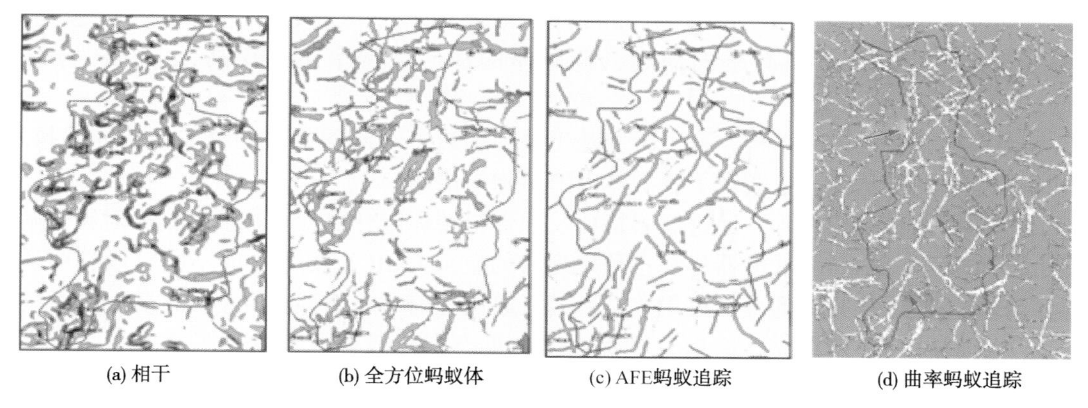

图 2-7 某单元不同断裂预测方法的平面对比图

不同级别裂缝带的井在钻井过程都不同程度出现放空和漏失现象，同时测井解释在放空漏失段上下均发育裂缝-孔洞储集体，表明断裂控制了断裂带附近储集体发育。曲率蚂蚁体预测次级断裂和裂缝带多数为高角度，断裂规模和纵向延伸在一定程度控制储集体发育规模(图 2-8)。S74 井位于构造高部位，处于断控岩溶储集体有利区，S74 井初产、累产高也表明该井的储集体规模和发育程度很好。

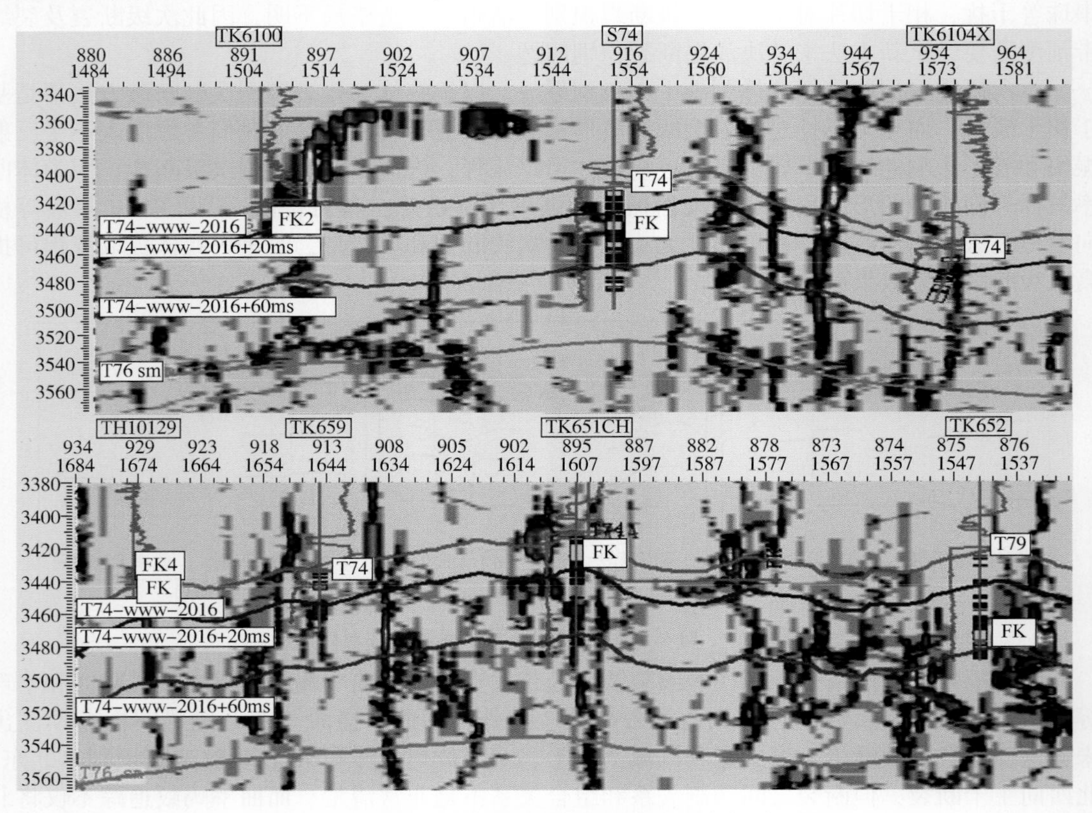

图 2-8 曲率蚂蚁体预测结果与实钻井漏失段对比图

缝洞体纵向尺度大于¼ λ 时，横向尺度大于½ λ 时，可实现缝洞体的定量刻画；而缝洞体纵向尺度在⅛ λ 与¼ λ 之间时，可识别缝洞体视体积；当缝洞体纵向尺度小于⅛ λ 时，仅可定性预测缝洞体的横向分布特征；溶洞内幕充填物越小，边界刻画越清楚，洞底能量越强；地震资料频率的提高，缝洞体的横向分辨率明显提高，但纵向分辨率较低。

针对大尺度溶洞内部结构，自主研发基于叠前炮域分频时间偏移的缝洞结构描述技术，通过不同频率的能量叠合，实现了缝洞体内部结构的描述。

以保幅叠前道集为基础，通过储层特征及井资料的标定开展针对叠前道集的时频分解方法测试，利用 Butterworth 滤波器将经过预处理后的叠前 CMP 道集分解成不同频段叠前道集数据，形成不同优势频带的叠前道集数据，最终通过叠前时间偏移获得不同优势频带叠前时间偏移数据体。由下图可见，叠前分频剖面串珠形态保持较好，有效克服叠后分频产生的“信号震荡”现象。叠前分频更有利于不同尺度溶洞的刻画：低频成分描述了溶洞形态；高频成分揭示了溶洞内部细节及不均质特征(图 2-9)。

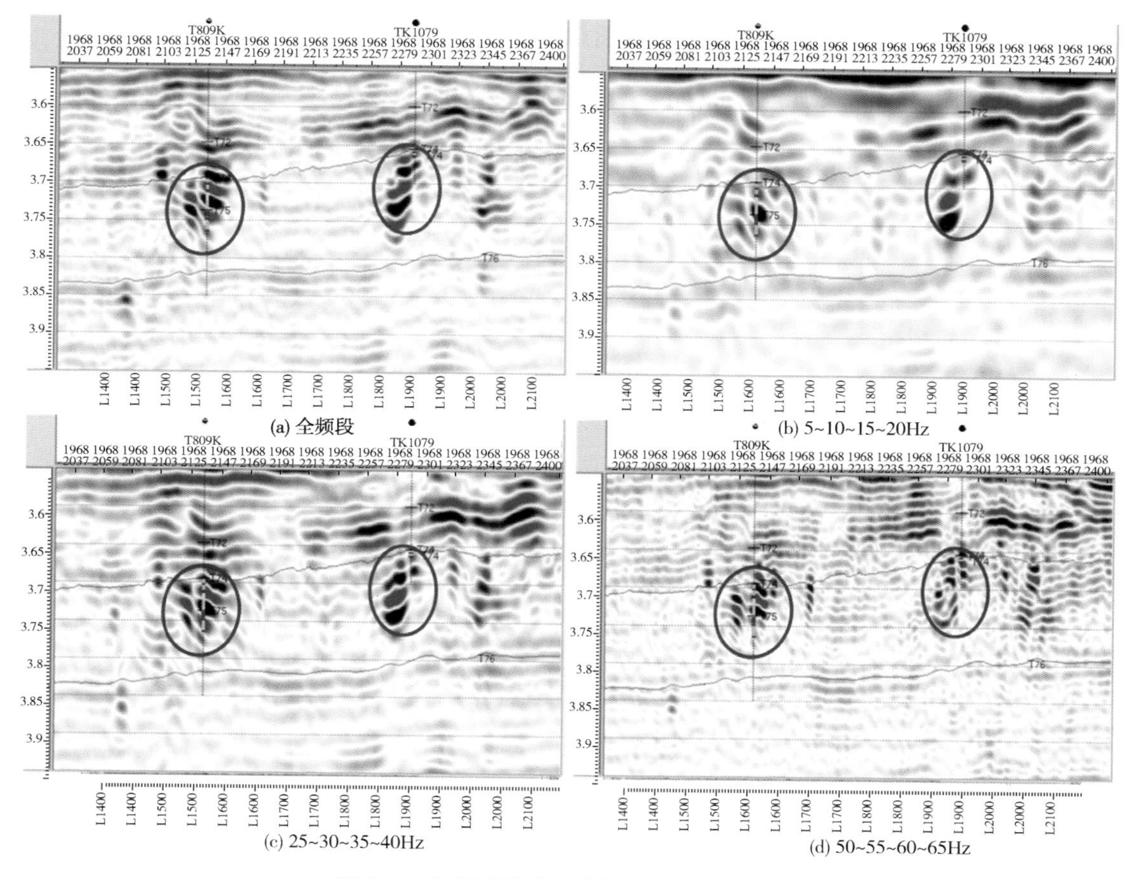

图 2-9　不同频段大尺度缝洞偏移成像结果

基于分频炮域叠前时间偏移成像，通过不同频率的能量叠合，描述大尺度缝洞结构。当高、中低频能量一致性较好时，表明一般为单室溶洞，充填较均质；而当高、中低频能量不一致时，往往为大型溶洞系统，不均质性较强。

图 2-10(a)~(c)左图为 TK824 井钻遇的缝洞体低频能量、高+中+低频能量叠合显示，表明 TK824 井钻遇的为一大尺度缝洞系统，其不同优势频带等能量叠合图显示，其钻遇的缝洞体高、中低频能量不一致，表示缝洞体内部不均质，内部发育两 3 个高频能量的洞体。TK824 井放空 27.37m、井漏 $105m^3$，自然求产 6.3t/d，累产 4.38×10^4t。预测结果符合生产实际。

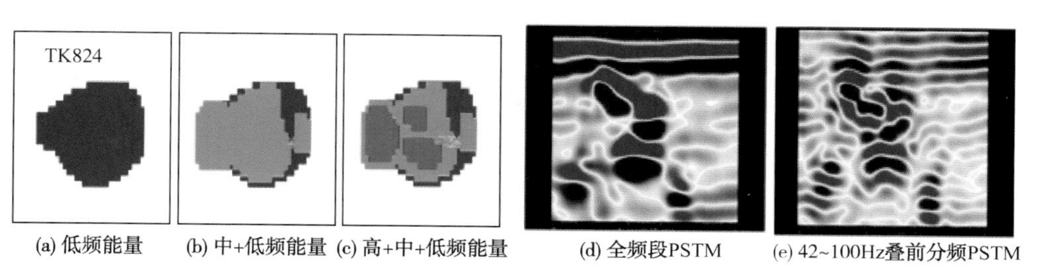

图 2-10　分频炮域的叠前时间偏移成像与大尺度缝洞解构描述

五、测井决策树流程和方法、精细识别储集体类型及充填。

建立交会图决策树识别缝洞储集体类型及充填方法。优选自然伽马、声波、中子、密度、深侧向和浅侧向建立 9 个交会图版，建立利用决策树量化识别储集体类型及充填的流程和方法(图 2-11)，19 口井 62 段 303. 19m 岩心与识别结果对比，符合率达到 87. 1%。

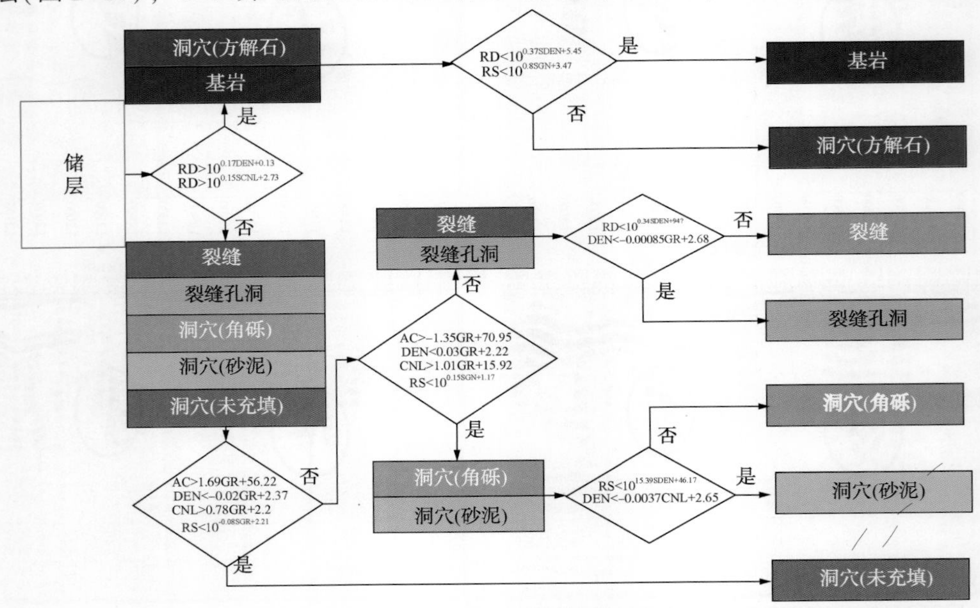

图 2-11　交会图决策树法识别流程图

建立了溶洞、裂缝—孔洞、裂缝型储集体识别图版与标准，能够自适应分类识别储集体。与 18 口取心、9 口成像测井对比，解释符合率达到 85%以上(图 2-12、图 2-13)。

储集体类型指示参数：

$$P = 0.42 \times X_1 + 0.24 \times X_2 + 0.18 \times (1.0 - X_3) + 0.16 \times X_4 \qquad (2-4)$$

式中，P 为储集体空间类型敏感参数；X_1、X_2、X_3、X_4 分别为 CLLS、AC、DEN、CNL 归一化因子。

建立了缝洞型储层裂缝测井评价方法。建立了基于不同的基岩电阻率的裂缝倾角判定标准和裂缝孔隙度计算模型(图 2-14)，优化了裂缝参数解释模型，裂缝参数解释精度达到 86%。

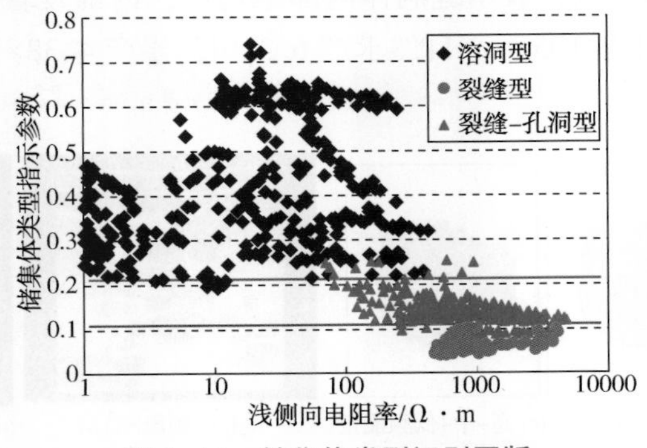

图 2-12　储集体类型识别图版

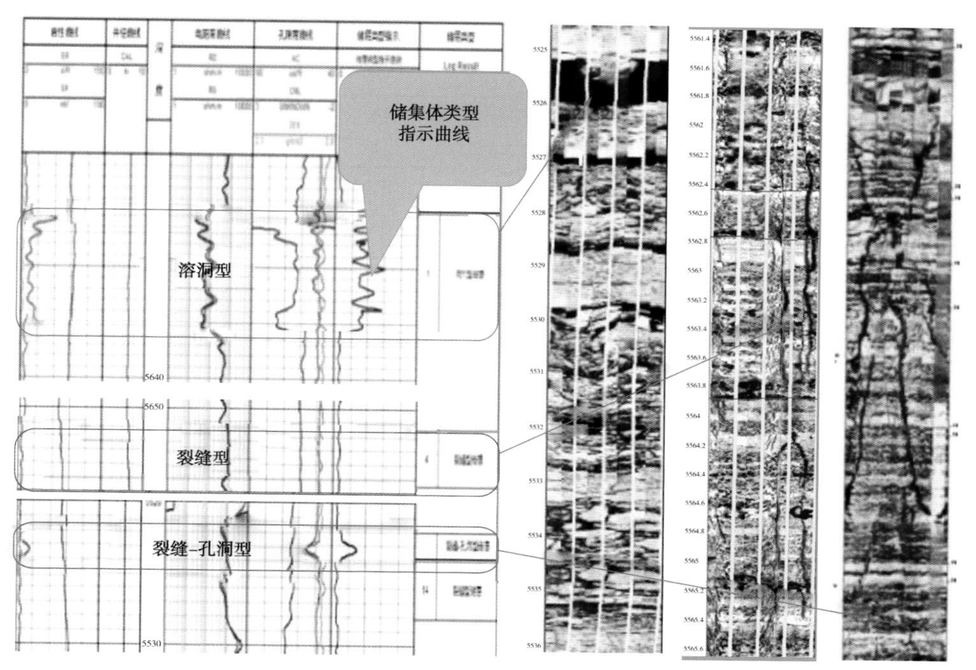

图 2–13　储集体类型定量识别标准

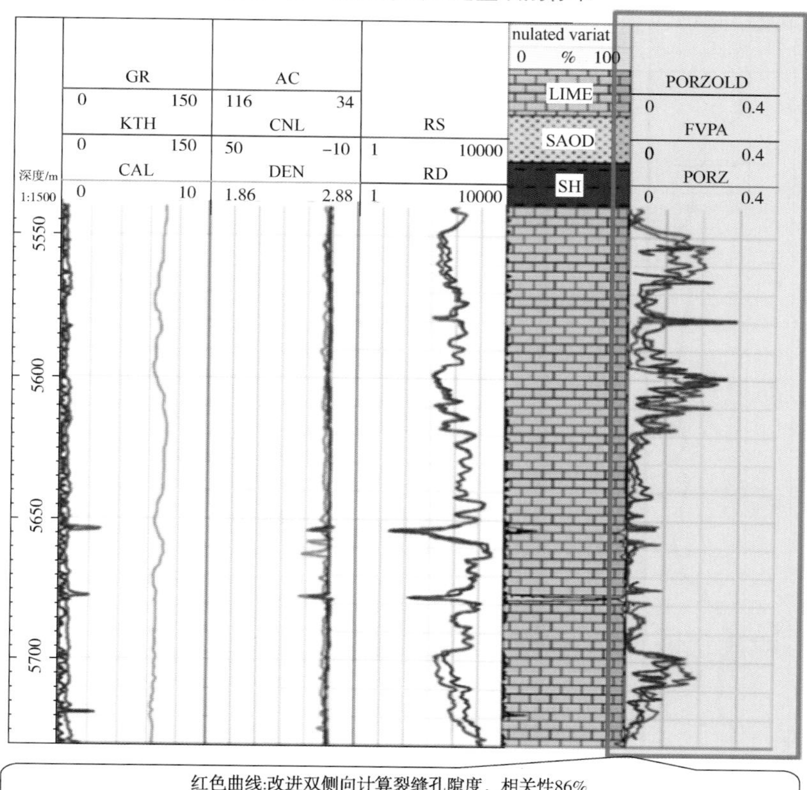

图 2–14　S74 井裂缝孔隙度测井解释成果图

建立了溶洞充填物三级判断图版，实现充填物类型、充填程度及物性测井定量评价。与18口取心、录井结果对比，溶洞充填物测井判别符合率达到80%以上。（图2-15、图2-16）

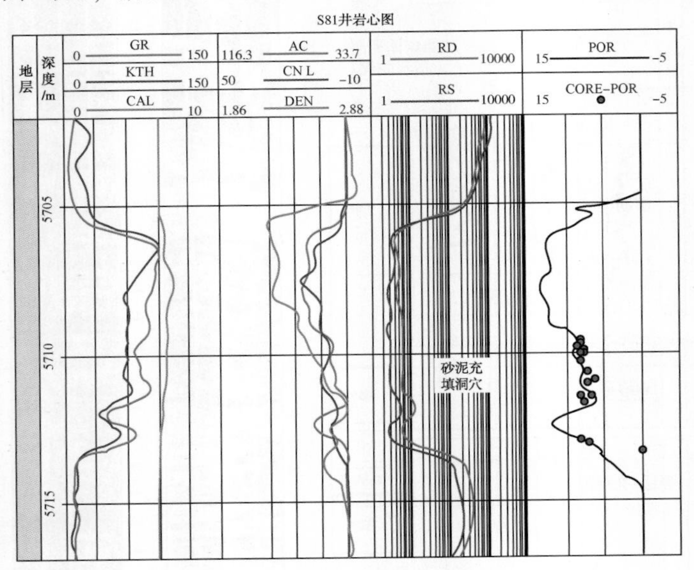

图2-15 孔隙度解释结果验证

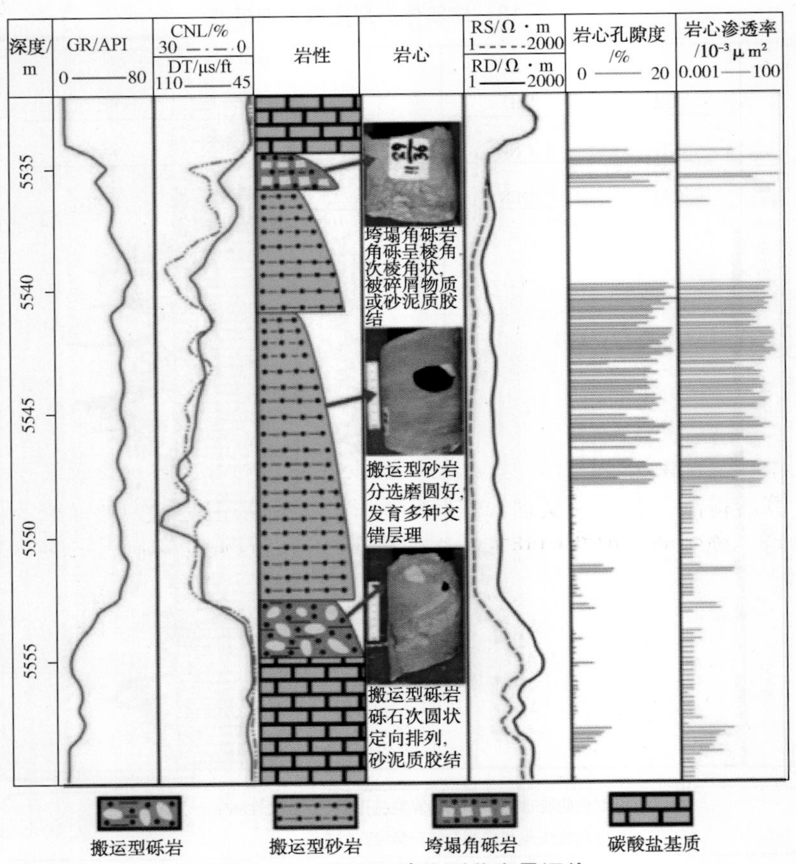

图2-16 溶洞充填物测井定量评价

第二节 缝洞储集体分类地质建模方法

一、地质建模理论基础

地质建模技术是当前油气储层研究的最先进技术，它是将储层地质形态、结构、参数等进行量化，是数学和储层地质紧密结合，通过计算机模拟获得油气储层三维地质定量信息。建立储层三维地质模型的关键是如何根据已知的控制点数据内插、外推已知点间及以外的储层物性参数估计值。即需要寻找和选择最能符合储层地质变量实际空间变化规律的数值计算模型，来实现对储层特性的空间变化的正确定量描述。

地质建模技术的基础是地质统计学，地质统计学是以区域化变量为基础，借助变异函数，研究地质学中随机性与结构性，空间相关性和依赖性的一门科学。通过相邻数据空间关系，表达相关程度，用函数进行分析和统计，从而对这些变量的空间关系进行研究，描述多个空间尺度上变化的自然现象的属性，估测未知点的预测值。地质统计学研究的内容主要包括：区域化变量空间变异结构分析、变差函数理论、克里格空间估计以及随后发展起来的随机模拟，其中变异函数理论和区域化变量的空间变异结构分析等重要内容是进行空间克里格估值的基础和前提。

地质统计学的基本分析方法是克里金法，克里金是一种确定性内插方法(其结果是一个二维数据面或者一个三维数据体)，通过它计算得到的实现期望偏差相对最小。例如，一个实现平面上某点(X，Y)处或者空间中某点(X，Y，Z)处给出参数值的某一分布，则根据定义，在这个点上克里金有值，该实现计算所得值的均方根误差相对最小。如果空间点上随机变量的可能值服从正态分布，那么数据的分布中心(此时它就是平均值)就会保持所需要的属性，在空间点上实现的计算值也服从正态分布。由此得出，克里金方法计算结果与对实现求平均的结果是相互吻合的。

地质统计学它不是基于一定数量的数据点建立起来的一个数据面(层位顶面、孔隙度等)，对于这种确定性结果我们一般不会讨论其可靠性；而地质统计学的实质是计算所得的无数个这种实现，它们的分布规律一方面与实验变差函数相符，另一方面还忠实于已知数据点上的值，计算所得的所有这些实现与实际情况相符的概率都是相同的。毫无疑问，实际给定的地质体是唯一确定的，但我们并不知道它是否准确，这些实现则可以告诉我们，就现有数据而言它只是地质模型的一种可能。

地质统计学的理论可以追溯到20世纪50年代晚期的年轻数学家G Matherno（1955，1957）的两篇论文。第一届国际地质统计学大会于1975年作为北大西洋公约组织高级学院，在罗马附近的Frascari举行，只有一篇石油方面的文章；石油地质统计学在1988年法国的Avingnon的第三届国际地质统计学大会上取得了较好的成果；从90年代起，石油地质统计学和随机模拟的发展迎来了新的历史阶段，出现了更为复杂的模拟算法。1992年第四届国际地质统计学大会，出现了指示值的编码处理，概率场的模拟，模拟退火迭代随机模拟算法，包括马尔可夫链和序贯算法。在1993年的以“下一个世纪的地质统计学”为题的学术会议上，C Deutsch 运用了“算法定义的随机函数”的术语，意为通过所有的实现所产生的一个随机函数，这里的实现由一个给定的算法产生，而每一个实现则由一个随机种子完全确定。目前，地质统计学所用的模拟算法的绝大多数属于算法定义的随机函数，包括大多数面向对象的算法。

克里金方法是建立在随机地质模型基础之上（即变差函数基础上）的确定性求解。如果我们需要给出唯一解，并使它在空间每一个点上的计算值与未知的客观实际值之间偏差最小，那么我们就应该用克里金方法。但是我们应该看到，从本质上（直方图和变差函数方面，即空间变化特征方面）来说，克里金方法明显区别于随机实现的方法。

所谓随机建模，是指根据收集到的信息，运用随机函数理论，采用随机模拟方法，从而产生可选的、等概率的、高精度的储层模型的方法。这种方法承认控制点以外的储层参数具有一定的不准确性，即具有一定的随机性。随机建模技术的理论依据也是地质统计学。随机模拟技术因其在分析和表征空间分布的不准确性方面表现出巨大优势，被广泛应用于油藏地质建模中。

随机建模并不是简单的插值计算，随机模拟与插值有较大的差别，主要表现在以下三个方面：①插值只考虑局部估计值的精确程度，力图对待估点的未知值作出最优（估计方差最小）的和无偏（估计值均值与观测点值均值相等）的估计，而随机模拟首先考虑的是结果的整体性质和模拟值的统计空间相关性，其次才是局部估计值的精度。②如果观测数据为离散数据，那么插值法给出观测值间的平滑估值（如绘出研究对象的平滑曲线图）就削弱了观测数据的离散性，忽略了井间的细微变化；而条件随机模拟通过在插值模型中系统地加上了“随机噪音”，这样产生的结果比插值模型真实得多。“随机噪音”正是井间的细微变化，虽然对于每一个局部的点，模拟值并不完全是真实的，估计方差甚至比插值法更大，但模拟曲线能更好地表现真实曲线的波动情况。③插值法（包括克里格法）只产生一个模型，在随机建模中，则产生许多可选的模型，各种模型之间的差别正是空间不准确性的反映。需要强调的是，随机模拟不是确定性建模的替代，其主旨是对非均质储层进行不准确性分析。在实际建模过程中，为了降低模型的不准确性，应尽量应用确定性的信息来限定随机模拟过程。

地质建模一般分为两大类，一类为确定性的建模方法，另一类为随机建模方法。随机模拟分为连续型、离散型与混合型（表 2-1）。①连续型模型（continuous models）：通过对储层参数中连续变量的空间分布特征的描述来建立模型，而其空间分布特征包括孔隙度、渗透率、饱和度以及电导率等。比如迭代方法、矩阵分解、退火模拟和分形模拟等就属于这类方法；②离散型模型（discreten models）：通过对离散性质的储层的地质特征描述来建立模型，而离散性质的储层的地质特征包括岩相、沉积相、砂体、隔夹层以及裂缝等。比如布尔模拟、马尔可夫随机域模拟、示性点过程模拟以及贯序指示模拟等均属于这类方法；③混合型模型（mixed models）：是指先用离散型模型归纳储层的离散特征，再用连续型模型对持续性变量进行模拟。具体地说，比如先用马尔可夫随机域模拟建立岩相模型，然后再用分形方法来模拟岩石物性参数，这样做可以最大限度地发挥两种单一方法的优点，互补双方的缺陷，从而使模拟结果最大程度上逼近地质真实。

按研究对象归属分类分为以下三大类：以相元为单位来建模（pixel-based），以目标对象为单位来建模（object-based），以及两种方法的综合（compositive methods）。①以相元为单元：它主要通过模拟各种连续性或离散性参数，来反映储层及其流体的空间发育特征。其中连续性参数主要指孔隙度、渗透率和饱和度等参数，离散性参数主要指砂体长、宽、厚参数和隔夹层分布等参数；②以目标对象为单元：它主要通过模拟一些与几何形态有关的非均质性、储层物性，来反映断裂分布、沉积相展布。比如示性点过程模拟和布尔模拟就属于这类模拟方法；③综合方法：将上述两种方法综合起来，最大限度地发挥两种方法的优点，使模拟的结果更接近于地质现实。目前，这种分类方案是最基本的，其他建模方法都是围绕这两个大类型而展开的。

按约束条件分为条件模拟和非条件模拟两类：①条件模拟：所建立的随机模型仅仅再现储层属性空间分布是不够的，还必须要使建立后的随机模型的储层数据结构与已知数据相一致。比如矩阵分解、马尔可夫随机域模拟、贯序指示模拟及退火模拟就属于这一类模拟；②非条件模拟：所建立的随机模型只要再现储层属性空间分布的相关结构就可以了，比如转带法模拟和布尔模拟就属于这一类模拟；这种分类方案是最逻辑化的，体现了储层建模技术与传统地质统计学是具有明显差异的。

表 2-1　随机建模方法分类

类型	研究对象	约束条件	模拟算法
连续型模型	沉积相为单位	非条件模拟	转带法模拟
		条件模拟	序贯高斯模拟
			退火模拟
			分形模拟
			迭代法模拟
			矩阵分解法模拟
离散型模型	目标对象为单位	非条件模拟	布尔模拟
		条件模拟	序贯高斯模拟
			退火模拟
			直方图法模拟
			马尔可夫随机模拟
			示性点过程模拟
混合型模型	综合方法	—	综合以上两种方法

随机建模技术评价：随机模拟没有固定单一的模型算法，其具体算法往往根据不同的地质复杂程度、所需模型的类型及特点而定，目前流行的具有一定代表性的模拟方法的变量类型、优势、劣势及适用性见表 2-2。各模型之间的差异，通常反映了储集层属性空间的不准确性，为了能充分体现砂体之间的成因关系，而不仅仅是数学上的空间分布关系，必须最大限度地逼近地质真实。在建模过程中，地质原理、模型、算法都可以成为提高建模精度的约束条件，其中最重要的是地质约束原则。

地质建模的不准确性分析。控制点以外的储层参数具有一定的不准确性，即较强的随机性。因此地质建模方法所建立的储层模型不是一个，而是多个。即针对同一地区，应用同一资料、同一随机模拟方法可得到多个模拟实现(即所谓可选的储层模型)。各个实现之间的差别则是储层不准确性的直接反映。如果所有实现都相同或相差很小，说明储层模型中的不准确性因素少，否则说明不准确性大。据此可了解由于资料限制而导致的井间储层预测的不准确性，以满足油田开发决策在一定风险范围的正确性。对于产生的模拟实现，为了油藏开发管理的应用，应对其进行验证，判别它们是否符合地质实际。如果不满意，则应检验模拟方法、特征参数，并重新模拟；如果满意，则对随机实现进行优选，选出一些被认为最符合地质实际或生产数据的模拟实现。然而，为了储层不准确性评价的目的，只需对模拟实现进行检验，不必对其进行优选。

表 2-2　主流随机建模技术对比与评价

方法		变量类型	优势	劣势	适用性
布尔模拟		离散型	原理简单、计算量小、易于描述	不能反映砂体内部非均质性	适用于可以出发而一描述的形状
高斯类型	序贯指示模拟	连续型	计算速度快，数学上具有一致性	间接信息难以考虑，经验性强	变量必须是正态或多元正态分布
	截断高斯模拟	离散型			
模拟退火		连续和离散型	算法稳健，综合能力强	目标函数不易收敛，耗时长	需要构建目标函数
指示类型		连续和离散型	能综合各类信息	计算量大，不易收敛	没有具体要求
分形模拟		连续型	速度快，经验性强	难以考虑间接信息，经验性强	变量具有分享特征，对裂缝效果应用好
其他	转向带法	连续型	易执行，能处理各向异性	处理量大，节点数少	模拟小型区块（节点数量少）
	LU 分解法	连续型	3D 非条件快速模拟	条件模拟速度慢，步骤繁琐	不适合条件模拟

通过蒙特卡罗分析方法可以对模型进行检验，并有四种表示方式：①最大值：代表多个模拟实现中反映模拟数值最大时的模拟实现；②最小值：代表多个模拟实现中反映模拟数值最小时的模拟实现；③平均值：代表多个模拟实现中反映模拟数值处于平均值时的模拟实现；④标准偏差：反映多个模拟实现中数值的分布范围。标准偏差的低值区说明数据集中，可能性较强；高值区表明离散性强，不准确性高。

二、分类建模思路与构造格架建模

创建多尺度分类检测与多元约束岩溶相控地质建模方法，精细描述不同尺度缝洞的形态规模及储集物性。地震反射结构分析、强振幅聚类方法检测大尺度溶洞，地震几何属性检测大尺度裂缝带，在岩溶高地断裂-潜水面和岩溶斜坡潜水面两种岩溶相控模式下，分别建立大尺度溶洞与大尺度裂缝的离散分布模型。累计频率衰减方法预测小尺度孔洞群，叠前纵波方位各向异性预测小尺度裂缝发育带，以井点数据为控制条件，在地震预测结果和井点统计成因概率体双重约束下，分别建立小尺度孔洞和小尺度裂缝的分布模型。基于裂缝、孔洞、溶洞的级次演化模式，建立大尺度溶洞、大尺度裂缝、小尺度孔洞、小尺度裂缝的同位赋值融合方法（图 2-17），构建多尺度缝洞体分布模型。发明了岩溶相约束的岩石物理贝叶斯概率物性参数地震反演方法，在分布模型的控制下，与测井解释相结合，建立缝洞体充填及属性模型，分类计算地质储量。此发明填补了离散缝洞体地质建模方法的空白，实现了缝洞体形态规模、配置关系、充填特征及储集物性的精细描述，明确了不同类型储集体的地质储量及其空间分布，地质模型钻井符合率由 71.1%提高至 92.7%，大幅度提高了储量动用率。

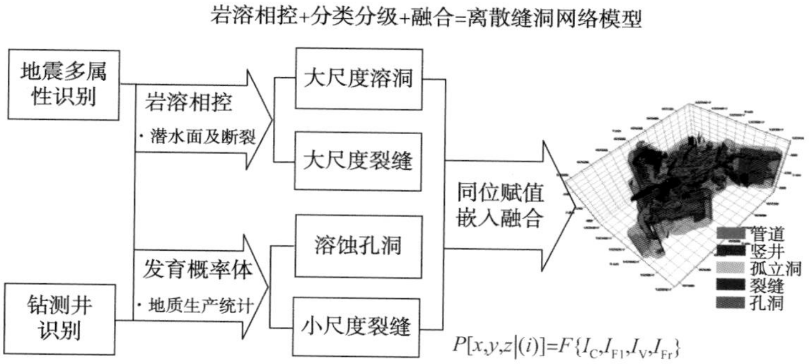

图 2-17　分类分级、岩溶相控、多类型融合地质建模方法

构造建模是表征地层、断裂等在三维空间的分布，依据三维高精度地震资料解释及地层对比获取地层和断裂相关信息。

构造面建立：根据缝洞单元纵向致密格架发育规律，以 T74 和 T76 面为顶、底，中间两层致密层为划分，将单元分布 3 个储集体发育层，采用确定性建模方法，建立地层构造面模型(图 2-18)。

断裂模型构建：断裂建模目的是建立空间断裂倾角、方位角、空间延伸长度和曲率等属性特征。断距通过断裂面两侧的构造的落差(分层数据)来控制，对于断距与地质认识不相符合的地方，通过调节断裂与层面交线的控制点来控制。基于地震解释的深度域断裂数据建立断裂柱，主要采用四个定形点垂线断裂进行表征与描述，把单个断裂线连接起来后，调节断裂的走向和倾向，使相同断裂走向和倾向延伸方向基本相同。在断裂柱调整好后，通过井点上的断点数据来验证所建断裂模型的正确性。根据地震构造解释断裂切割、组合关系以及三维空间中断面与构造层面表现的错断关系，精细调整各断裂面，建立精细的三维断裂模型。示范单元断裂模型共含断裂 43 条(图 2-19)。

网格设计：在构造建模的基础上，通过层面和断裂的控制，考虑缝洞储集体非均质性，保证建模精度的前提下划分网格，示范单元网格为：平面：15m×15m；在第 1、2 层纵向上采用 1m 网格，在第 3 层采用 3m 网格，总网格数达到 2680×10^4。

溶洞型储集体和裂缝型储集体成因、形态及发育规模、内部流体流动机理均差异明显，如果将缝洞储集体统一进行建模，无法体现出不同类型储集体的空间分布、形态、大小的差异，也无法进行符合地质实际的属性参数分析，体现不出真实的储层参数分布规律。因此，为了客观反映不同类型储集体的地质实际，在缝洞型碳酸盐岩油藏地质建模中需要将大型溶洞、溶蚀孔洞和断裂储集体分类进行建模。

三、大型溶洞离散分布模型建立

结合 S80 缝洞单元溶洞分布特征与资料状况，奥陶系表层溶洞横向连续性较好，表层

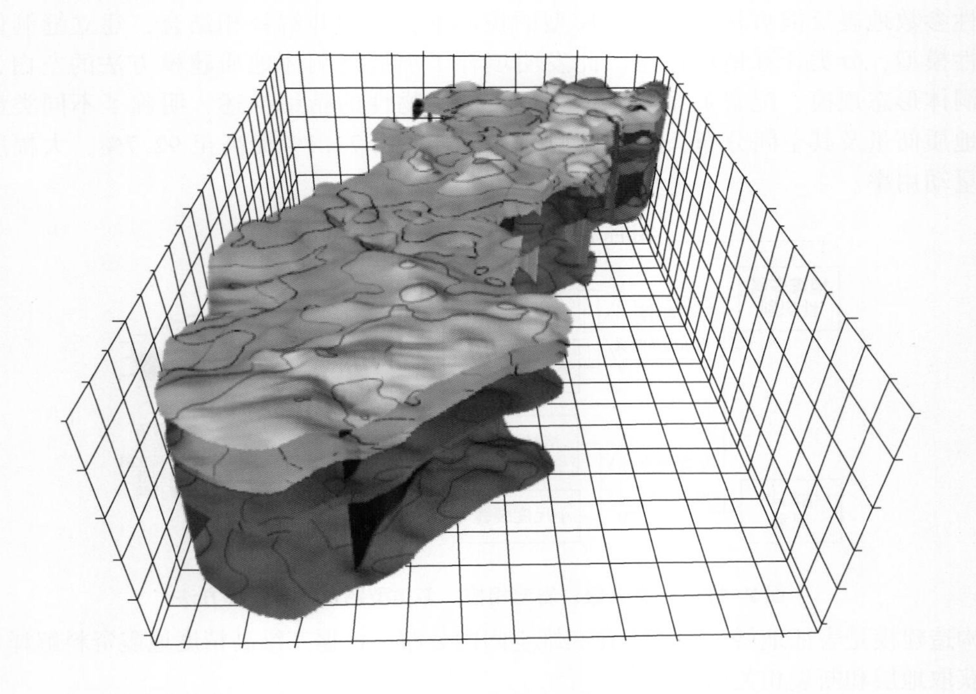

图 2-18　缝洞单元三维构造面模型

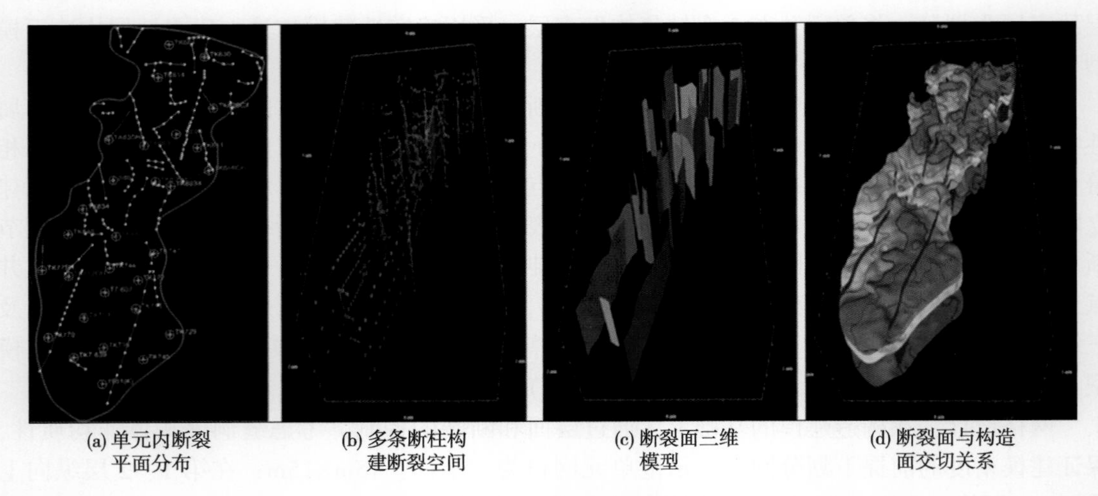

(a) 单元内断裂平面分布　(b) 多条断柱构建断裂空间　(c) 断裂面三维模型　(d) 断裂面与构造面交切关系

图 2-19　示范单元断裂模型建立过程

(第 1 层)采用地震相控的序贯指示模拟方法，中低部(第 2、3 层)受断裂控制多呈孤立状，采用基于目标的方法进行模拟(图 2-20)。

基于目标方法的原理为：$P_x=F(G_x,\ S_x,\ R_x)$。式中，P_x 为位置 X 处目标(如溶洞)的概率；G_x 为 X 处目标几何形态约束参数；S_x 为 X 处地震资料反映的目标发育概率；R_x 为 X 处井数据统计的目标发育概率(溶洞定位)。

通过统计不同岩溶段大型溶洞的平面分布，认为示范单元溶洞发育具有向下逐渐变弱特征，溶洞主要发育在第一、二储层发育段。以致密段为分隔层，将储层划分为三个发育段，统计不同储层发育段溶洞垂向发育直方图，作为大型溶洞垂向约束条件(图 2-21)。

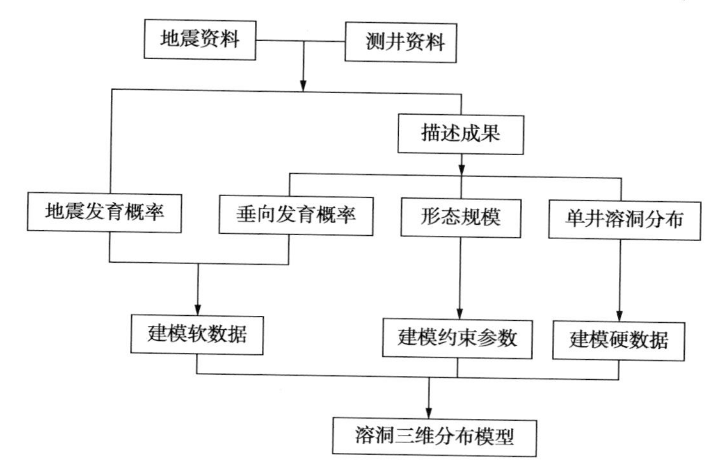

图 2-20　基于目标方法技术思路

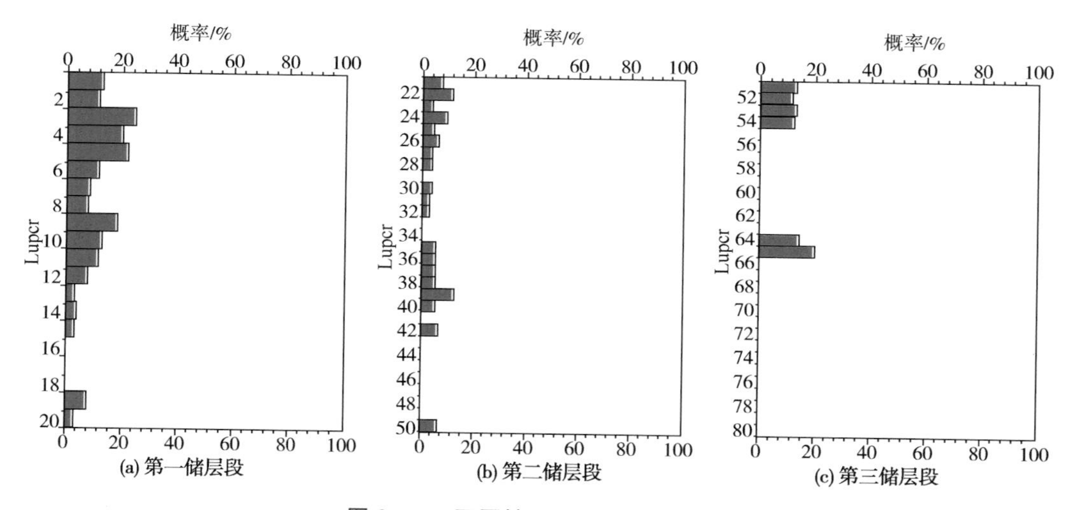

图 2-21　不同储层段溶洞发育概率

大型溶洞形态约束参数：大型溶洞根据地质成因和几何形态不同，细化为不同类型溶洞，S80 单元主要发育两类大型溶洞：地下河和孤立溶洞。通过统计不同类型溶洞几何形态参数，建立了大型溶洞形态约束参数(表 2-3)。

(1) 地下河型溶洞在平面上呈管道状延伸，可有多级次的分支和分叉，其截面形态有椭圆形、钉子形等。S80 单元共识别出四条地下河，整体不发育，且地下河规模较小，长度最大为 1197m，最小为 495m，宽度最大为 78m，最小的仅 42m，厚度相对来说较小，分布于 9～26m 之间，平均长度 776.8m，平均宽度 59m，平均厚度 18.5m，平均长宽比为 12.88，平均宽厚比为 3.40。长宽比较大、宽厚比较小，单个地下河规模较小，单位面积发育密度较小。

(2) 孤立洞在空间中分布较为离散，其平面形态有近圆形和不规则形等，纵剖面形态包括似扇形、似矩形等。孤立洞的平均长度为 416.5m，平均宽度 118.6m，平均厚度 17m，平均长宽比为 3.81，平均宽厚比为 7.06。长宽比较小、宽厚比较小、更接近圆形，单个孤立洞规模较小，单位面积内发育密度较大。

表 2-3　大型溶洞几何形态建模约束参数

类型	编号	长度/m	宽度/m	厚度/m	长宽比	宽厚比
地下河	1	794	65	21	12.22	3.10
	2	495	42	9	11.79	4.67
	3	621	51	18	12.18	2.83
	4	1198	78	26	15.36	3.00
	平均	776.8	59	18.5	13.17	3.19
孤立溶洞	1	210	42	16	5.00	2.63
	2	280	65	14	4.31	4.64
	3	450	92	21	4.89	4.38
	4	362	164	22	2.21	7.45
	5	675	231	26	2.92	8.88
	6	462	86	9	5.37	9.56
	7	556	142	18	3.92	7.89
	8	263	98	11	2.68	8.91
	9	542	134	16	4.04	8.38
	10	234	87	11	2.69	7.91
	11	436	165	23	2.64	7.17
	…	…	…	…	…	…
	平均	416.5	118.6	17	3.51	6.98

大型溶洞地震约束体：建模过程中基于波阻抗反演和分频属性体，优选二者均能反映大型溶洞信息的区域，建立了如图 2-22 所示的约束井间大型溶洞发育的属性体，用该融合体作为大型溶洞井间模拟的软数据。优势在于融合体能更准确反映溶洞起始位置，与井点相符；溶洞空间展布与原始剖面“串珠”状区域完全相符。

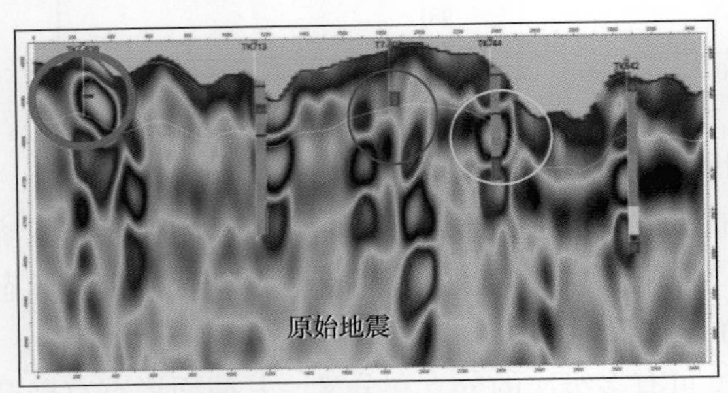

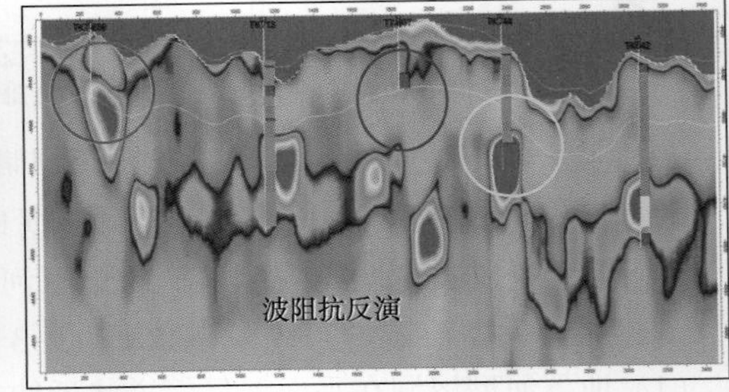

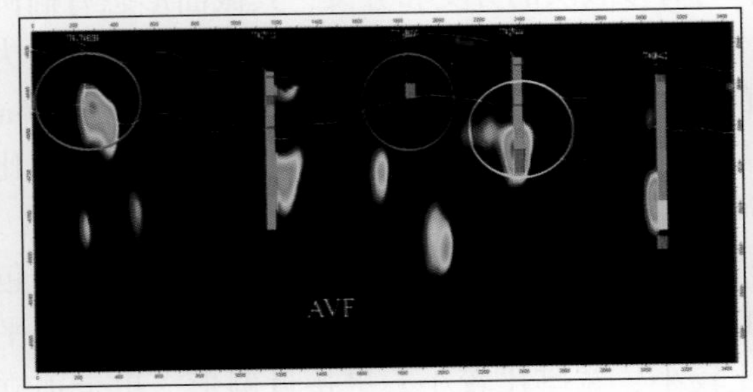

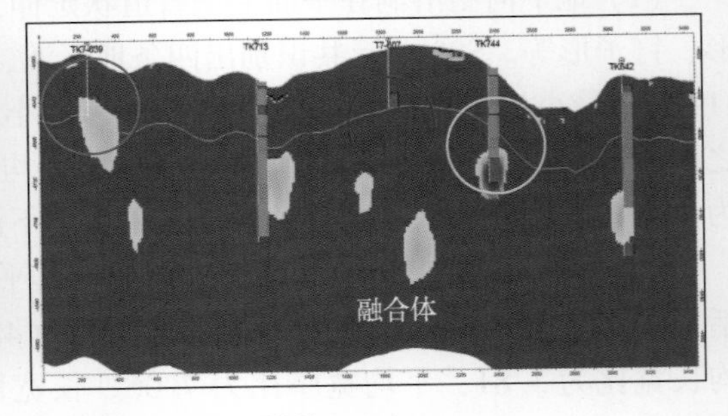

图 2-22　建立约束井间大型溶洞发育的属性体

大型溶洞离散分布模型：按照上述方法建立的S80缝洞单元的大型溶洞储集体模型如图2-23所示，从图中可以看出油藏整体大型溶洞的分布情况，垂向上第1储层段溶洞较为发育，第2储层段溶洞减少，第3储层段溶洞稍有增多，整体分布呈离散孤立状。

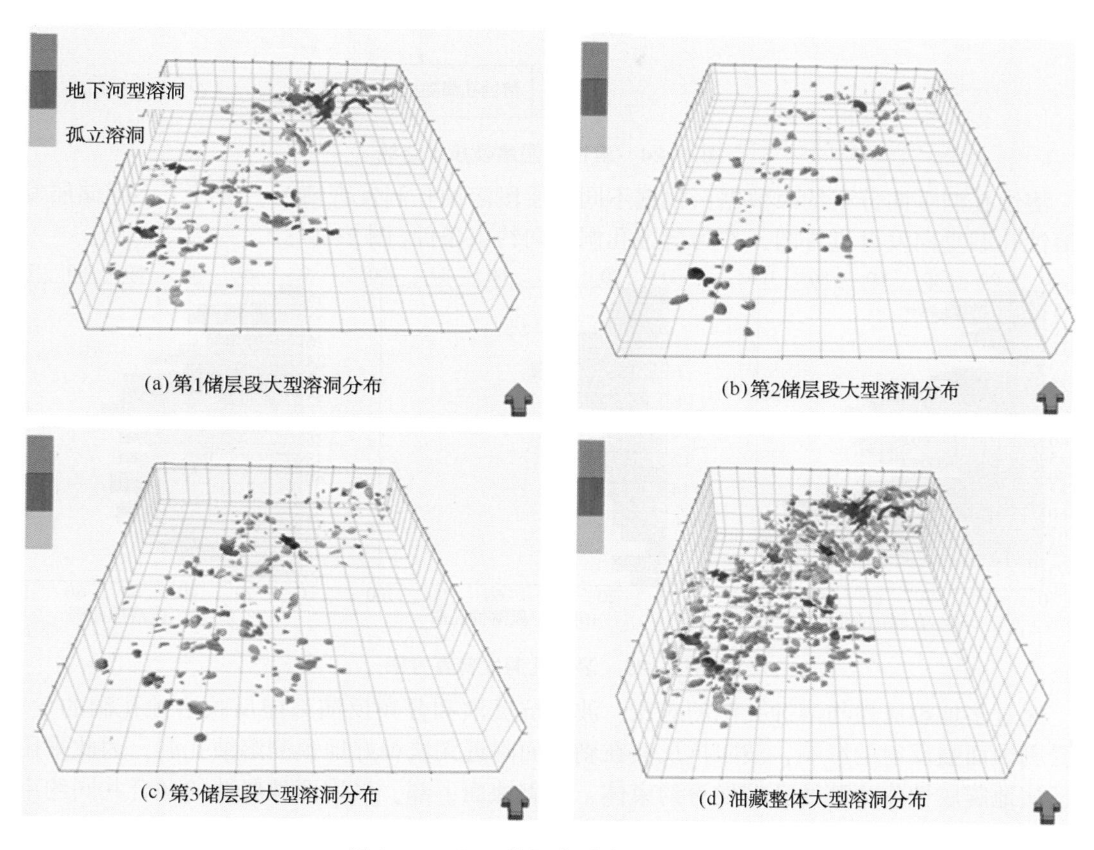

图2-23　S80单元大型溶洞建模结果

四、溶蚀孔洞分布模型建立

对于溶蚀孔洞，利用单井结合溶洞垂向发育特征和地震属性约束体协同模拟技术综合建模；井点上溶蚀孔洞可通过岩心、测井及动态资料识别，井间具有复杂结构的溶蚀孔洞的分布及其确切的位置几乎是无法获得的，只有通过地质统计学随机模拟的技术来预测。

以非大型溶洞地震融合体分布作为“相控”约束条件，以井点解释的溶蚀孔洞为硬数据，采用协同序贯指示模拟算法，建立溶蚀孔洞分布模型。

$$[\mathrm{Prob}\{Z(x)\leqslant z\}\mid(n+n_1+n_2)]^* = \lambda_0 F(z) + \sum_{\partial=1}^{n}\lambda_\partial(x;z)\iota(x_\partial;z) + \sum_{\beta=1}^{n_1}\lambda_\beta(x;z)y(x_\beta;z) + \sum_{\kappa=1}^{n_2}\lambda_\kappa(x;z)h(x_\kappa;z) \quad (2-5)$$

溶蚀孔洞建模技术路线如图2-24所示：

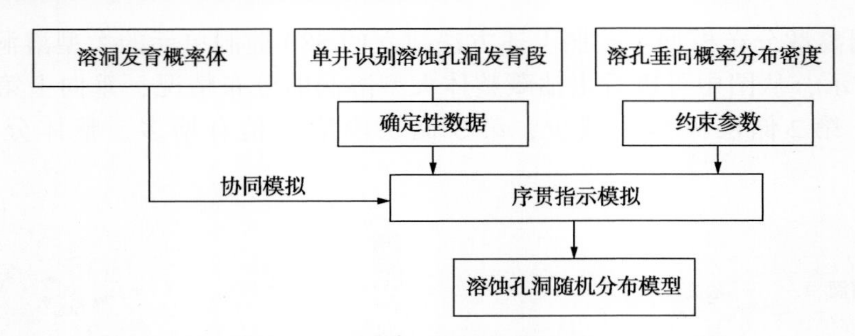

图 2-24　溶蚀孔洞建模技术路线

溶蚀孔洞垂向分布约束数据：根据不同储层段溶蚀孔洞发育情况，统计了不同储层发育段溶蚀孔洞垂向发育直方图，作为溶蚀孔洞垂向约束条件(图 2-25)。

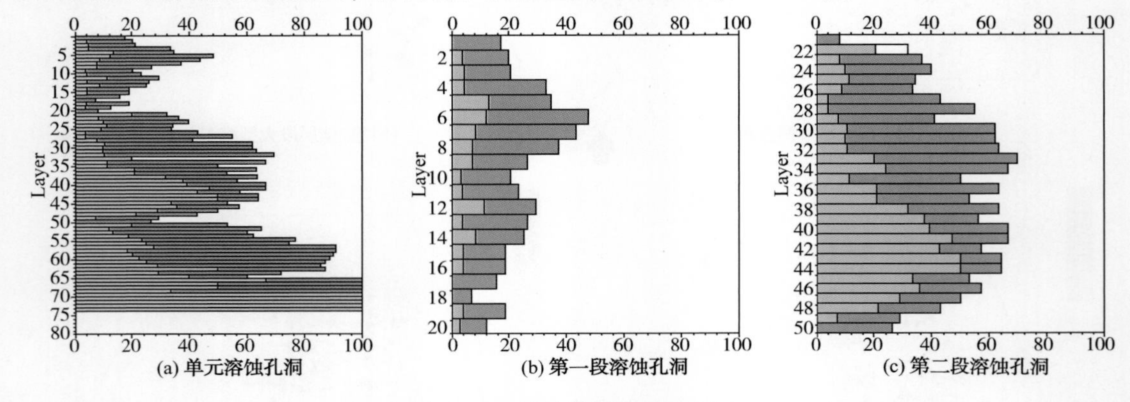

图 2-25　溶孔孔洞发育直方图

通过多地震属性与溶蚀孔洞的对比，波阻抗反演和分频反演都能反映溶蚀孔洞的发育，但受剥蚀面强反射的影响，波阻抗反演在剥蚀面附近无法很好地预测溶蚀孔洞，因此采用分频反演地震属性作为溶蚀孔洞发育约束体，而剥蚀面下部，采用两种属性的融合共同约束溶蚀孔洞的发育。

建立示范缝洞单元的溶蚀孔洞储集体模型(图 2-26)，垂向上第 1 储层段溶蚀孔洞较为发育，第 2 储层段溶蚀孔洞减少，第 3 储层段溶蚀孔洞稍有增多。溶蚀孔洞分布模拟结果与单井测井解释的裂缝型、裂缝孔洞型储层结果相符；溶蚀孔洞的分布表层较为连续，中下部相对离散。

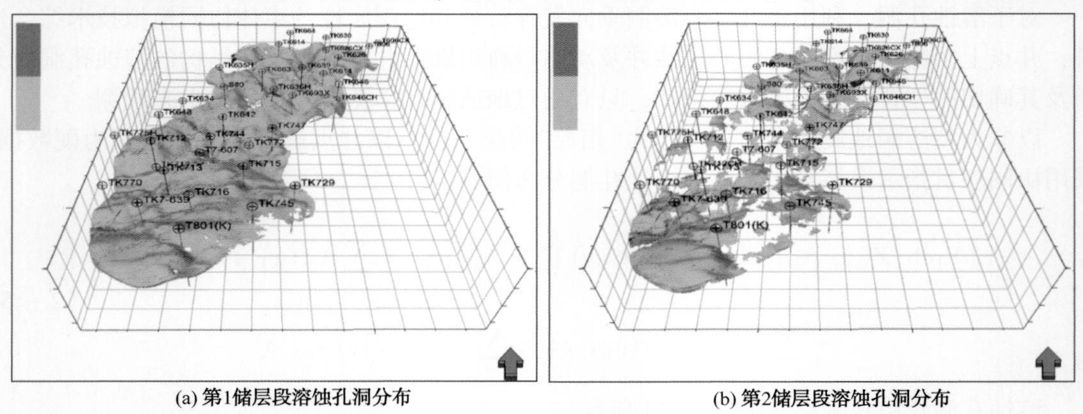

图 2-26　S80 单元溶蚀孔洞分布

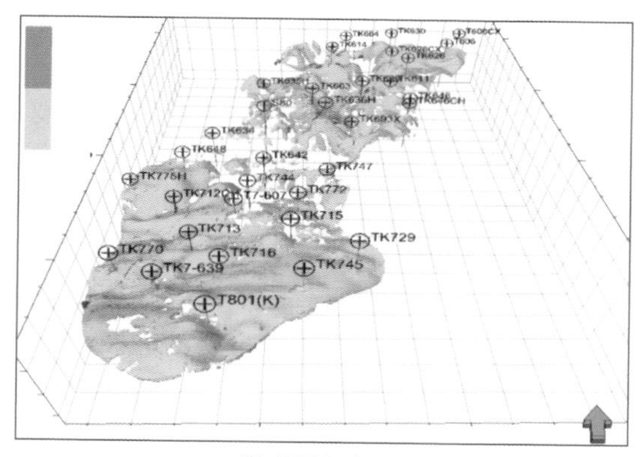

(c) 第3储层段溶蚀孔洞分布

图 2-26　S80 单元溶蚀孔洞分布(续)

五、离散裂缝分布模型构建

裂缝的分类可以根据其成因、充填情况、产状等参数可以建立多种分类方案。在裂缝分类方面不同的研究者着眼于不同观点。在裂缝建模过程中我们是根据裂缝的尺度和规模来分类，把裂缝分为两个主要类型：人工解释的断裂和蚂蚁追踪识别的大裂缝。大尺度缝是指横向延伸长度，通常是几十米到几百米，垂向高度也较高的裂缝。大尺度缝组成的裂缝组一般能在地震上识别出来，其产生机理接近于断裂，实际上断裂就是由一系列大尺度缝组成的断裂带。大尺度缝分布规律受应力分布，岩性等因素的控制，通常密度较低，但能提供很高的渗透率。大尺度裂缝建模就是要把组成断裂带的大尺度裂缝模拟出来。

以人工地震解释断裂(断裂位置、断点、断距等)作为大尺度裂缝硬数据，提取蚂蚁体地震属性，根据人工解释断裂获得的大尺度裂缝组系信息，分组系从蚂蚁属性体中自动拾取断裂信息，采用人机交互方式对人工地震解释断裂进行补充和修正，建立如图 2-27 所示的确定性大尺度裂缝离散分布模型技术路线。

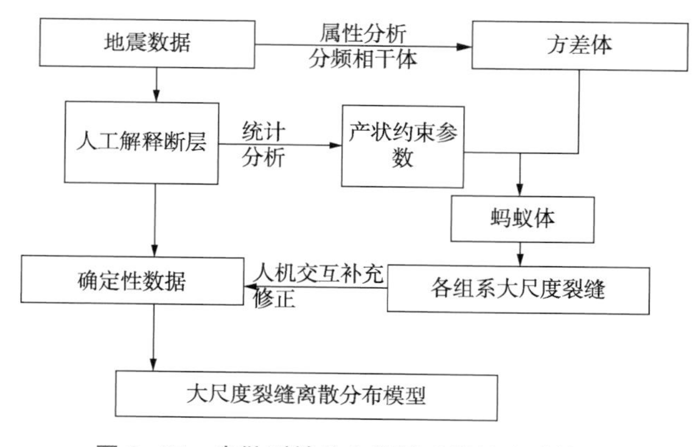

图 2-27　离散裂缝分布模型建模技术路线图

(1) 大尺度裂缝硬数据获取。人工地震解释断裂即根据区域地质规律，结合地震剖面特征分析，考虑断裂在地震剖面上的标志以及断裂组合规律，人工解释出的断裂，断裂信息具有较高的可靠性。因此在大尺度裂缝建模中，把人工地震解释断裂作为大尺度裂缝硬数据，包括断裂位置、断点、断距等信息。

（2）蚂蚁追踪断裂自动拾取。与人工地震解释断裂比较，蚂蚁追踪断裂解释精度更高，不仅能解释较大规模的断裂，也能够解释低级序小断裂，甚至裂缝系统。方差体技术和蚂蚁追踪技术均为目前识别断裂、裂缝及地层不连续变化的有效方法，使用方差体分析技术对原始地震数据进行预处理，增强地震数据在空间上的不连续性，再采用蚂蚁追踪技术在方差体中发现满足预设断裂条件的不连续痕迹并进行追踪，提取蚂蚁体地震属性，根据人工地震解释断裂获取断裂组系信息，分组系从蚂蚁属性体中自动拾取断裂。

（3）人机交互补充修正人工地震解释断裂。人工地震解释断裂可靠性较高，但精度不高，蚂蚁追踪自动拾取断裂精度较人工地震解释断裂更高，但可靠性相对较低。将人工地震解释断裂作为硬数据，通过人机互动的方式，对人工解释断裂和蚂蚁追踪自动拾取断裂进行逐一匹配对比，使用蚂蚁追踪自动拾取断裂对人工地震解释断裂进行补充和修正，建立确定性的大尺度裂缝离散分布模型。

根据构造解释结果，示范单元奥陶统顶面（$T7^4$）发育断裂 43 条，地震资料解释延伸长度一般为 110~2000m，最大延伸长度 2600 米。断裂主要分为北东方向（NE）、北西方向（NW）和东西向（EW）3 个组系，其中北东向断裂 19 条，北西向断裂 15 条，东西向断裂 9 条。统计每组断裂的组系、走向、倾向、长度等数据用于约束蚂蚁追踪提取大尺度裂缝（表 2-4）。

表 2-4　人工解释断裂产状统计

组系	断裂数/条	倾角/（°）		长度/m	
		平均值	范围	平均值	范围
NW	15	80	72~86	590	180~1400
NE	19	82	74~85	760	140~2600
EW	9	79	70~83	120	110~220
总计	43	…	…	…	…

采用蚂蚁追踪技术自动拾取常规地震解释不能识别出的大裂缝，技术思路如图 2-28 所示，该单元共追踪出大裂缝 189 条，其中北东方向 84 条，北西方向 67 条，东西方向 38 条。

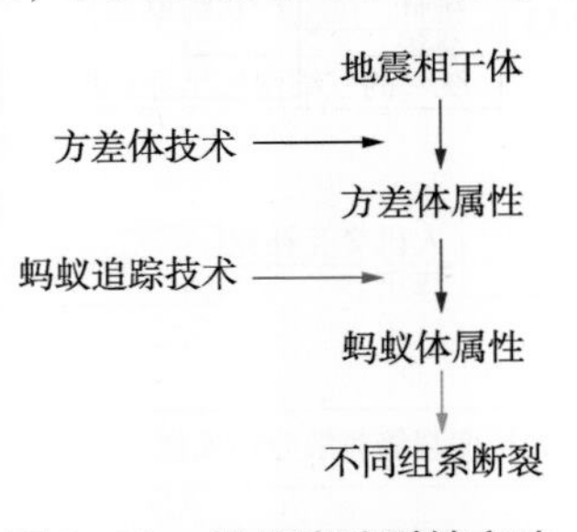

图 2-28　蚂蚁追踪裂缝方法

基于人工解释 43 条断裂及蚂蚁追踪的 189 条大裂缝，交互补充和修正，建立断裂离散分布模型，共 208 条断裂。整体及各组系的断裂展布如图 2-29 所示。

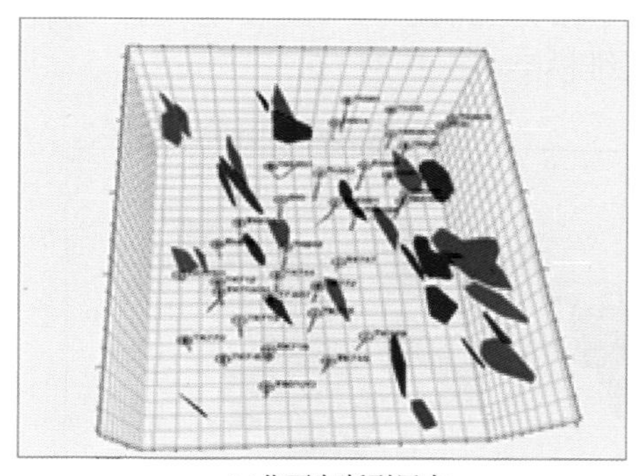

(a)北西向断裂展布

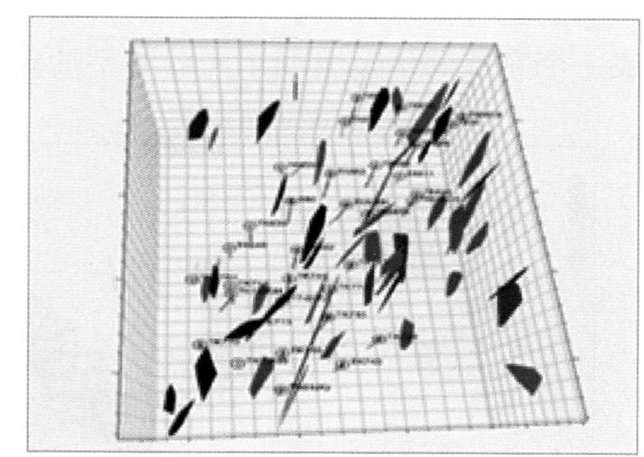

(b)北东向断裂展布

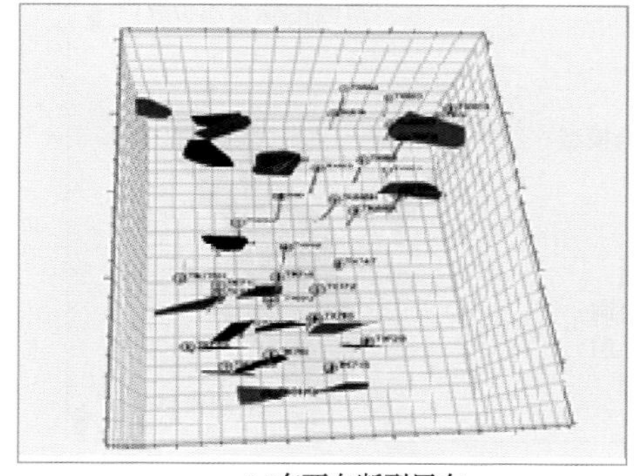

(c)东西向断裂展布

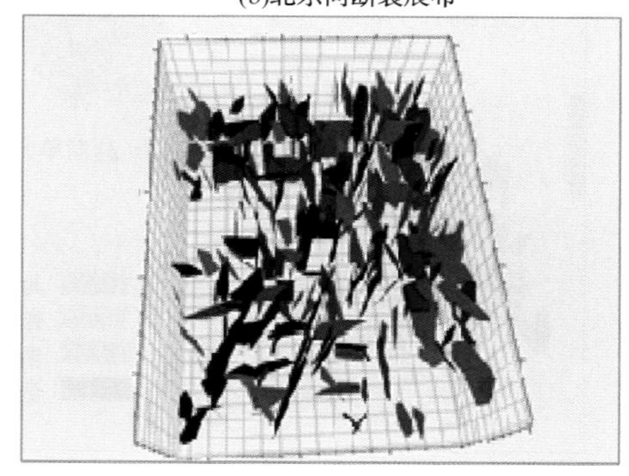

(d)油藏整体断裂展布

图 2-29　示范单元离散断裂展布模型

六、不同类型的储集体融合方法

缝洞型油藏储集体类型多样，但在模型网格系统中一个位置只有一种储集体存在。由于不同类型储集体分布特征不同，为了更好地表达各类储集体的空间分布采用了分类的建模方法，因此需要将不同类型的储集体融合形成一个完整的地质模型。

针对缝洞型油藏岩溶发育规律，制定了储集体融合原则：每个网格储集体类型唯一，忠实井点储集体类型，大型溶洞与断裂优先，溶蚀孔洞和小尺度裂缝其次，即 DCFN[x, y, z | (4)] = P{I 溶洞, I 断裂, I 溶孔 I 裂缝(x, y, z) | (网格值唯一)}，具体顺序为：大型溶洞→断裂→致密层→溶蚀孔洞→小尺度裂缝。具体方法路线如图 2-30 所示。

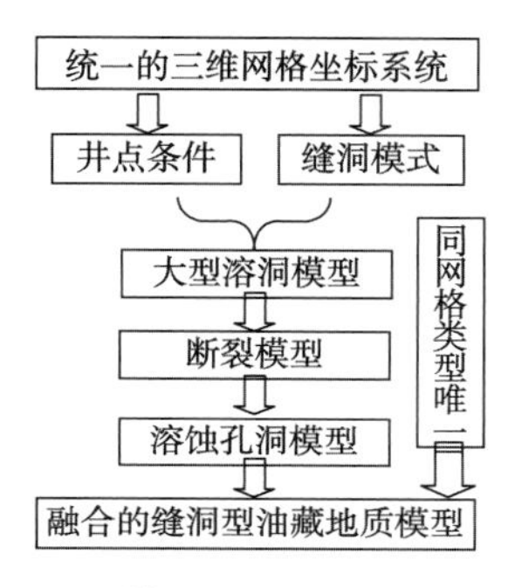

图 2-30　缝洞融合过程技术路线图

按照前述融合技术方法，将建立的大型溶洞、溶蚀孔洞、大尺度裂缝、基质及致密层等融合形成一个完整的示范缝洞单元缝洞型油藏三维模型(图 2-31)。

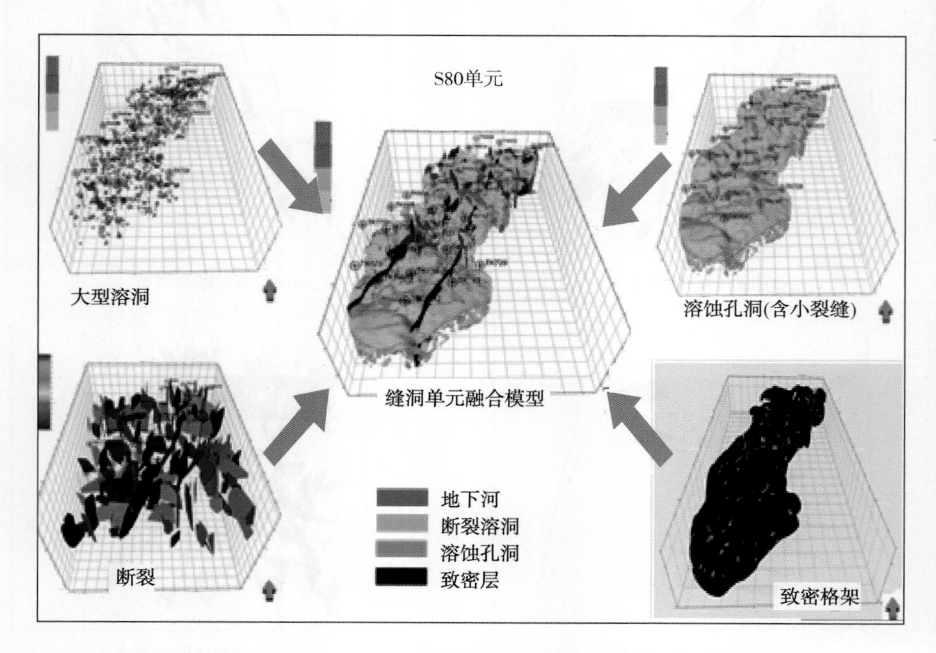

图 2-31　示范单元储集体融合结果

第三节　缝洞储集体属性分类建模方法

在分别建立大型溶洞、溶蚀孔洞及断裂分布模型的基础上，开展了不同类型储集体的属性模拟。技术思路如图 2-32 所示。

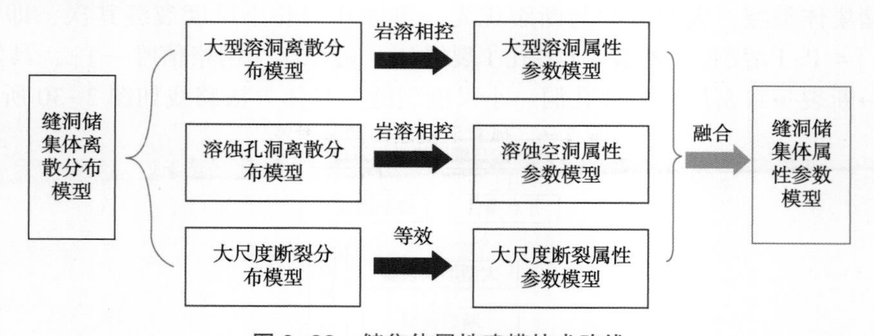

图 2-32　储集体属性建模技术路线

一、大型溶洞属性模型建立

在确定单井孔隙度的基础上，以溶洞储集体离散分布模型为“相控”条件，采用序贯高斯模拟的方法建立大型溶洞储集体属性参数模型，技术思路如图 2-33 所示。

结合生产动态资料对无测井曲线或无合格测井曲线的大型溶洞段进行孔隙度赋值，组合单井常规测井解释孔隙度建立单井孔隙度数据；参考试井资料对大型溶洞段进行渗透率赋值，结合测井解释渗透率建立单井渗透率数据。示范单元共有 10 口井 11 个溶洞段因为没有测井数据，依据生产动态对其孔隙度数值进行了标定。

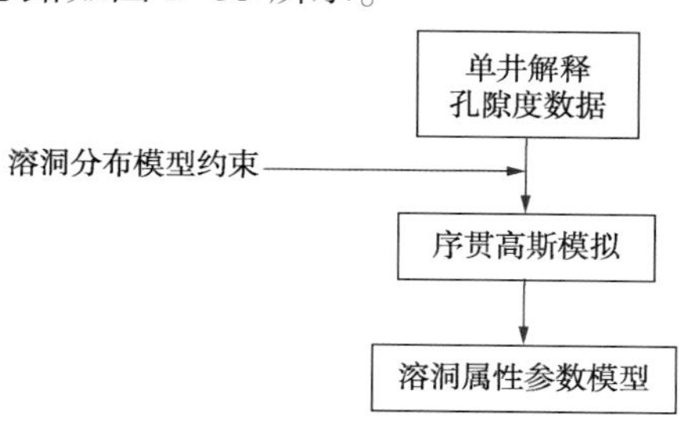

图 2-33　溶洞属性建模技术路线

依据“相控”属性建模思路，在大型溶洞储集体模型的约束控制下，采用序贯高斯模拟方法，建立大型溶洞储集体孔隙度模型。

（1）属性建模算法：大型溶洞储集体属性参数建模采用序贯高斯模拟算法，该算法仅用于连续变量分布的随机模拟。对于孔隙度随机函数 $Z(u)$，在已知单井属性参数 n 个数据点的条件下，随机函数 $Z(u_0)$ 条件累积概率分布函数具有两个特征，一是条件累积概率分布函数的均值或条件期望与克里金估计值相同；二是条件累积概率分布函数的条件方差就是克里金方差。因此，条件累积概率分布函数可以通过克里金方法求取。由于条件累积概率分布函数有正态分布特性，求解条件累积概率分布函数的过程可以简化为对一系列克里金方程组的求解。

（2）变差函数拟合：依据前面对大型溶洞分布特征、几何形态等的研究，地下河和孤立溶洞具有不同的平面分布特征，其空间变化也有其各自的规律，本次对大型溶洞变差函数的设定主要根据其空间不同的变化设定。根据其几何形态给出不同类型大型溶洞变差函数拟合的主变程方向、主变程值、次变程值和垂向变程值的参考值范围（表 2-5、表 2-6）。

表 2-5　地下河变差函数参考值

变差函数项	定量约束参数	反映的地质参数
主变程方向	NNE、EW	地下河走向
主变程/m	500~1200	地下河长度
次变程/m	40~80	地下河宽度
垂向变程/m	10~25	地下河厚度

表 2-6　孤立洞变差函数参考值

变差函数项	定量约束参数	反映的地质参数
主变程方向	—	—
主变程/m	210~1200	孤立洞长度
次变程/m	40~160	孤立洞宽度
垂向变程/m	10~30	孤立洞厚度

大型溶洞属性模拟步骤：①将单井孔隙度数据离散获取建模硬数据；②通过正态变换设置，使模拟的储层参数符合高斯分布；③进行大型溶洞储集体孔隙度建模变差函数

拟合；④根据单井溶洞孔隙度的变化，模拟纵向上非均质性；⑤利用大型溶洞离散分布模型进行相控约束；⑥采用序贯高斯模拟随机算法，建立大型溶洞孔隙度模型。

孔隙度模拟结果如图 2-34~图 2-36 所示，模拟结果与井点完全相符，整体孔隙度趋势与井点统计趋势一致。

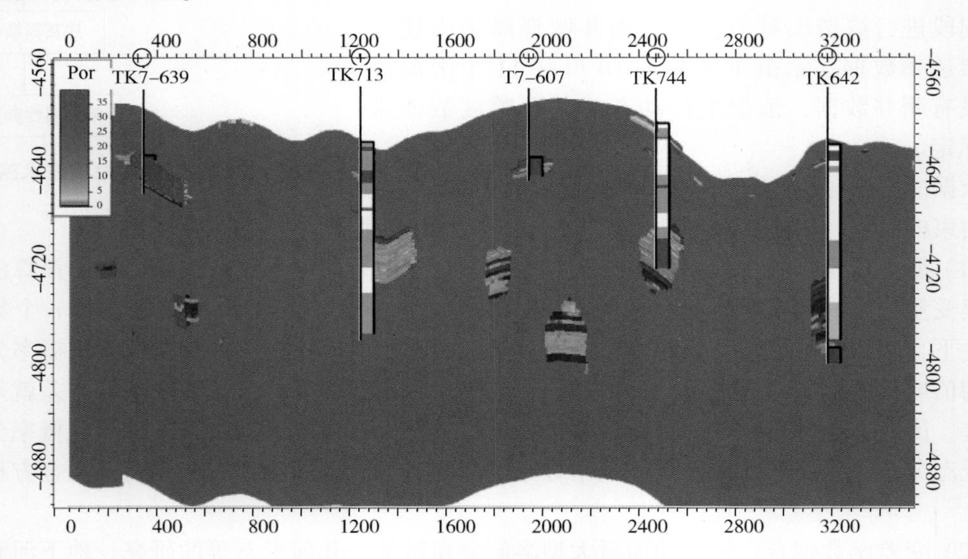

图 2-34　大型溶洞孔隙度模拟结果

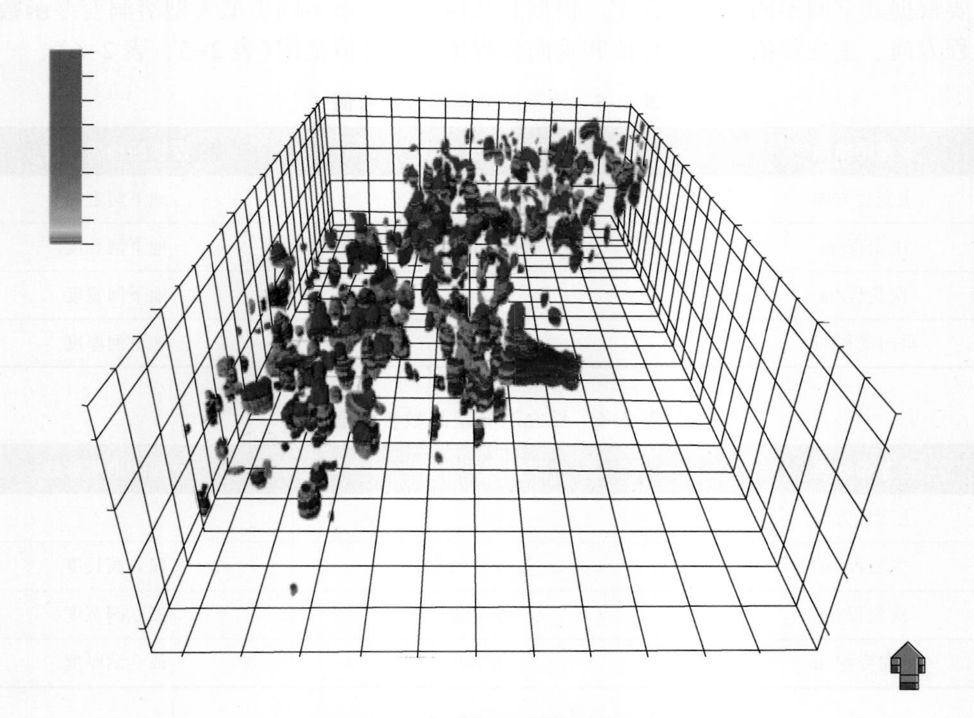

图 2-35　大型溶洞孔隙度模拟结果

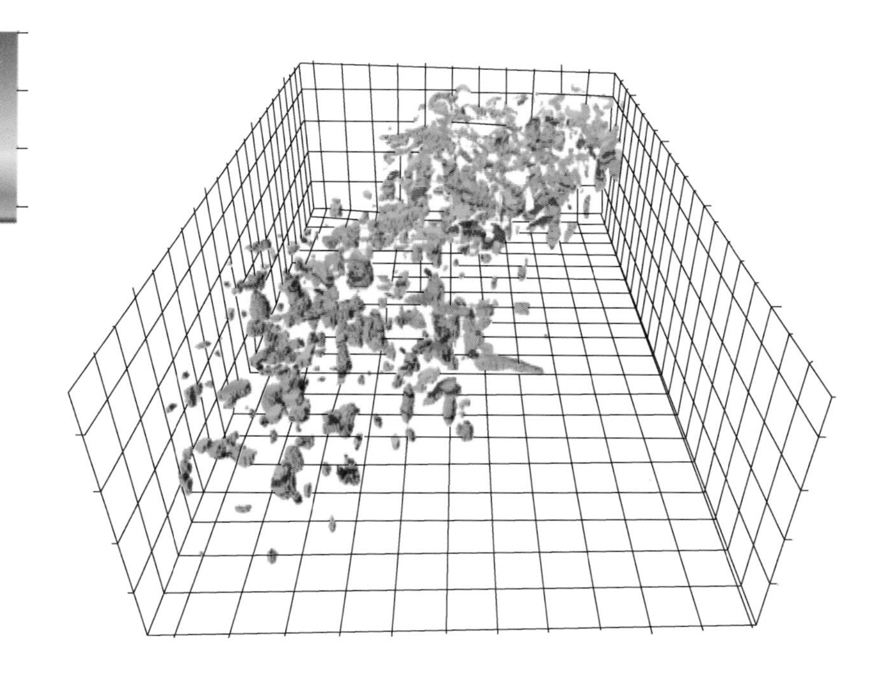

图 2-36 大型溶洞渗透率模拟结果

二、溶蚀孔洞属性建模方法

依据"相控"属性建模的思路，在井点溶蚀孔洞孔隙度解释的基础上，以溶蚀孔洞储集体模型为约束条件，采用序贯高斯模拟方法，建立溶蚀孔洞储集体孔隙度模型。技术思路如图 2-37 所示。

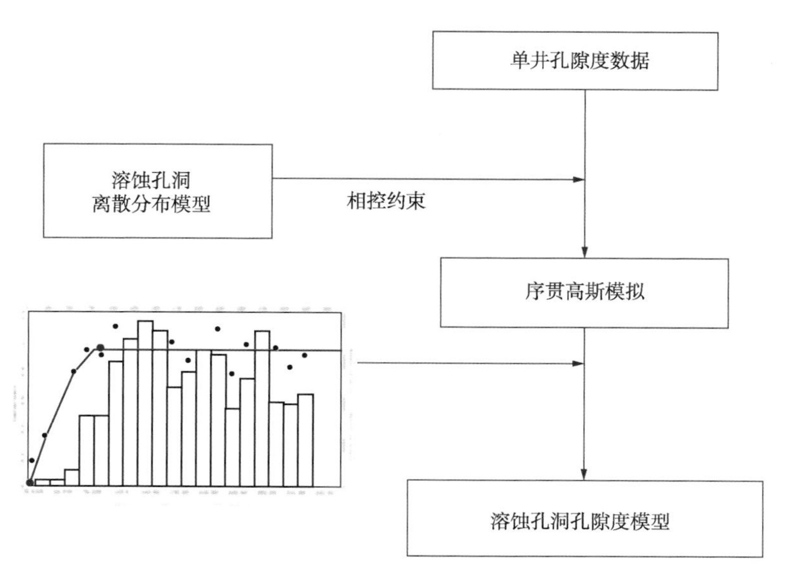

图 2-37 溶孔属性见面技术路线

模拟结果如图 2-38 所示，在溶蚀孔洞离散分布模型的约束下，使用序贯高斯模拟方法建立溶蚀孔洞储集体孔隙度模型；模拟结果保证了与井点储集体类型相符，又保持了地震预测横向连续性好的特点。

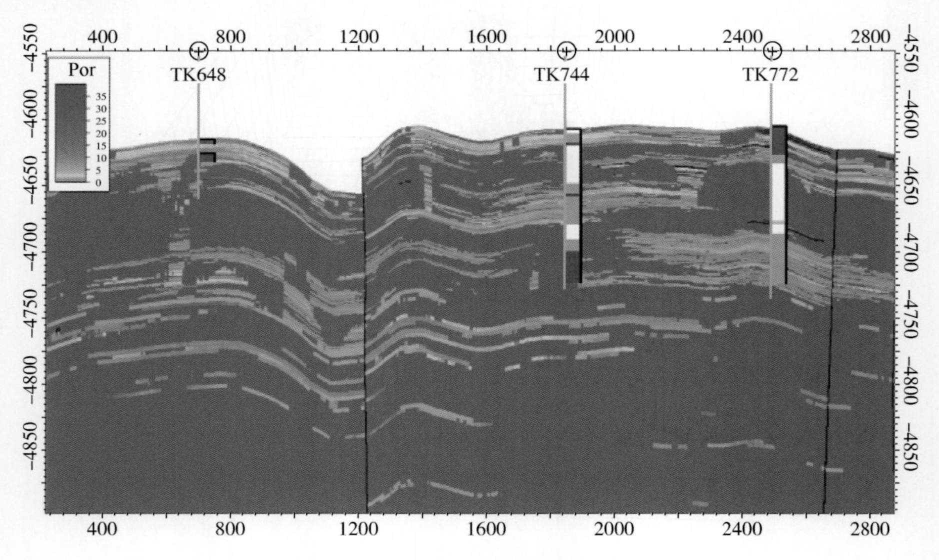

图 2-38　溶蚀孔洞孔隙度模拟结果

基于上述方法建立了 S80 单元溶蚀孔洞三维孔隙度、渗透率模型。图 2-39 为 S80 单元溶蚀孔洞孔隙度模型；图 2-40 为 S80 单元溶蚀孔洞渗透率模型。

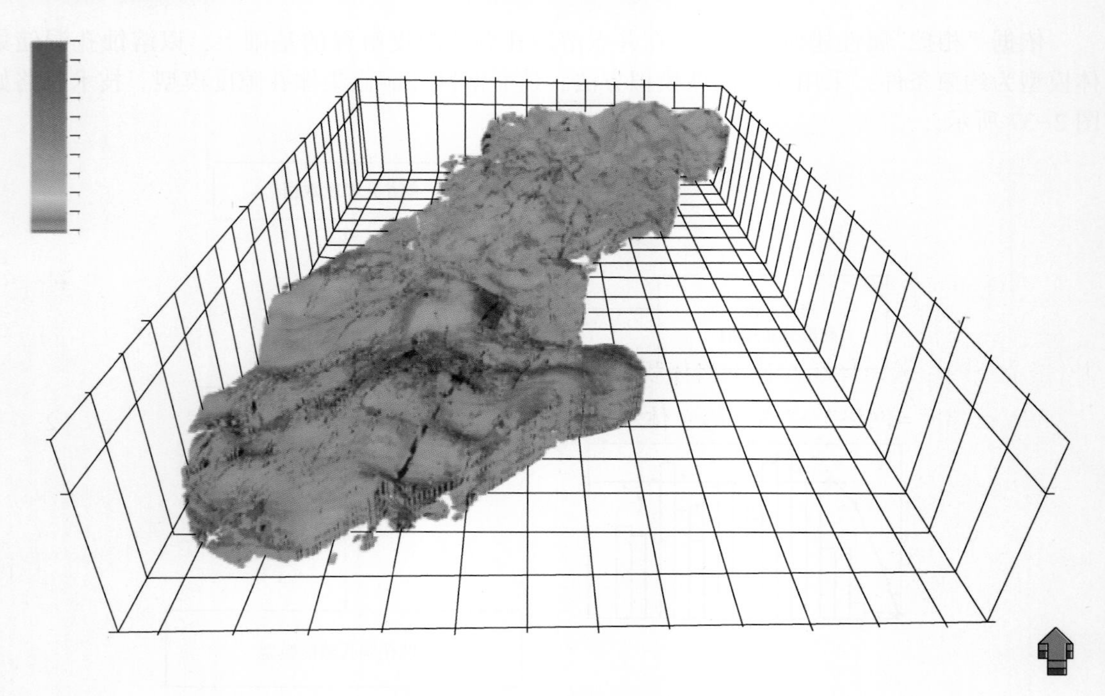

图 2-39　溶蚀孔洞孔隙度模型

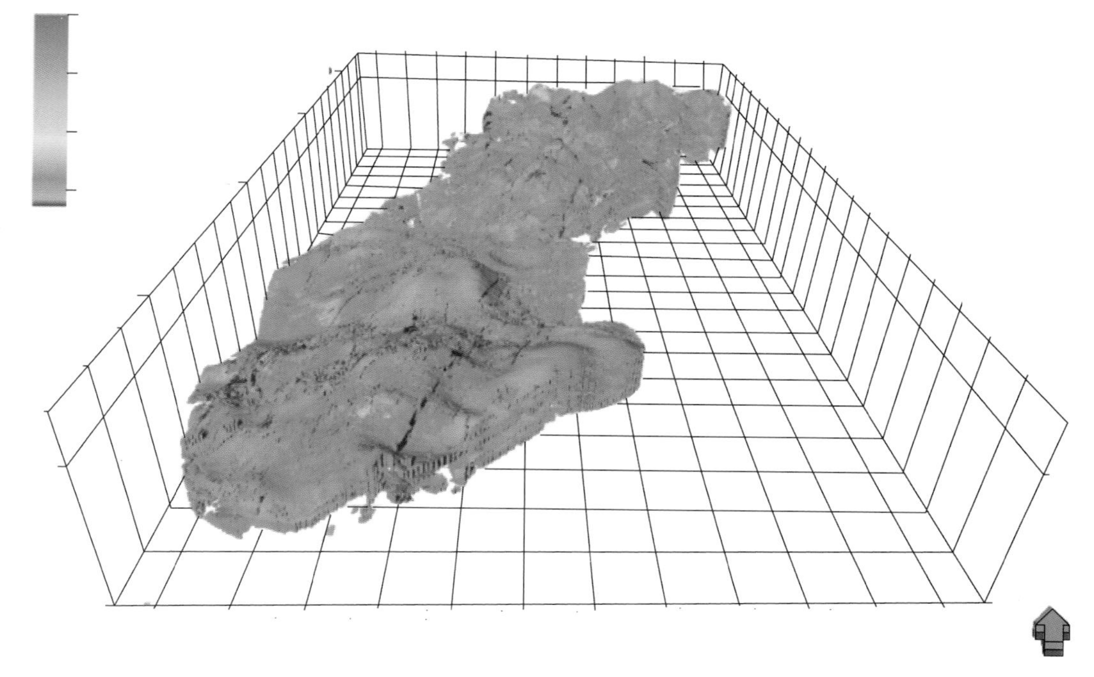

图 2-40　溶蚀孔洞渗透率模型

三、离散裂缝属性模型构建

裂缝型储集体属性参数建模，采用基于离散裂缝网络模型的等效介质方法求取裂缝等效孔隙度和等效渗透率张量，建立裂缝型储集体属性参数三维模型。

裂缝等效参数是指裂缝系统在各油藏网格中所表现出的存储能力、渗透能力以及被裂缝系统所切割的基质岩块几何形态参数。上述参数的计算基础是已知各网格块内的裂缝网络基础关系、各条裂缝的开度以及传导率。

（1）裂缝等效孔隙度计算：根据离散裂缝网络模型中网格节点内的裂缝条数，以及各裂缝的长度、倾角、开度、传导率等已知参数计算裂缝孔隙度和裂缝渗透率，裂缝等效孔隙度即网格节点内裂缝总体积与该网格体积之比：

裂缝孔隙度=网络节点内裂缝总体积/网格体积×100%　　（2-6）

（2）裂缝等效渗透率计算：裂缝性多孔介质的等效渗透率张量综合考虑基岩和每条裂缝的空间分布和属性参数对渗透性的影响，可表示为：

$$K=\begin{pmatrix} K_{mm} & K_{mn} \\ K_{nm} & K_{nn} \end{pmatrix} \quad (2-7)$$

式中，K 为渗透率张量，μm^2；K_{mn} 为渗透率的分量，μm^2；m 为渗流速度方向；n 为位势梯度方向。

为保证渗透率张量具有物理意义，其应为对称张量，即 $K_{mn}=K_{nm}$。

当渗透率主轴方向与坐标轴方向平行时，K 为对角形式：

$$K=\begin{pmatrix}K_x & 0\\ 0 & K_y\end{pmatrix} \tag{2-8}$$

式中，K_x 和 K_y 为 x 和 y 方向的渗透率主值，μm^2。

设单位黏度流体通过含裂缝的基岩网格块，根据广义达西定律，网格块中的渗流速度与压力梯度的关系为

$$v_s=-K_s\cdot\Delta P_s \tag{2-9}$$

式中，v_s 为网格块中的渗流速度，cm/s；K_s 为网格块的等效渗透率张量，μm^2；ΔP_s 为对网格块施加的压力梯度，10^{-1}MPa/cm。

若对网格块施加的单位压力梯度为(1，0)′，则该压力梯度下的流速为-(K_{xx}，K_{yx})′，可见，裂缝性多孔介质等效渗透率张量的第一列分量对应于单位压力梯度下的流速，从而可求出 K_{xx} 和 K_{yx}。同理，当对网格块施加的单位压力梯度为(0，1)′时，可求出等效渗透率张量的其他 2 个元素。

基于离散裂缝网络模型的等效介质方法，在裂缝组系、长度、倾角、开度和传导率基础上求取裂缝等效孔隙度和等效渗透率张量，自动生成裂缝孔隙度、裂缝渗透率属性，建立裂缝型储集体得到裂缝孔隙度模型和 i、j、k 三个方向的裂缝渗透率模型。

裂缝属性参数模型的建立采用裂缝等效参数计算的方法，通过计算每一个网格单元内裂缝的属性参数，并粗化至地层模型从而建立起裂缝的属性参数模型。

根据建立的 S80 单元离散断裂分布模型，基于现在的 S80 单元网格系统，采用上述方法建立断裂储集体的孔隙度模型(图 2-41)和 i、j、k(图 2-42)三个方向的裂缝渗透率模型。

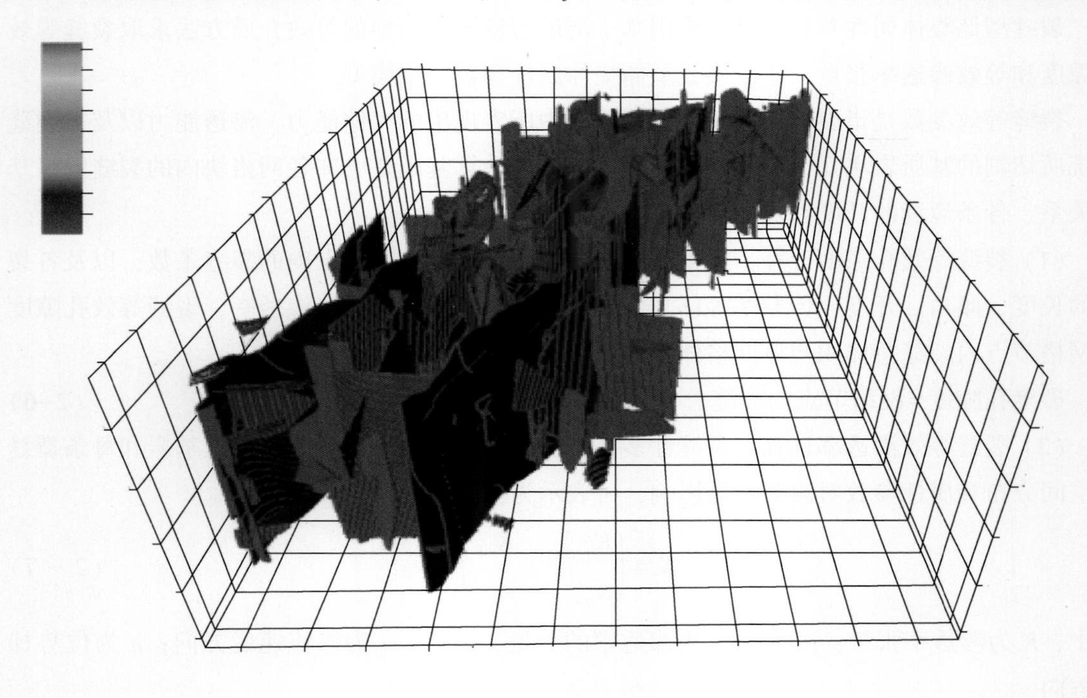

图 2-41　S80 单元裂缝孔隙度模型

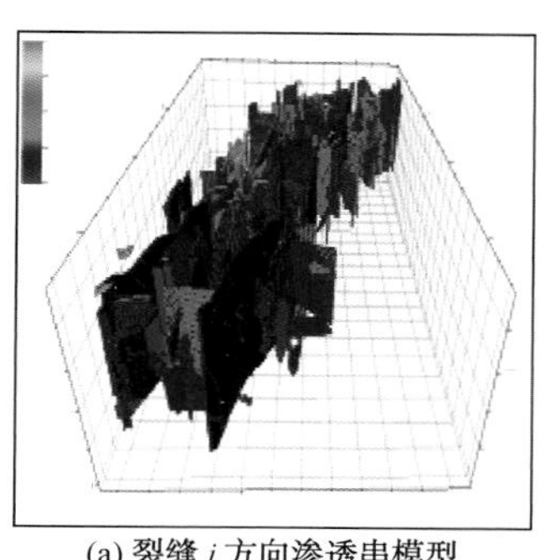

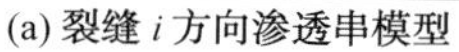

(a) 裂缝 i 方向渗透串模型

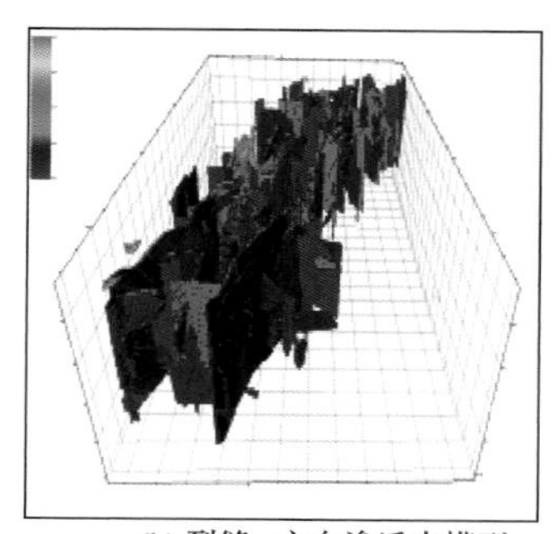

(b) 裂缝 j 方向渗透串模型

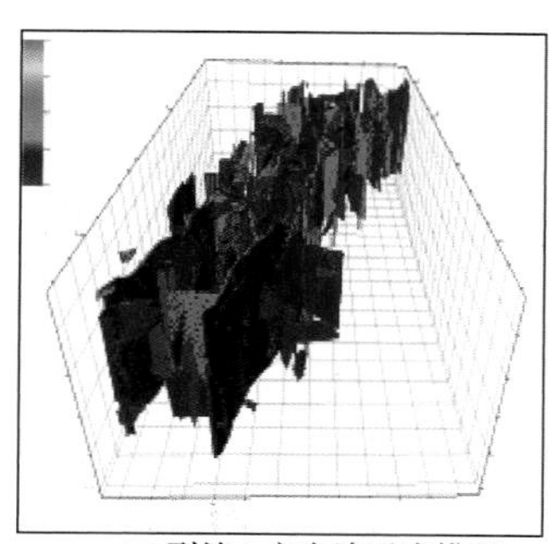

(c) 裂缝 k 方向渗透串模型

图 2-42　S80 单元裂缝渗透率模型

四、模型融合

缝洞型油藏中溶洞是主要的储集空间，裂缝主要起沟通不同类型储集体的作用，属性融合过程中孔隙度和渗透率采用不同的方法进行。对于孔隙度模型，由于二者在网格系统中位置并不重合，大型溶洞孔隙度模型与溶蚀孔洞孔隙度模型直接融合，裂缝网络孔隙度直接加到所经过的网格之上。对于渗透率模型，直接采用孔隙度模型的方法，值得注意的是裂缝渗透率以矢量形式存在，而溶洞和溶蚀孔洞的渗透率则是标量，在数值模拟过程中可以根据需求进行取舍。图 2-43 为缝洞型油藏中属性融合的示意图。

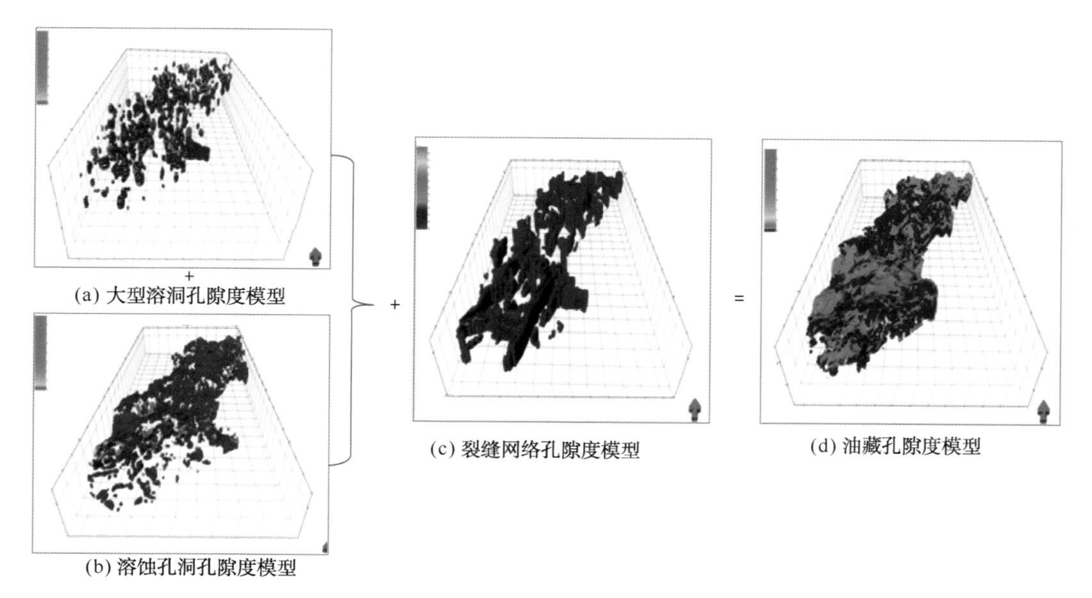

图 2-43　属性融合示意图

按照上述方法，得到如图 2-44 所示的 S80 单元孔隙度融合模型和渗透率融合模型。

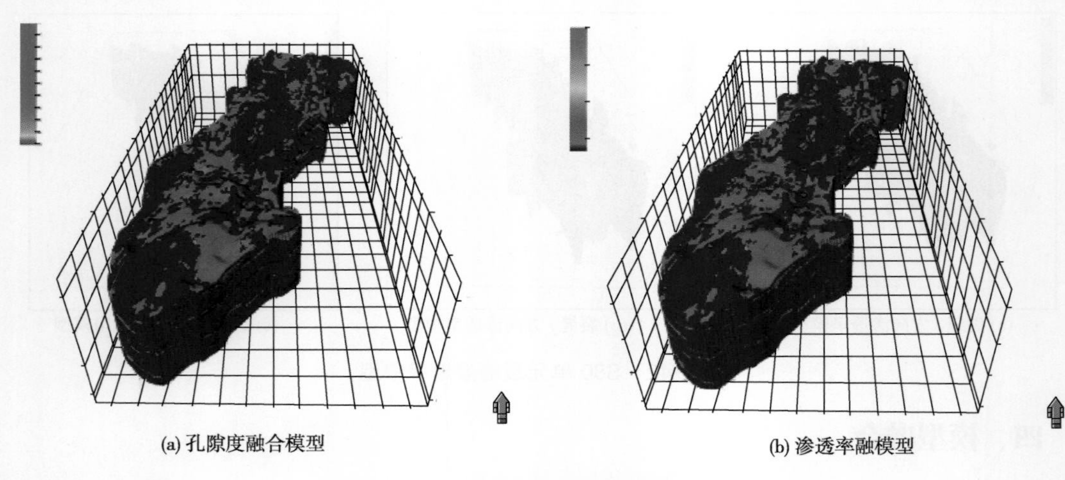

图 2-44　S80 单元融合模型

第三章　缝洞型油藏条件符合地质建模

分类精细建立地质模型，提高了建模精度，本章针对建模方法的不准确性，开展不同阻抗截断值、建模方法、地质储量开展不准确性研究，建立多个条件符合地质模型，形成缝洞型油藏不准确性地质建模方法，为高效开发鲁棒优化奠定基础。

第一节　不同阻抗截断值的不准确性建模

地震预测缝洞体是地质建模的基础，井间预测依靠地震探测手段，不同阻抗截断值研究是评价与地震波阻抗预测技术的不准确性变化范围，评价在预测结果在地质建模中的影响程度，建立多个可能的、符合条件的地质模型。

地震波阻抗预测技术是碳酸盐岩缝洞储集体有效的识别方法，井间预测主要依靠地震探测手段。与其他地震预测方法相比，地震波阻抗预测技术具有如下优势：①消除子波旁瓣影响，在具有平面预测性的同时，提高了纵向分辨率。②反演属性具有明确的地质含义，便于对储集体的地质描述与分类刻画。目前在碳酸盐岩储集体预测中使用的反演方法有：声波和弹性波阻抗相结合反演、声波阻抗反演、测井地震联合反演、叠前双向介质属性反演和吸收系数反演。

约束稀疏脉冲反演开展缝洞储集体的识别研究工作，具体过程分为三个主要步骤：①井震标定及子波提取：通过制作合成地震记录，确定井点时深关系，同时参考井点测井曲线与井旁地震道进行地震子波的提取。这样提取的地震子波相比简单的理论子波更符合实际研究区的地震情况。②建立波阻抗低频模型：由于地震数据缺失低频信息，因此需要建立波阻抗低频模型来对最终反演结果做补充。考虑到研究区钻遇溶洞储集体的井点存在曲线异常现象，本次研究利用处理阶段获得的叠加速度转换层速度来进行低频模型的制作。③反演运算：反演的结果包括绝对波阻抗体，带通波阻抗体以及对绝对波阻抗体低切滤波后与低频模型合并得到的合并波阻抗体。

地震波阻抗反演储层预测不准确性分析。波阻抗反演是储集体综合物性的响应，它反映了储集体发育趋势，波阻抗值越小，发育缝洞储集体的概率越大。由于消除了地震子波的影响，因此其纵向分辨率也得到提高，原始地震剖面上纵向连续的“串珠反射”在波阻抗反演剖面上表现为单一“溶洞”，实现了大型溶洞储集体的深度归位。对于非典型“串珠反射”的储集体，结果也提供了其空间发育趋势。

从绝对阻抗体的井旁道提取波阻抗曲线，统计井点处不同储集体类型与波阻抗数据之间的关系。结合钻井时放空漏失表以及测井解释储层结论，得到缝洞储集体与基质碳酸盐岩在阻抗上的分离门槛值为 $1.57\times10^{7}(kg/m^{3})\cdot(m/s)$，即认为波阻抗值小于该值的地方为储集体发育优势区(图 3-1)。但从缝洞储集体和基质碳酸盐岩与波阻抗反演的统计结果可以看出，虽然认为小于 $1.57\times10^{7}(kg/m^{3})\cdot(m/s)$为储集体发育段，但基质碳酸盐岩在这个范围内也广泛分布(图 3-2)，为此认为这个范围为储集体发育的一个可能性范围，具有较大的不准确性。

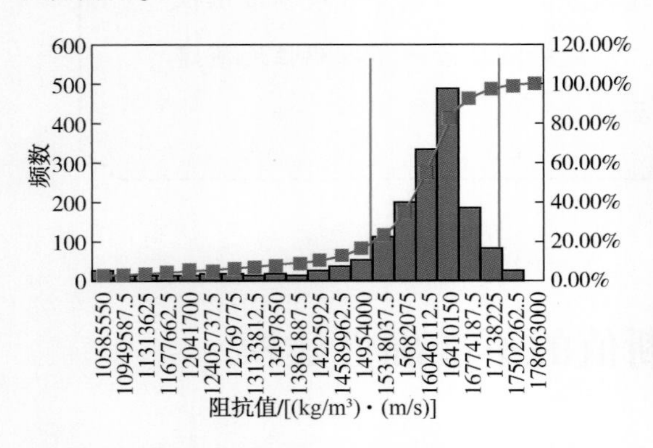

图 3-1　井点储层发育段对应阻抗值大小分布

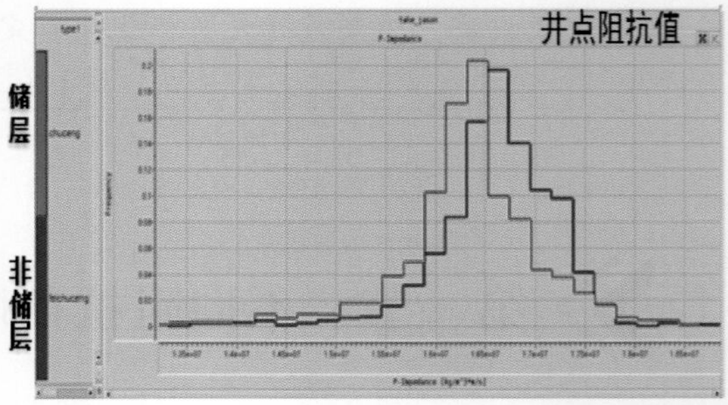

图 3-2　储层与非储层井点阻抗值分布

分析地震反演结果与储集体的对应关系，统计了不同深度段，不同储集体类型对应阻抗值(图 3-3)，结果显示，虽然不同储层类型在垂向上不同位置阻抗分布区间有差异，但不同类型储集体对应的地震反演结果重叠太多，不仅总体上难以区分不同类型储集体，而且相同的深度段，不同类型储集体也难以区分，因此难以用单一截断值区分储层与非储层。

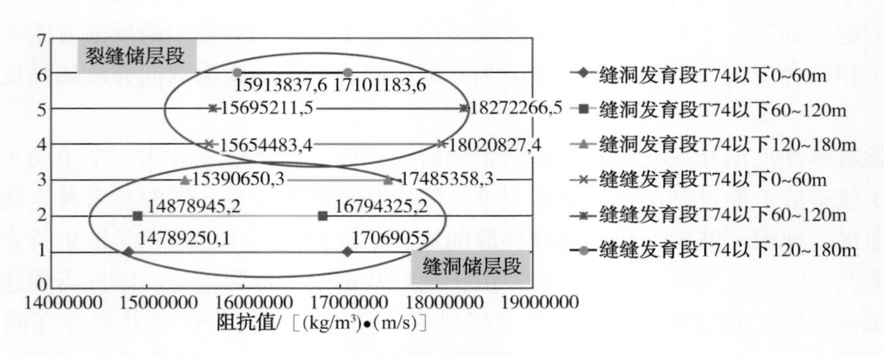

图 3-3　不同类型储集体在不同深度下波阻抗分布区间

如何确定截断值范围来缝洞储集体呢？选择井上储集体大于 5m 的发育段与波阻抗范围对比，利用示范单元 33 口井的资料进行标定，判断阻抗截断值范围在$(1.51\sim1.63)\times10^{7}(kg/m^{3})\cdot(m/s)$间(图 3-4)，这个地震波阻抗范围为储集体的可能性较大。

选取这个范围内不同截断值，就有不同的缝洞体轮廓(图 3-5~图 3-10)，这些不同的缝洞体轮廓模型都是有可能的，这些可能的模型均用地质模型的基础模型。

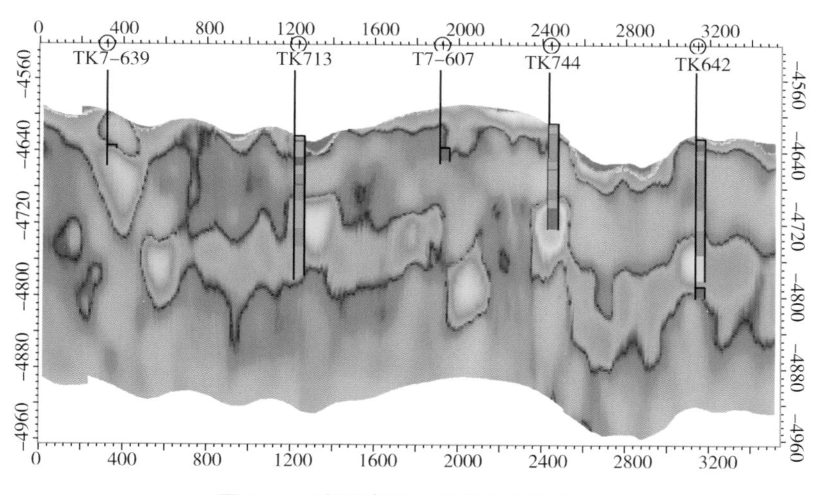

图 3-4 地震波阻抗反演储集体分布

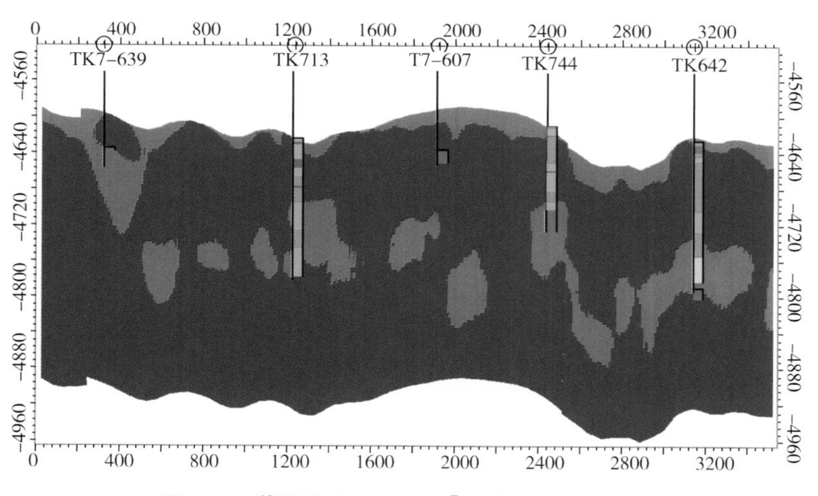

图 3-5 截断值为 1.51×10^{7} 时地震反演储集体

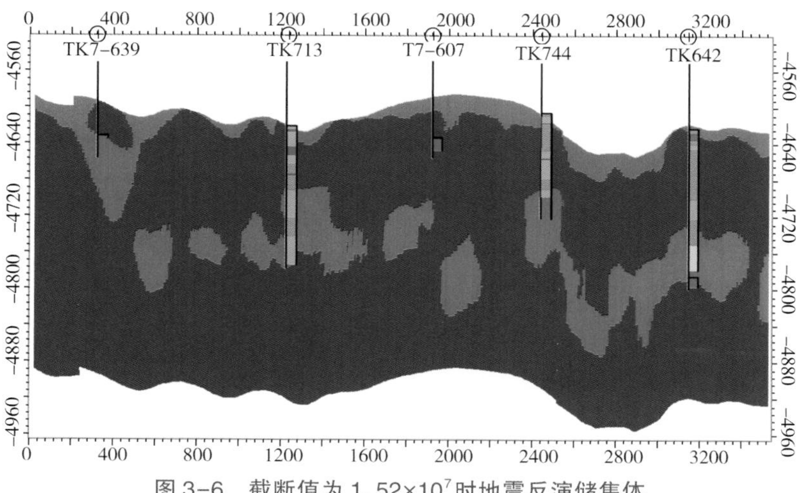

图 3-6 截断值为 1.52×10^{7} 时地震反演储集体

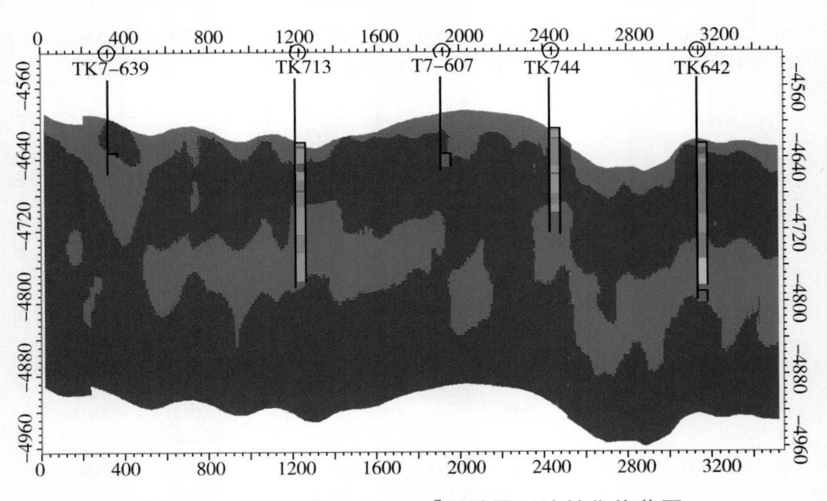

图 3-7　截断值为 1.56×10^7时地震反演储集体范围

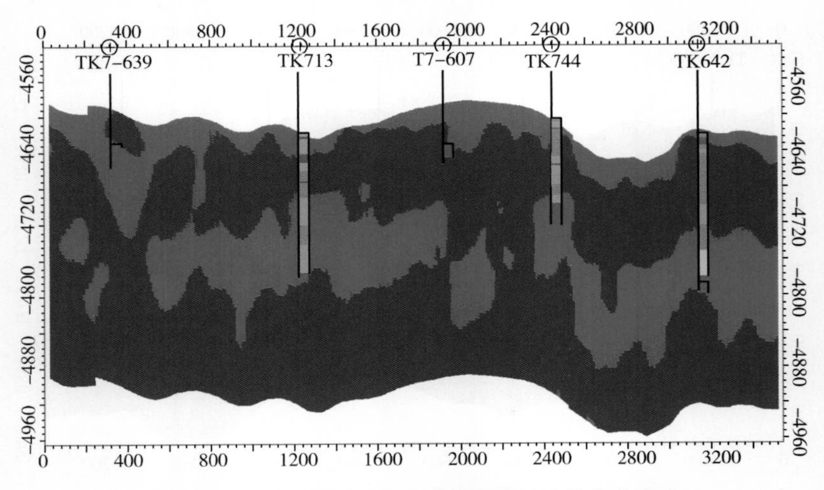

图 3-8　截断值为 1.58×10^7时地震反演储集体范围

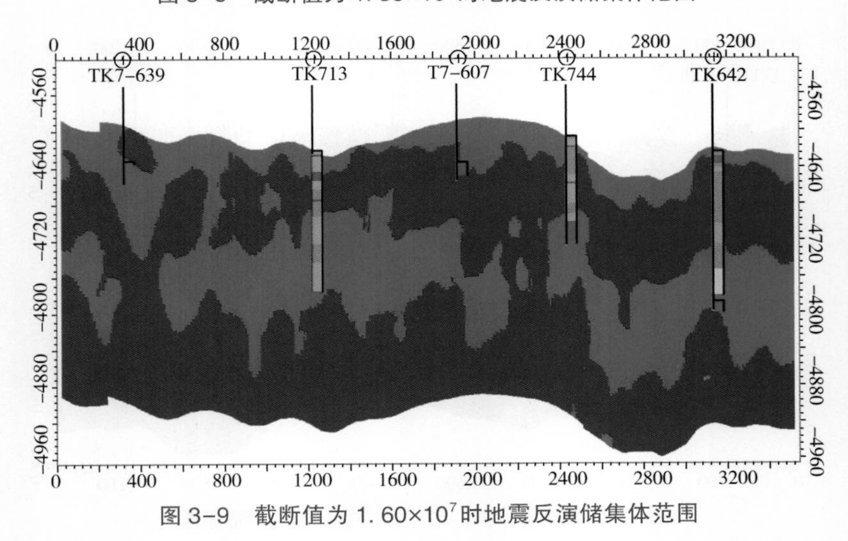

图 3-9　截断值为 1.60×10^7时地震反演储集体范围

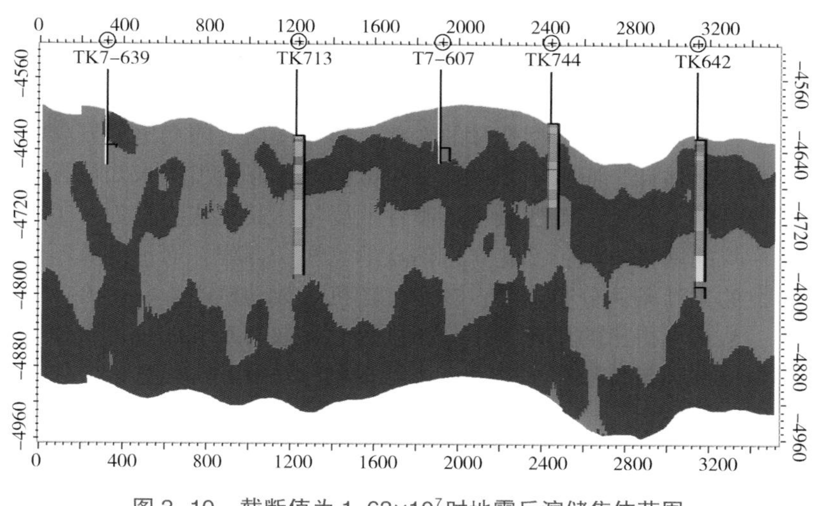

图 3-10　截断值为 1.63×10^7 时地震反演储集体范围

第二节　建模方法的不准确性建模

目前建模方法很多，这些方法的产生是考虑不同的影响因素而建立的方法，建模方法的原理都不相同，建出的模型也有一定差异，但这些模型都是一种可能性与条件符合。

一、重要建模方法讨论

重点介绍与讨论基于目标的随机建模、序贯指示随机模拟、序贯高斯模拟和多点地质统计学随机模拟等几种方法。

1. 基于目标随机模拟

基于目标的方法最早由挪威学者提出，该方法是通过直接产生整体目标块而建立储层结构模型，它只能对离散变量进行建模。

基于目标随机建模主要指示性点过程建模。示性点过程是一个随机过程，它是把一种特征或属性赋予过程的每一个点上。该模拟方法只能模拟离散型随机变量，如沉积相建模。对一个示性点：$\vec{U}=\{x, L, \vec{S}\}$。式中，$x$ 是区域中随机参考位置；L 为相的类型；$\vec{S}=(S_1, S_2, \ldots, S_n)$ 是多元随机变量。$\vec{S}$ 表示研究对象的形状、尺寸、方向等，对于河道砂体则代表其长、宽、厚和方向。一旦建立了沉积相分布的示性点过程模型，下一步就是确定模型的参数，并利用随机模拟再现各种沉积相的可能分布。

模型参数的确定，依赖于观察数据，另一方面也依赖于地质认识和经验。为了进行条件模拟，下列确定性数据信息作为输入模型的参数是必须预先指定的：①各种沉积相对应的地层的中心位置、形状等参数的概率分布；②各种沉积相所占的比例；③相与相之间的空间关系；④沉积相的地质成因。

2. 序贯指示模拟

指示模拟方法是由美国斯坦福大学 Journel 教授八十年代提出并一直由其倡导和发展的一种方法，其过程是首先将地质变量根据条件进行离散化处理，编码为 0 和 1，然后将变差函数用于指示变量，分别计算个类型变量的变差，建立待估点的克里金方程，最终得到待估点的指示变量的克里金估计，而指示变量的克里金估计正好给出了未知位置变量的概率分布的估计，该概率模型就是未知位置变量不准确性的度量，其算法步骤为：①在模拟网格中随机地选择一个待模拟的网格节点；②建立待估点的克里金方程，通过计算不同点之间的变差函数，估计该节点的累计条件分布函数；③通过随机函数随机产生一个 0~1 之间的随机数，作为该点的概率，从计算得出的累计条件分布函数中提取其对应的分位数作为该节点的模拟值；④将该新模拟值加到条件数据组中，作为已知数，并对其进行编码，作为已知点计算下一个待估点的模拟值。

对于一个地质变量 $\{Z(x) \mid x \in D\}$，无论它是连续的还是离散的，都可以对其进行离散化而得到一系列指示变量。若 $\{Z(x) \mid x \in D\}$ 是连续的地质变量，那么可以通过 K 个截断值 Z_1，Z_2，…，Z_k，将 $Z(x)$ 可能的取值区间截断后得到 K 个指示变量：

$$I(x;\ z_k) = \begin{cases} 1, & \text{若 } Z(x) \leqslant z_k \\ 0, & \text{其他} \end{cases} \tag{3-1}$$

式中，$k=1$，2，…，K。

若 $\{Z(x) \mid x \in D\}$ 是离散的地质变量，则此时无须进行截断处理，只对其进行 0~1 编码标定就可以了。若研究区 D 内有 K 中岩相，则可定义 K 个指示变量：

$$I_k(x) = \begin{cases} 1, & \text{若位置 } x \text{ 处有指定的岩相 } k \\ 0, & \text{其他} \end{cases} \tag{3-2}$$

式中，$k=1$，2，…，K。

根据平稳假设的不同，分为简单克里金和普通克里金，如果指示变量的平稳均值是随机函数 $\{Z(x) \mid x \in D\}$ 的累计分布函数，定义为简单指示克里金，如果采用待估点周围邻域的平均值来代替则定义为服从普通指示克里金。

对于简单指示克里金（SIK），待估点的估计值可写为：

$$[i(x;\ z)]^*_{\mathrm{SIK}} = [\mathrm{Prob}\{Z(x) \leqslant z \mid (n)\}^*]_{\mathrm{SIK}} = \sum_{\alpha=1}^{n} \lambda_\alpha(x;\ z) \cdot i(x_\alpha;\ z) + \left[1 - \sum_{\alpha=1}^{n} \lambda_\alpha(x;\ z)\right] \cdot F(z) \tag{3-3}$$

式中，$\lambda_\alpha(x;\ z)$ 是相应于截断值 z 的简单克里金权系数，$F(z)$ 是平稳均值，这些权系数可以通过求解简单指示克里金方程组得出：

$$\sum_{\beta=1}^{n} \lambda_\beta(x;\ z) C_\mathrm{I}(x_\beta - x_\alpha;\ z) = C_\mathrm{I}(x - x_\alpha;\ z) \quad (\alpha = 1,\ 2,\ \cdots,\ n) \tag{3-4}$$

对于普通指示克里金（OIK），待估点的估计值可写为：

$$[i(x;\ z)]^*_{\mathrm{OIK}} = [\mathrm{Prod}\{Z(x) \leqslant z \mid (n)\}^*]_{\mathrm{OIK}} = \sum_{\alpha=1}^{n} \lambda_\alpha(x;\ z) \cdot i(x_\alpha;\ z) + \left[1 - \sum_{\alpha=1}^{n} \lambda_\alpha(x;\ z)\right] \cdot m^*(x)_i \tag{3-5}$$

式中，$m^*(x)$是利用邻域中数据对邻域中平均值进行估计所得的值，从而式(3-5)又可以写成：

$$[i(x;z)]^*_{OIK}=\sum_{\alpha=1}^{n}\gamma_\alpha(x;z)\cdot i(x_\alpha;z)_i \tag{3-6}$$

式中，$\gamma_\alpha(x;z)$为普通克里金加权系数，满足$\sum_{\alpha=1}^{n}\gamma_\alpha(x;z)=1$，这些权系数可以通过下面的普通克里金方程组求解得到：

$$\begin{cases}\sum_{\beta=1}^{n}\gamma_\beta(x;z)C_1(x_\beta-x_\alpha;z)-\mu(x;z)=C_1(x-x_\alpha;z),\ \alpha=1,2,\cdots,n\\ \sum_{\beta=1}^{n}\gamma_\beta(x;z)=1\end{cases} \tag{3-7}$$

式中，$\mu(x;z)$是与限制$\sum_{\beta=1}^{n}\gamma_\beta(x;z)=1$相联系的拉格朗日乘数因子。

建立油藏的地质模型通常需要充分利用已有数据和信息，包括硬数据与软数据，以硬数据为骨架，软数据作为补充将它们有机结合起来建立模型，而马尔柯夫-贝叶斯模型的优点就在于其能够将硬数据和软数据结合起来作为一种先验概率，然后通过指示模拟方法得到后验的条件累计分布函数。指示克里金过程其实就是应用局部累计分布函数所提供的信息，使用贝叶斯方法将局部累计分布函数更新成后验的条件累计分布函数的过程，即：

$$[\mathrm{Prob}\{Z(x)\leqslant z\mid(n+m)\}]^*=\lambda_0F(z)+\sum_{\alpha=1}^{n}\lambda_\alpha(x;z)i(x_\alpha;z)+\sum_{\beta=1}^{m}\lambda_\beta(x;z)y(x_\beta;z) \tag{3-8}$$

式中，$\lambda_\alpha(x;z)$是与n个临近硬数据的指示变量的权系数，$\lambda_\beta(x;z)$是m个邻近的软数据的权系数，λ_0是与整体先验累计分布函数相关的加权系数。为保证无偏性，λ_0常取为：

$$\lambda_0=1-\sum_{\alpha=1}^{m}\lambda_\alpha(x;z)-\sum_{\beta=1}^{m}\lambda_\beta(x;z) \tag{3-9}$$

在计算系数$\lambda_\alpha(x;z)$与$\lambda_\beta(x;z)$的过程中，不仅需要计算硬数据的方差$C_I(x;z)$，而且需要计算硬数据与软数据之间的协方差以及软数据的方差$C_{YI}(x;z)$和$C_{YY}(x;z)$；直接计算这些方差非常麻烦，而且计算量大。实际模拟的过程中是通过软数据到硬数据的标定，将协方差和软数据的方差转化为硬数据的方差，但这时需要建立软数据到硬数据的标定系数，即：

$$C_{IY}(\vec{h};z)=B(z)C_I(\vec{h};z),\ 对一切h \tag{3-10}$$

$$C_Y(\vec{h};z)=\begin{cases}B^2(z)C_I(\vec{h};z),\ 对一切\vec{h}\neq0\\ |B(z)|C_I(\vec{h};z),\ 当\vec{h}=0\end{cases} \tag{3-11}$$

3. *序贯高斯模拟*

高斯场模型在地质学框架内具有非常广泛的应用，该算法具有在数学上易于处理的优点，并能获得很好的结果，可以作为许多连续的随机函数的模型。序贯高斯模拟方法是一种基于序贯模拟的思想的模拟方法，需要数据来自高斯场。该方法是先将研究区域离散化成网格系统，然后依次处理每一个网格节点。由于每个网格节点处随机变量是服从条件化的正态分布，因此网格节点值完全由均值和方差两个参数确定。通过求解克里金方程就可给出给网格节点处的均值和方差，从而将该节点处变量的正态分布完全确定下来，并采用相应的抽样方法得到该网格节点处一个样本。需要指出的是，求解克里金方程组时的条件数据是包括原始数据和先前以模拟过的、落在模拟邻域内的所有被模拟的网格节点处的值。

设$\{Z(x) \mid x \in D\}$是一个高斯场模型，则其序贯指示模拟步骤如下：

(1) 指定一个网格系统节点的随机访问路径，在每个网格节点$u \in D$，保留指定数目的特定邻域内的条件数据。其中，包括原始y数据和先前已经模拟过的网格节点y值。

(2) 利用简单克里金估计来确定在位置u处高斯场$\{Y(x) \mid x \in D\}$的条件分布函数的两个参数：均值和方差。

(3) 从上述确定的条件累积分布函数中抽取一个模拟值$y(l)(u)$将模拟值$y(l)(u)$追加到已知条件数据集中。

(4) 再接着处理下一个网格结点，直至所有网格结点都被模拟完毕。

(5) 将模拟的正态网格结点值$\{y(l)(u) \mid u \in D\}$进行反变换，得到原始z数据的模拟值$\{z(l)(u) \mid u \in D\}$。若原来正态刻度变换为φ：$Y=\varphi-1(Z)$，从而$z(l)(u)=\varphi-1[y(l)(u)]$，$u \in D$。

上述序贯高斯模拟是一种条件模拟，他保证原始z数据和直方图及变异函数都被条件化。

4. 多点地质统计学

多点地质统计学应用于随机建模始于1992年，但真正得到大家的认可和重视是Strebele在2000年利用数据事件对局部概率进行预测开发出多点地质统计学随机模拟程序后。

多点地质统计学应用了“训练图像”取代变差函数来表达地质变量的空间结构性，同时，由于该方法仍然以象元为模拟单元，采用序贯算法(非迭代算法)。

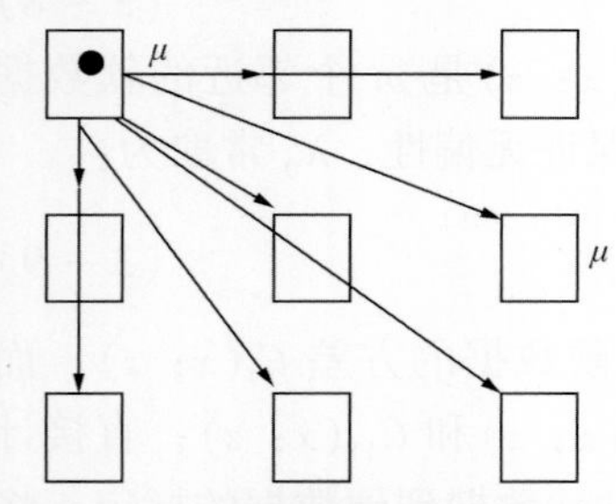

图3-11　数据事件与数据构型

数据样板指的是由n个向量(h_α，$\alpha=1$，…，n)确定的几何形态(数据构形)，而这n个向量(h_α，$\alpha=1$，…，n)的终点数据值未知。如果这n个向量(h_α，$\alpha=1$，…，n)的终点数据值已知，那么这n个向量和n个向量的终点值就称为一个数据事件，也就是说一个以待模拟点u为中心的，大小为n的“数据事件”d_n由以下两部分组成：①由n个向量(h_α，$\alpha=1$，…，n)确定的几何形态(数据构形)；②n个向量终点处的n个数据值(图3-11)。

因此，对于一个数据样板，可以取多个数据事件。在一个数据样板里可以派生处多个子样板。对于某一个数据样板τ_n，其子样板$\tau_{n'}$由τ_n的诸向量的任一子集所构成。与$\tau_{n'}$对应的数据事件为$d_{n'}$。

对于由n个向量$\{h_\alpha$，$\alpha=1$，…，$n\}$组成的数据样板τ_n，那么这n个数据点($u+h_1$，…，$u+h_n$)同时为状态S_k的概率可以用下面的方程表示：

$$\phi(h;\ k)=E\left\{\prod_{\partial=1}^{n} I(u+h_\partial;\ k)\right\}_i \tag{3-12}$$

当($u+h_1$，…，$u+h_n$)分别取不同的值Sk_1，…，Sk_n时，其概率为：

$$\phi(h_1,\ \cdots,\ h_n;\ k_1,\ \cdots,\ k_n)=E\left\{\prod_{\partial=1}^{n} I(u+h_\partial;\ k_\partial)\right\}_i \tag{3-13}$$

通过与前面定义的数据事件比较，发现上面方程中计算得到的概率实际上就是数据事件

d_n 的概率，即：

$$\phi(h_1, \cdots, h_n; k_1, \cdots, k_n) = E\left\{\prod_{\partial=1}^{n} I(u + h_\partial; k_\partial)\right\}_i \approx \frac{c(d_n)}{N_n} \tag{3-14}$$

例如，对于一个数据事件构成的指示变量 D：

$$D = \begin{cases} 1, & S(u_\partial) = s_{k\partial} \\ 0, & \text{其他} \end{cases} \tag{3-15}$$

对于一个待估点 A_k，其取值可以表示为：

$$A_k = \begin{cases} 1, & S(u) = s_k \\ 0, & \text{其他} \end{cases} \tag{3-16}$$

这样就可以对待估点进行概率估计：

$$\text{Prob}\{A_k = 1 \mid D = 1\} = \frac{\text{Prob}\{A_k = 1, D = 1\}}{\text{Prob}\{D = 1\}_i} \tag{3-17}$$

待估点属于状态 S_k 条件概率通过两个多点概率比值获取，Prob{$D=1$}的概率通过计算数据事件 D 在训练图像中的重复次数获得：

$$\text{Prob}\{D = 1\} \approx \frac{c(d_n)}{N_n} \tag{3-18}$$

而数据事件在训练图像中出现的次数可以在搜索树中求取。对于 Prob{$A_k=1$, $D=1$}的概率求取过程与 Prob{$D=1$}的概率求取过程类似。

二、不同随机数的建模

随机模拟过程中，以地质统计规律为约束，通过随机数的改变可以实现多个等概率模型，实现的所有等概率模型都服从相同的地质统计规律，但由于随机数的改变，也就改变了随机模拟中各网格点模拟的顺序，首先被模拟的影响后被模拟的，为此产生了不同的了地质模型(图 3-12～图 3-15)，正是这种不同，反映了模型的不准确性。

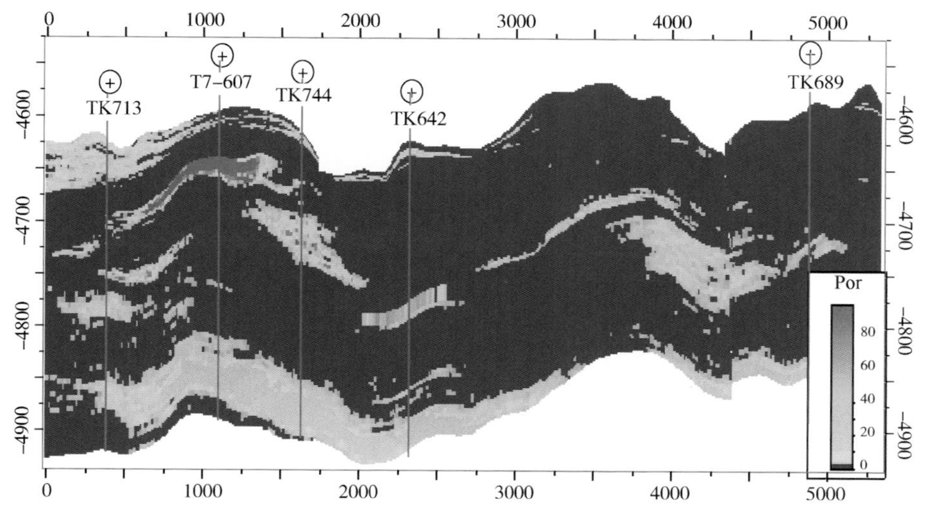

图 3-12　随机数为 4258 时简单克里金模拟结果

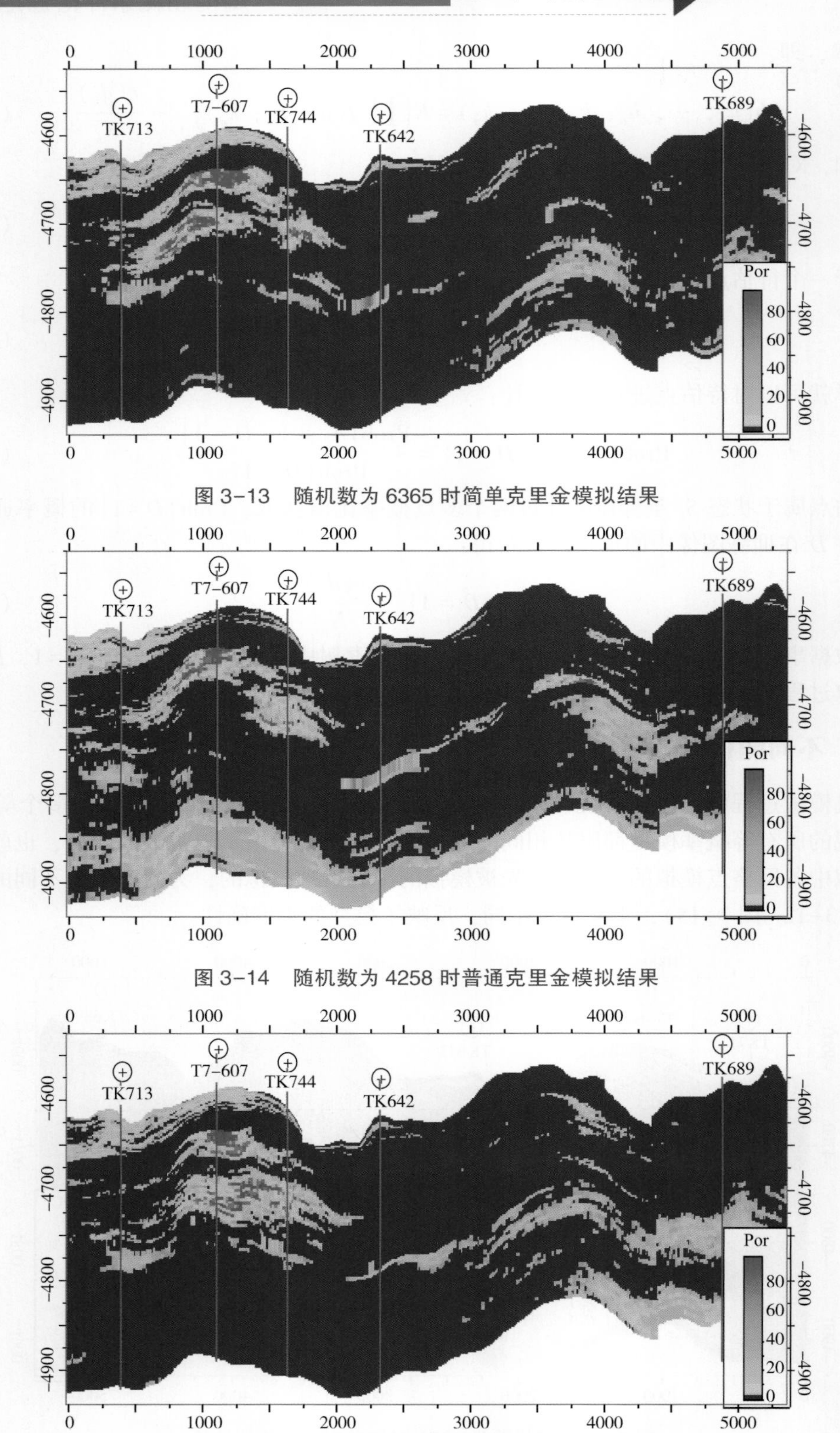

图 3-13　随机数为 6365 时简单克里金模拟结果

图 3-14　随机数为 4258 时普通克里金模拟结果

图 3-15　随机数为 6365 时普通克里金模拟结果

三、不同变程的建模

变程是随机模拟中变差函数的重要控制条件，变程一方面可以来自地质统计，另一方面可以来自地质家的地质认识。由于缝洞型油藏的复杂性，地质统计和地质认识均有一定的不准确性，是对实际储层变化的近似，通常需要结合两方面的结果来建立地质模型。不同的变程对模拟结果具有不同的影响，变程越大模拟结果越连续，否则相反，根据对岩溶储层空间分布的认识，认为S80单元储集体主要沿NE向展布，而对于储集体发育的连续性即变程，具有不同的认识，根据认识的不同，本次研究设置了两组变程，第一组的主变程即NE向的变程更大，用来刻画储集体的连续分布，而第二组主变程与第一组相比，主变程有所减少，用来刻画储集体相对连续性较差的地质认识(表3-1、表3-2)，不同的变程模拟结果差别很大(图3-16、图3-17)。

表3-1　第一组变程及孔隙度分布设置表

第一储层段				第二储层段			
最大值/%	100	最小值/%	0	最大值/%	100	最小值/%	0.5
均　值/%	3.7	方　差	9.25	均　值/%	3.4	方　差	10.9
最大变程/m	1554	最小变程/m	624	最大变程/m	1003	最小变程/m	752
垂向变程/m	19	变程方向	NE18°	垂向变程/m	31	变程方向	NE18°
第三储层段				备注：无			
最大值/%	30	最小值/%	0				
均　值/%	2.5	方　差	37				
最大变程/m	1634	最小变程/m	850				
垂向变程/m	68	变程方向	NE18°				

表3-2　第二组变程及孔隙度分布设置表

第一储层段				第二储层段			
最大值/%	100	最小值/%	0	最大值/%	100	最小值/%	0
均　值/%	3.7	方　差	9.25	均　值/%	3.7	方　差	9.25
最大变程/m	1554	最小变程/m	1250	最大变程/m	1554	最小变程/m	1250
垂向变程/m	22	变程方向	NE18°	垂向变程/m	22	变程方向	NE18°
第三储层段				备注：无			
最大值/%	30	最小值/%	0				
均　值/%	2.5	方　差	37				
最大变程/m	803	最小变程/m	574				
垂向变程/m	26	变程方向/m	NE18°				

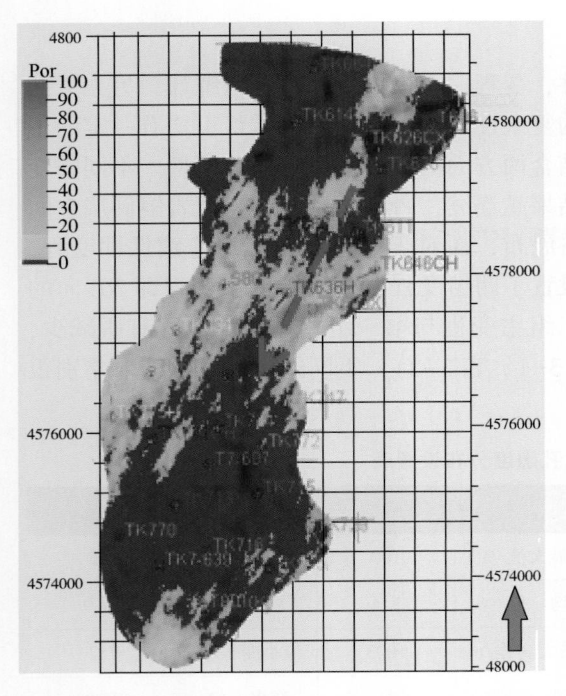

图 3-16　主变程为次变程 2~3 倍孔隙度模拟结果

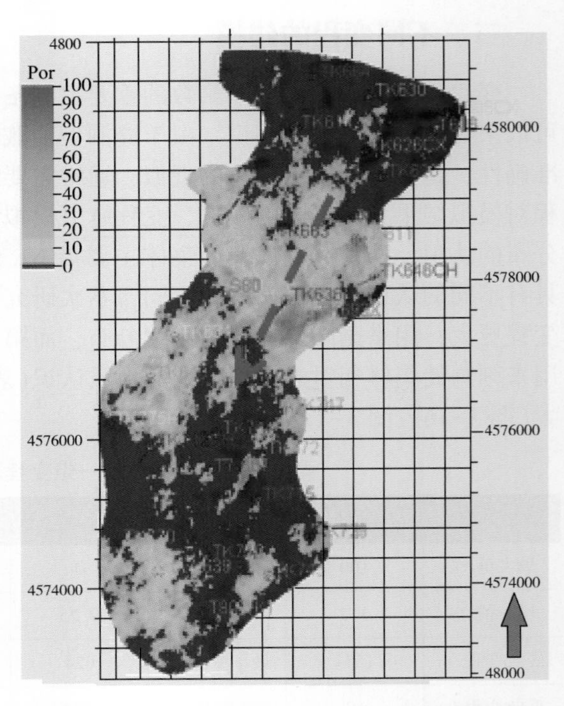

图 3-17　主变程为次变程 1~1.5 倍孔隙度模拟结果

四、不同模拟算法的建模

不同模拟算法基本原理不同，对模拟数据的要求也不同，有的算法只用井点数据模拟井间储集体模型，有些算法需要地震等其他数据作为协同数据模拟井间储集体模型，两种算法都忠实于井点数据，但协同模拟方法部分忠实于软数据，因此建模的结果也不同(图 3-18、图 3-19)。

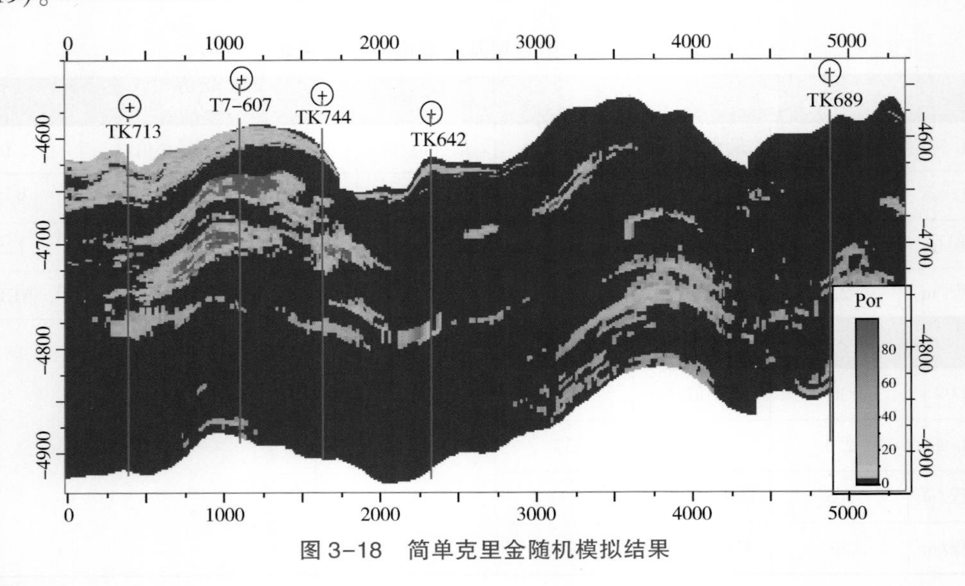

图 3-18　简单克里金随机模拟结果

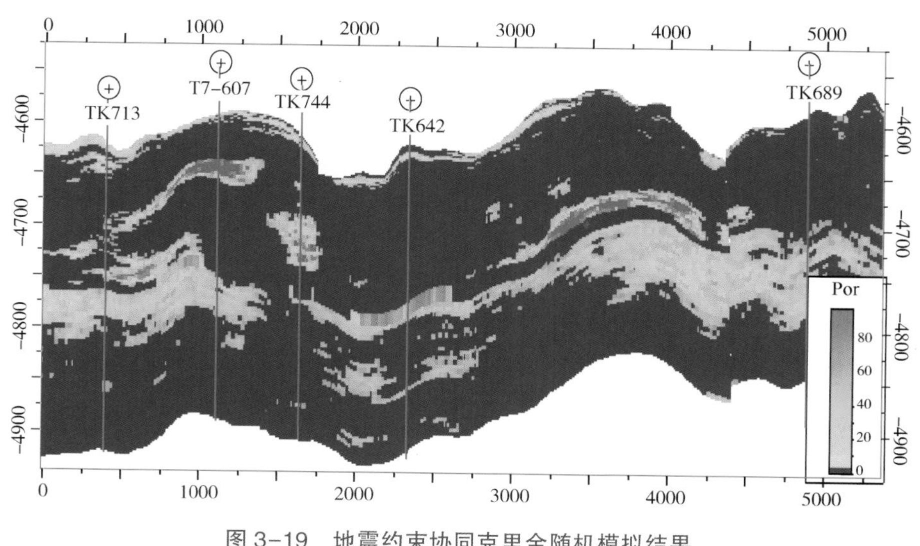

图 3-19　地震约束协同克里金随机模拟结果

五、软硬数据不同相关性的建模

软数据指那些能反映模拟对象但和模拟对象不属于同一类型的数据，如地震属性数据可以反映储集体属性，但地震属性不是储集体属性数据。软数据和硬数据之间往往具有复杂的对应关系，不能依靠简单的对应关系来描述，但这种复杂的关系很难用数学关系来表达，通常简化为硬数据与软数据的线性关系，这样就进一步增加了模拟结果的不准确性，但这种不准确性可以通过多个线性关系来模拟，不同的相关关系模拟结果不同，图 3-20 为地震波阻抗反演图，图 3-21 为第一组变程条件下不同相关系数模拟结果，图 3-22 为第二组变程条件下不同相关系数模拟结果。从模拟结果可以看出，当相关系数增大时，模拟结果和地震预测结果更接近。

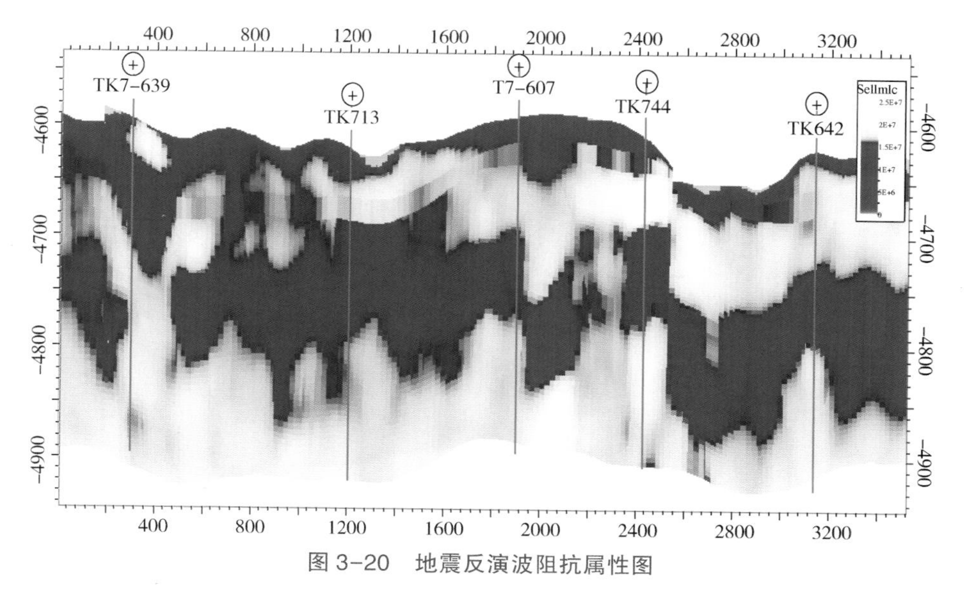

图 3-20　地震反演波阻抗属性图

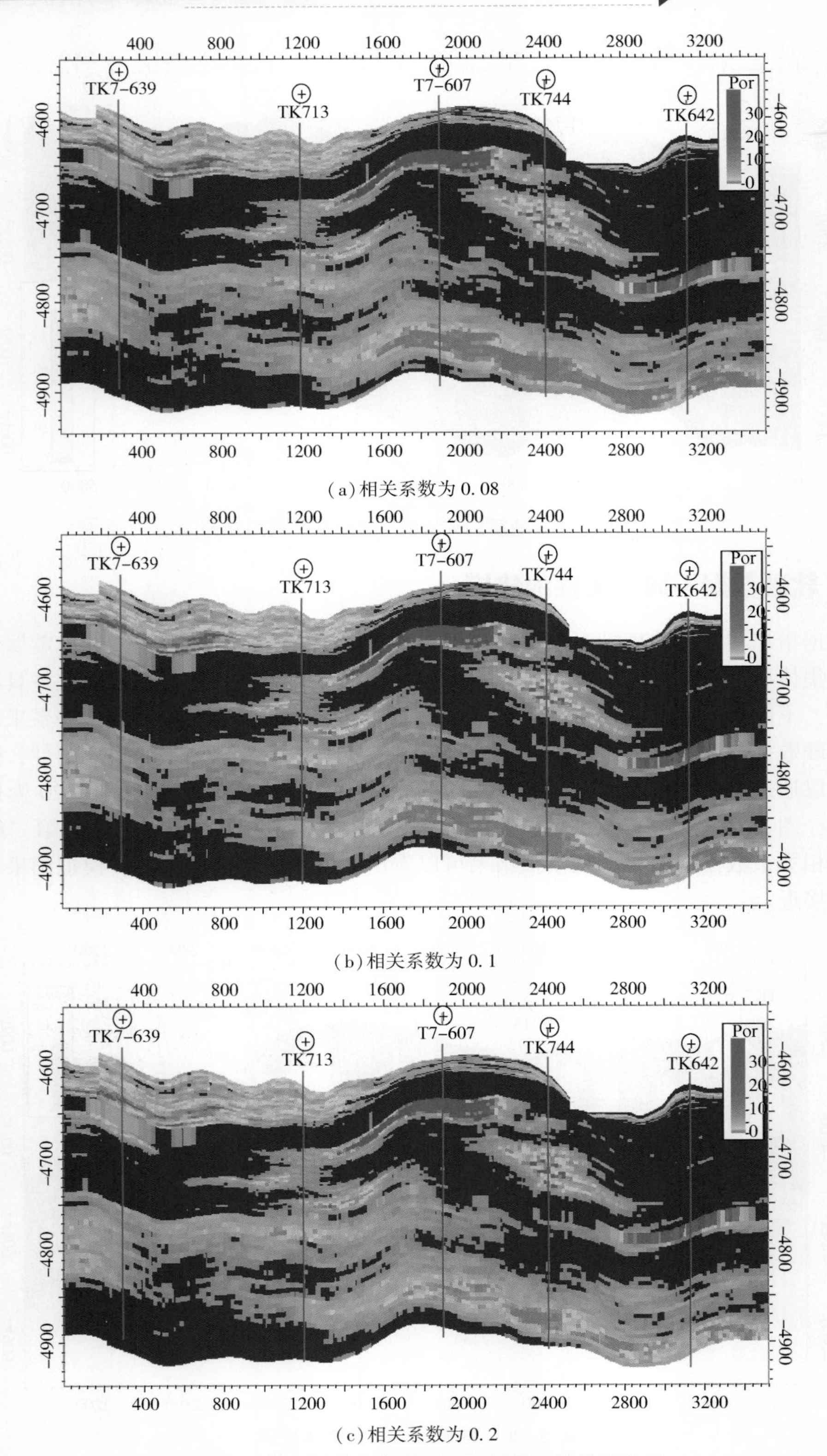

(a)相关系数为 0.08

(b)相关系数为 0.1

(c)相关系数为 0.2

图 3-21　第一组变程条件下不同相关系数模拟结果

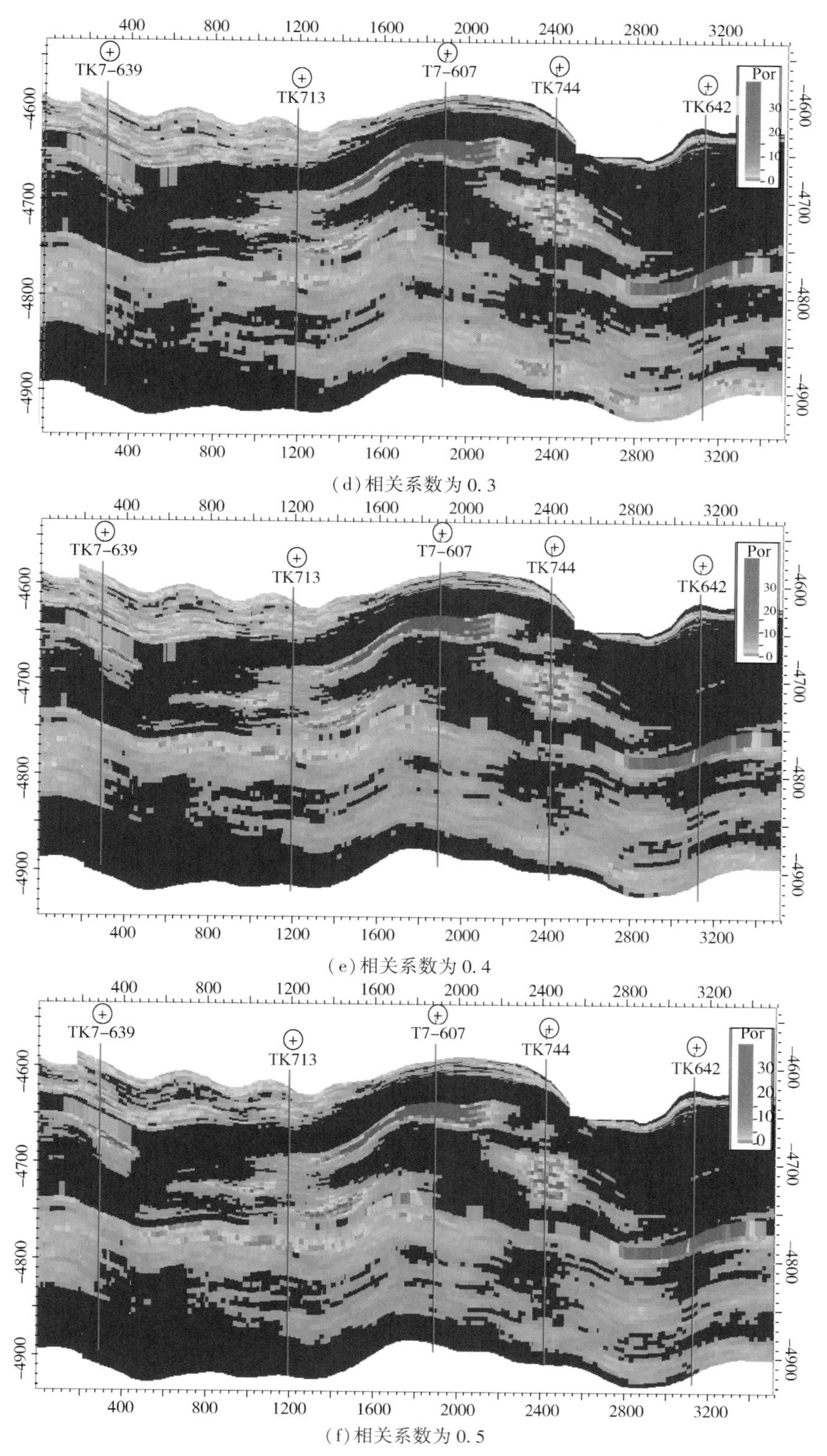

(d)相关系数为0.3

(e)相关系数为0.4

(f)相关系数为0.5

图3-21 第一组变程条件下不同相关系数模拟结果(续)

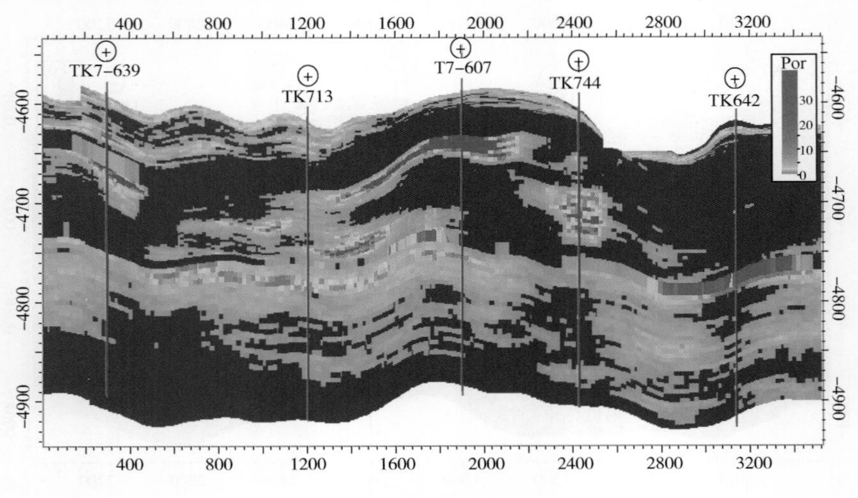

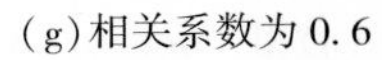
(g)相关系数为 0.6

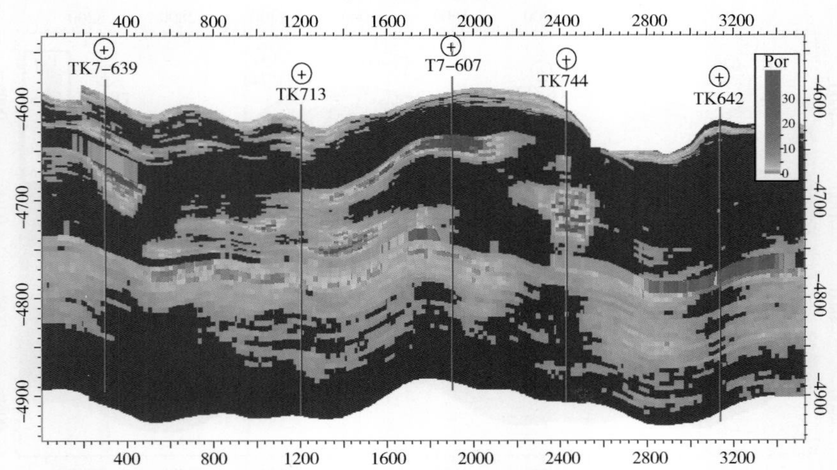

(h)相关系数为 0.7

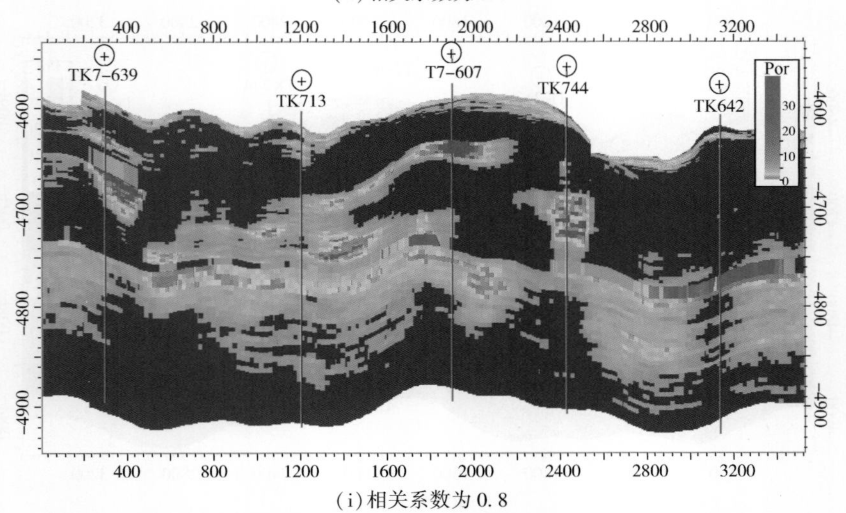

(i)相关系数为 0.8

图 3-21　第一组变程条件下不同相关系数模拟结果(续)

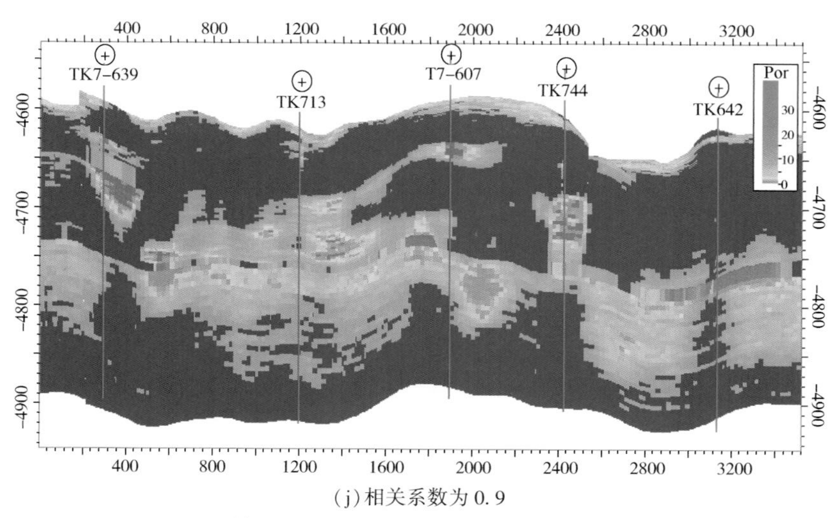

(j)相关系数为 0.9

图 3-21　第一组变程条件下不同相关系数模拟结果(续)

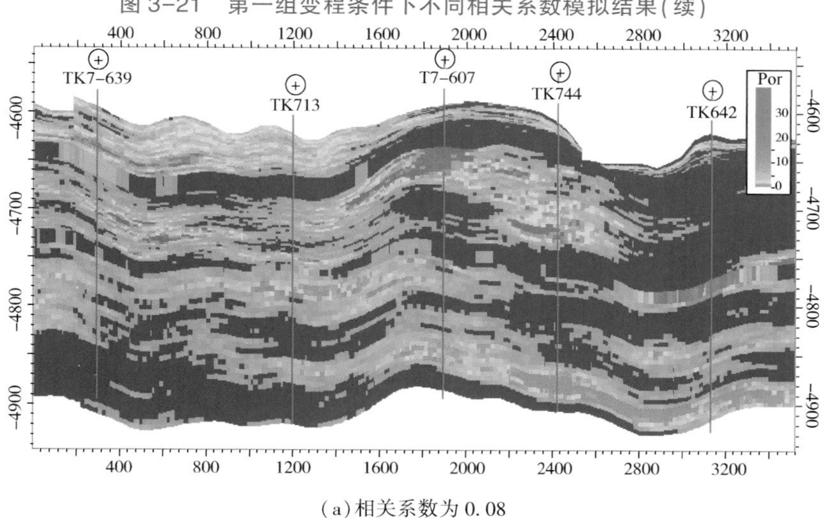

(a)相关系数为 0.08

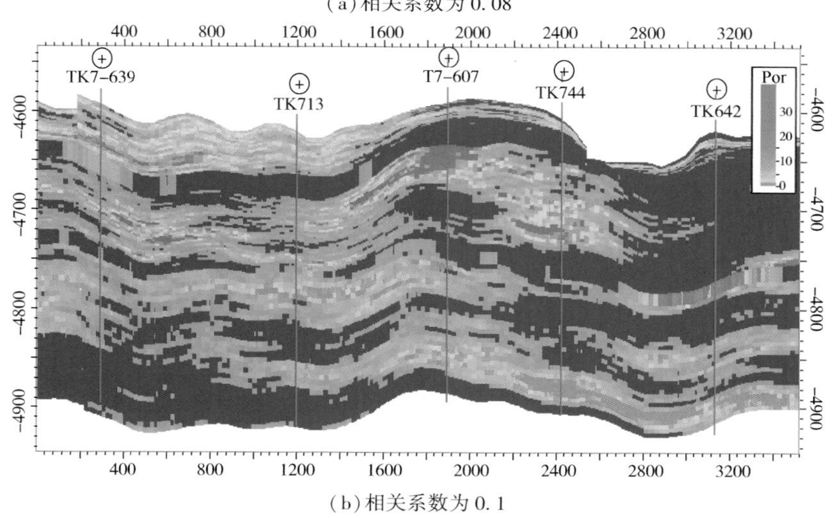

(b)相关系数为 0.1

图 3-22　第二组变程条件下不同相关系数模拟结果

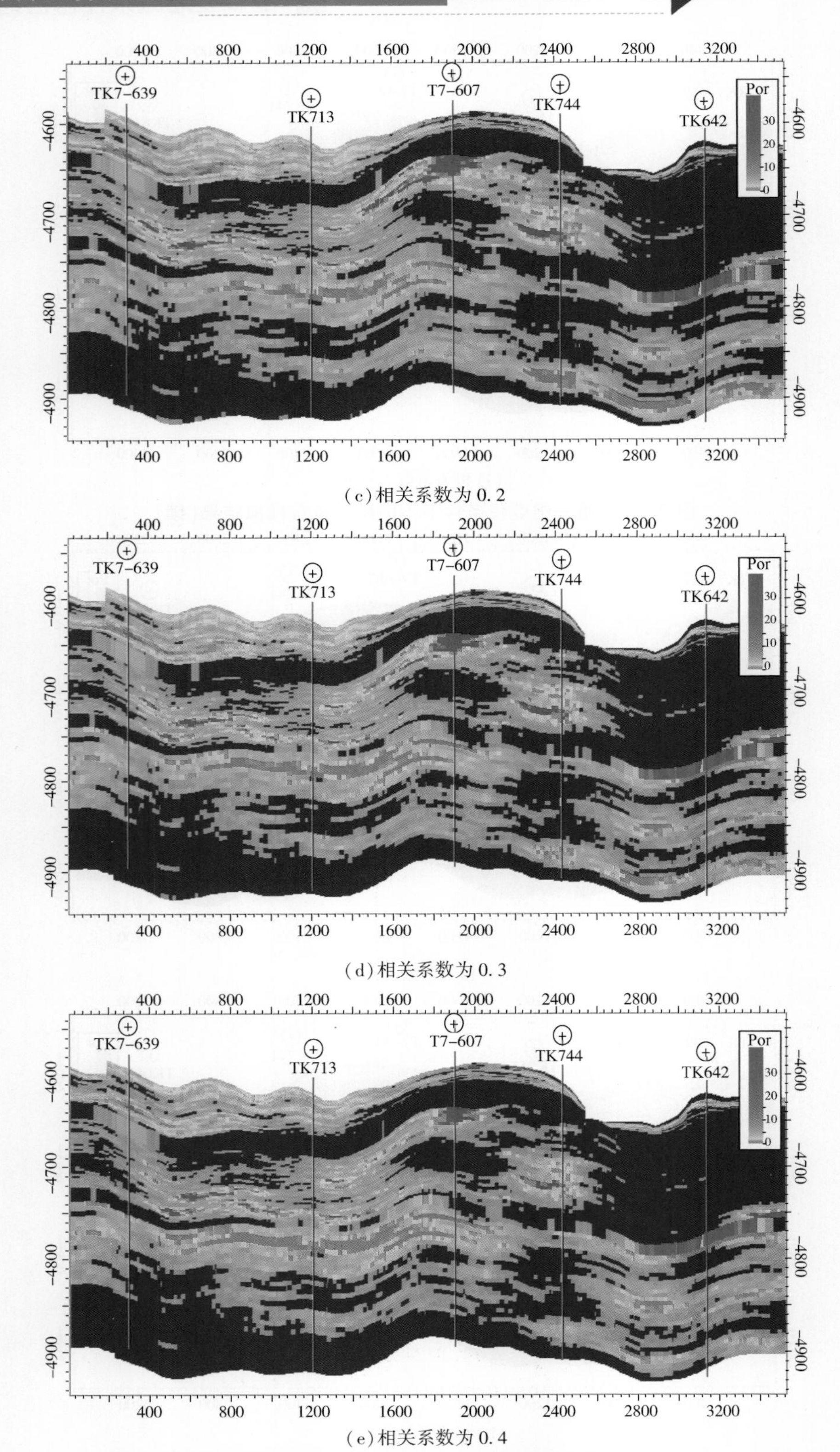

(c)相关系数为 0.2

(d)相关系数为 0.3

(e)相关系数为 0.4

图 3-22　第二组变程条件下不同相关系数模拟结果(续)

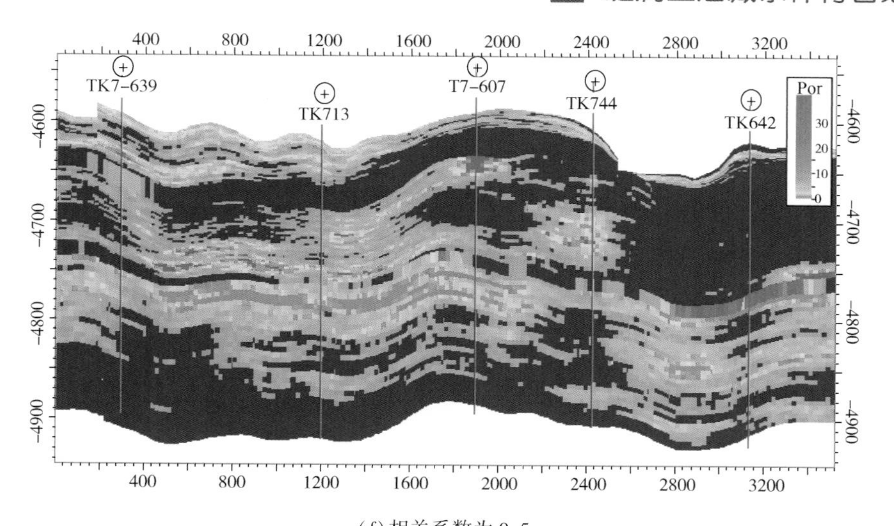

(f)相关系数为 0.5

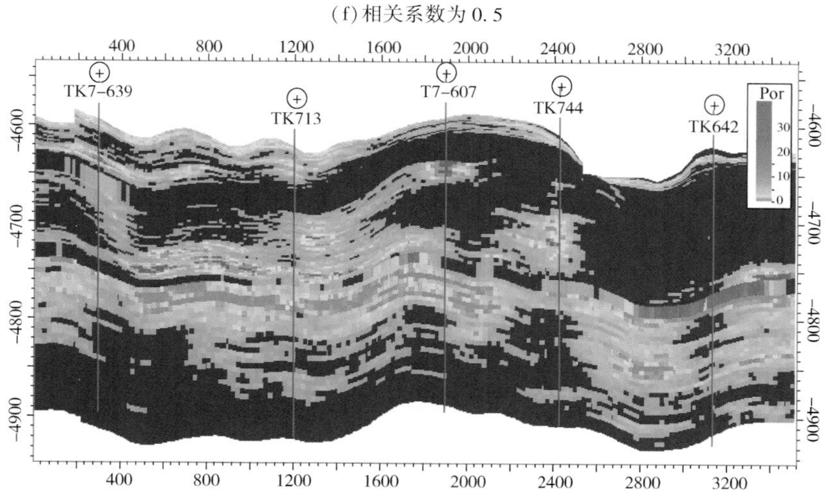

(g)相关系数为 0.6

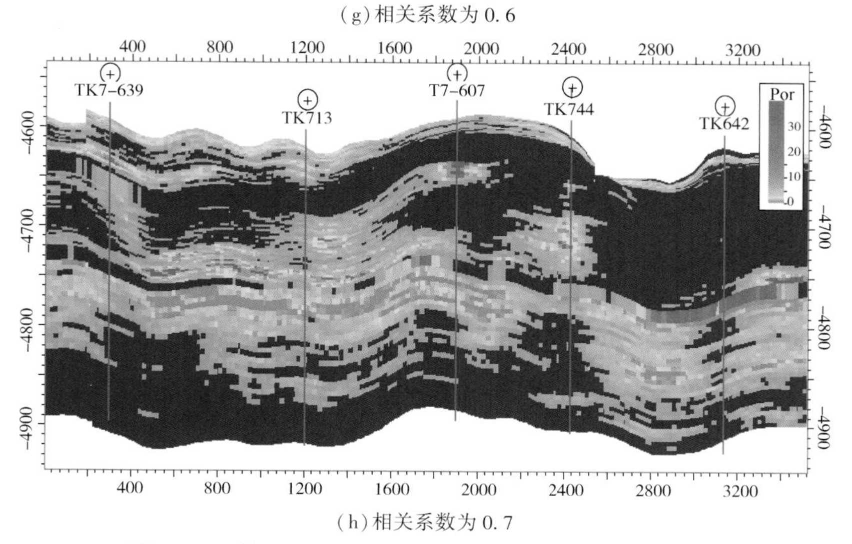

(h)相关系数为 0.7

图 3-22　第二组变程条件下不同相关系数模拟结果(续)

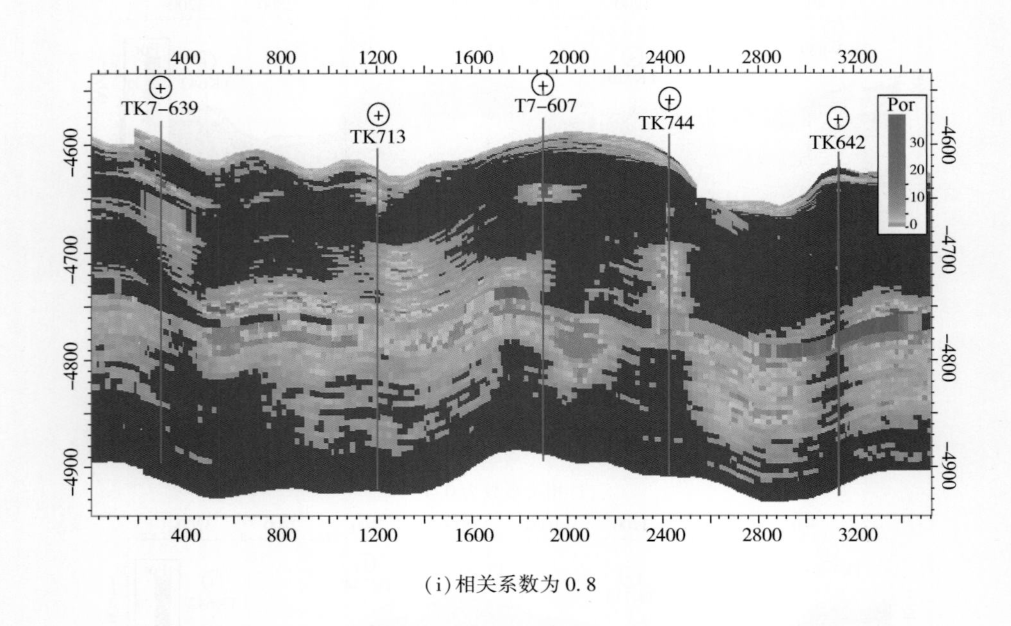

(i)相关系数为 0.8

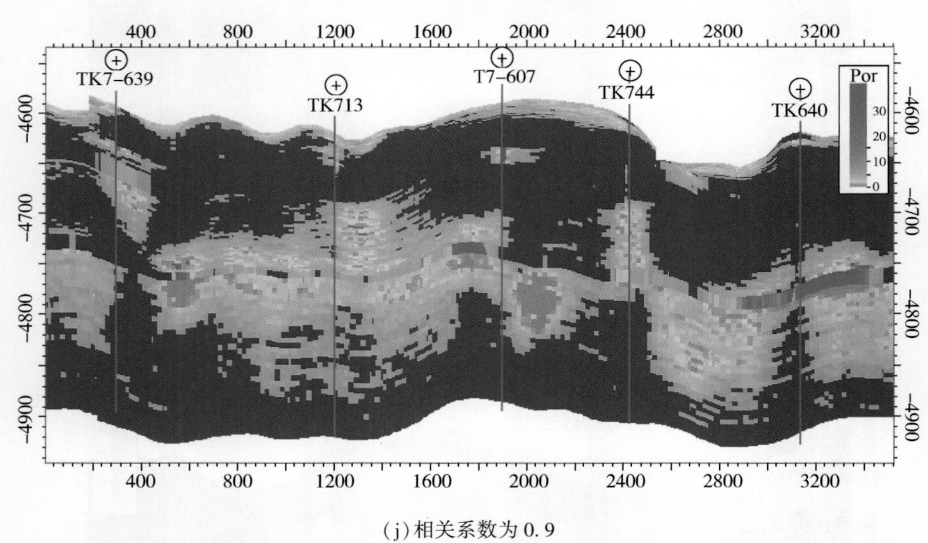

(j)相关系数为 0.9

图 3-22　第二组变程条件下不同相关系数模拟结果(续)

六、32 个条件符合地质模型

分非地震条件约束与地震条件约束，分变程 1.2 倍与 2.5 倍，考虑随机数 1~6、相关系统 0.08~0.9(图 3-23)，建立了 32 个条件符合的地质模型，非地震条件约束 1.2 倍变程下孔隙度垂向叠加模型见图 3-24~图 3-35，2.5 倍变程下孔隙度垂向叠加模型见图 3-36、图 3-37。

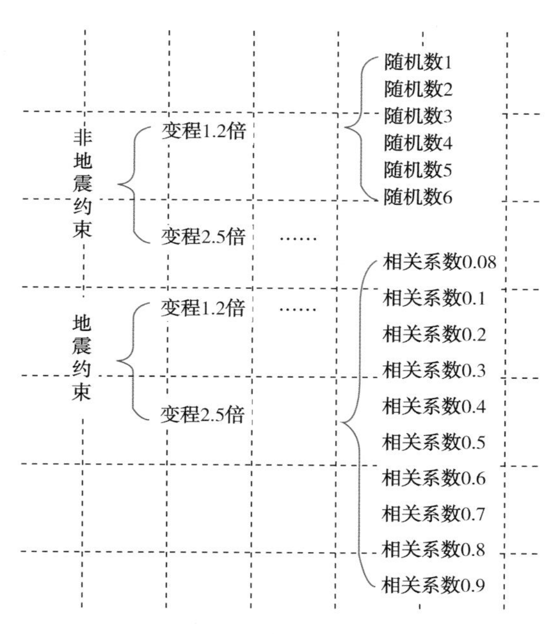

图 3-23 不准确建模分类图

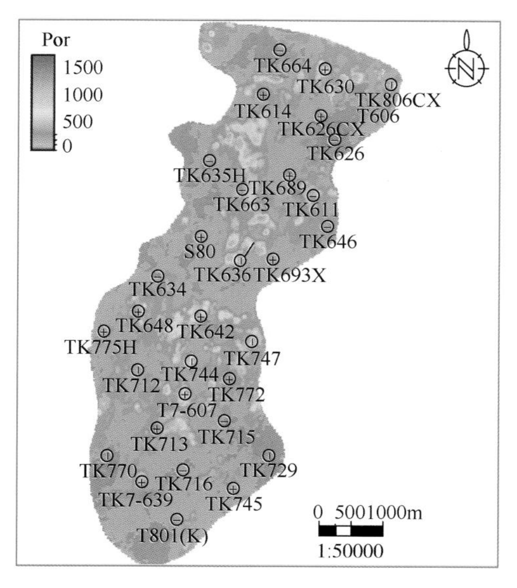

图 3-24 简单克里金第 1 模型

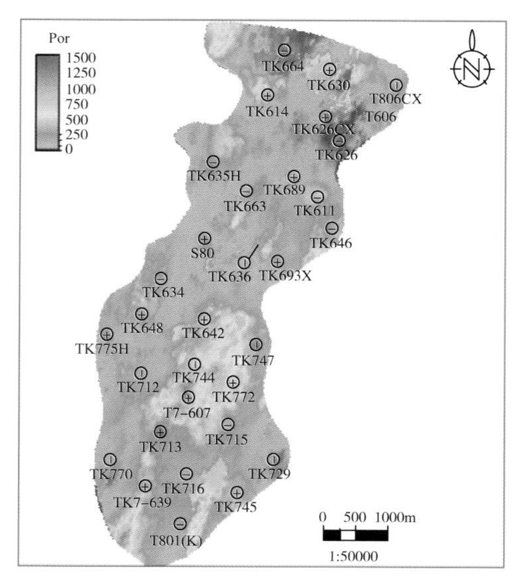

图 3-25 简单克里金第 2 模型

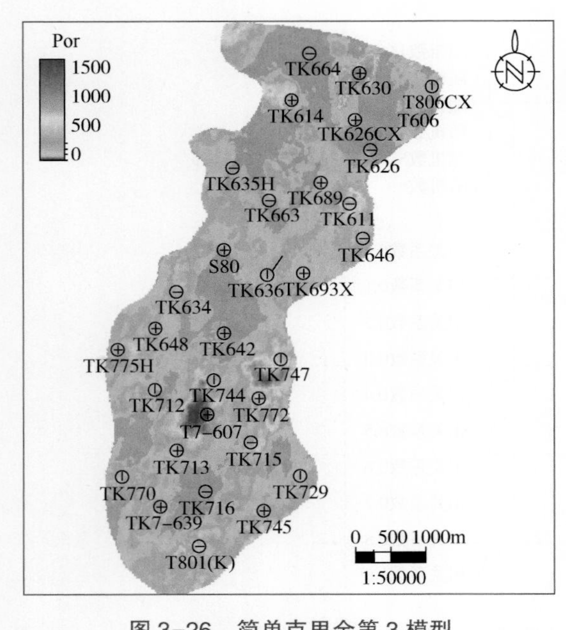

图 3-26　简单克里金第 3 模型

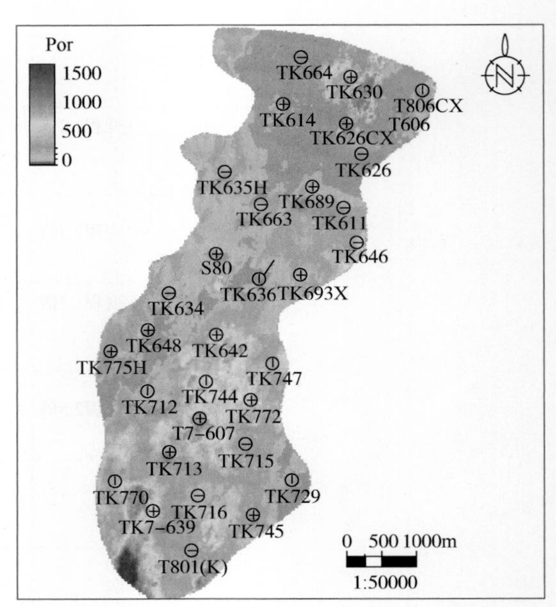

图 3-27　普通克里金第 1 模型

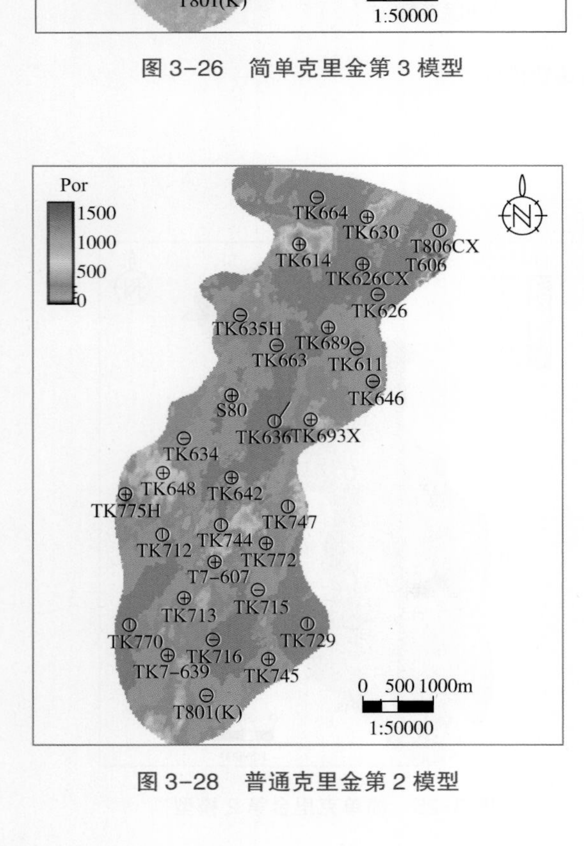

图 3-28　普通克里金第 2 模型

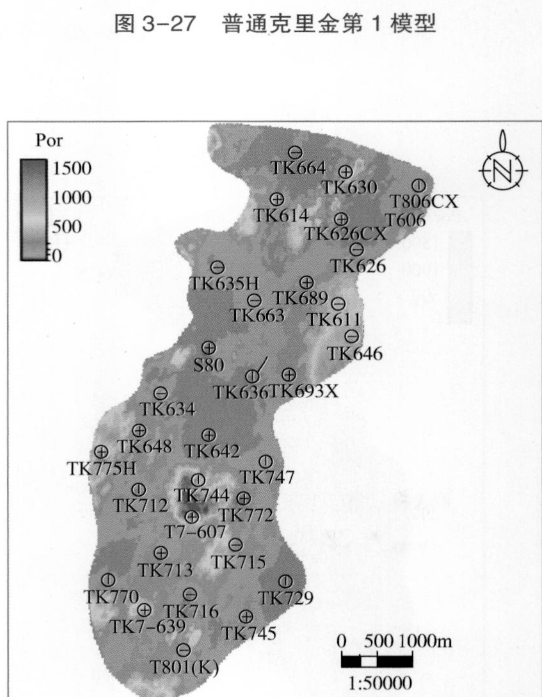

图 3-29　普通克里金第 3 模型

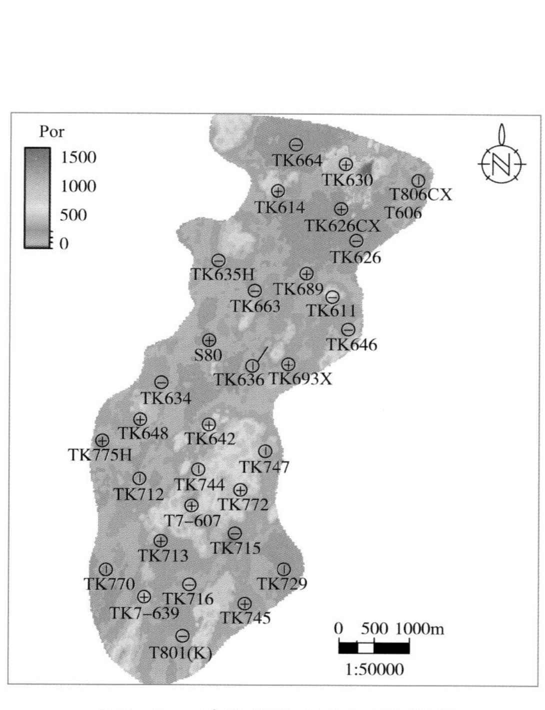

图 3-30 地震相关系数 0.08 模型

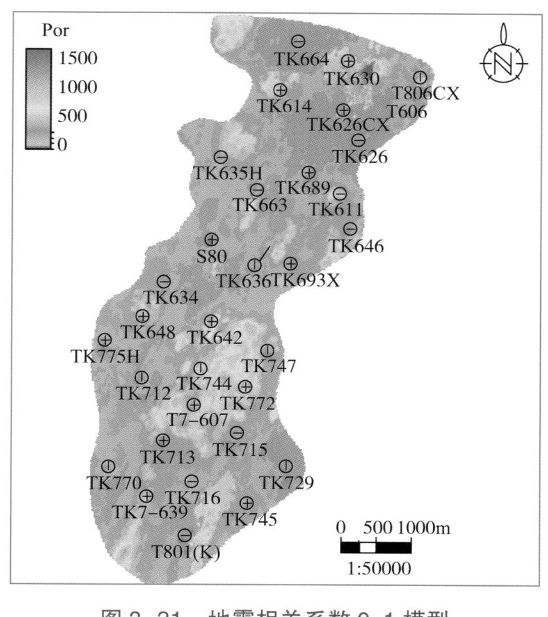

图 3-31 地震相关系数 0.1 模型

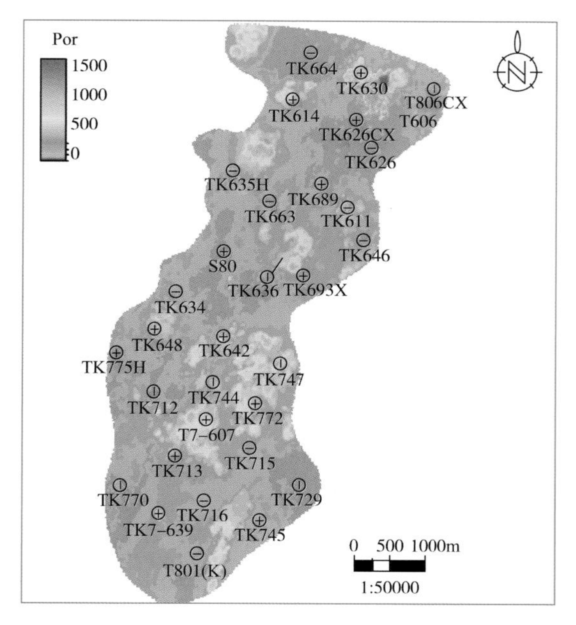

图 3-32 地震相关系数 0.3 模型

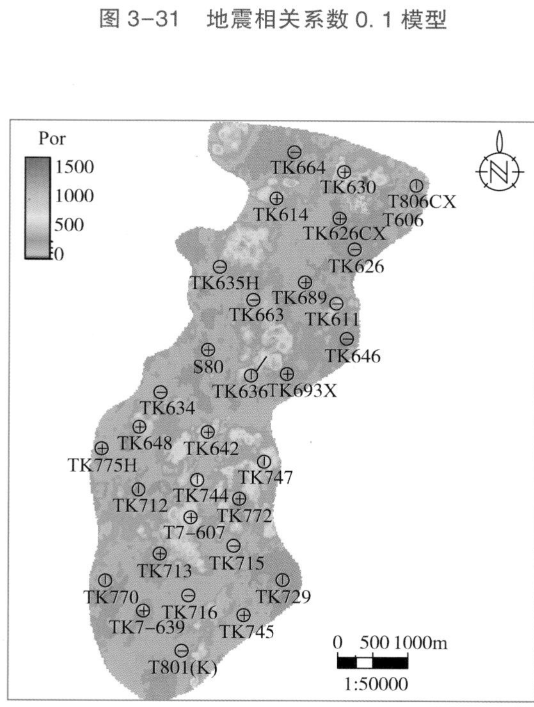

图 3-33 地震相关系数 0.5 模型

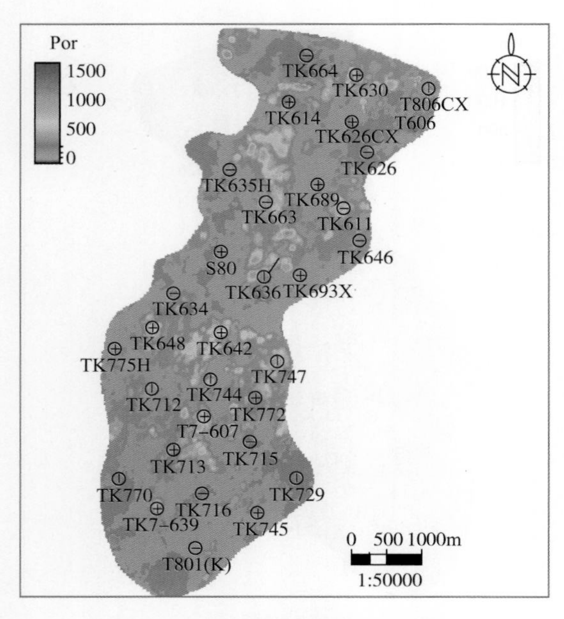

图 3-34　地震相关系数 0.7 模型

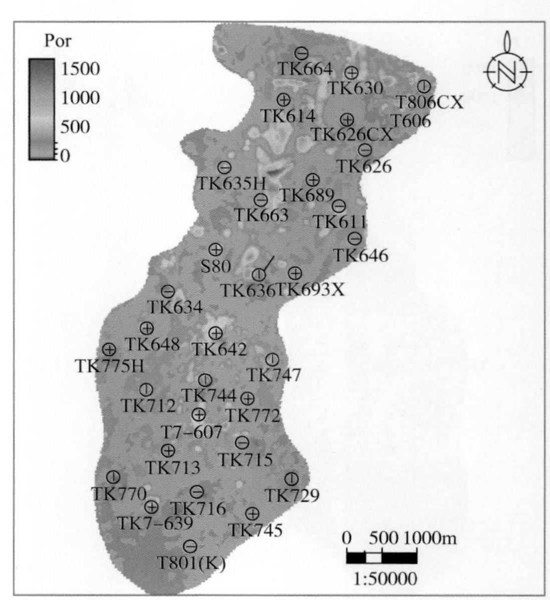

图 3-35　地震相关系数 0.9 模型

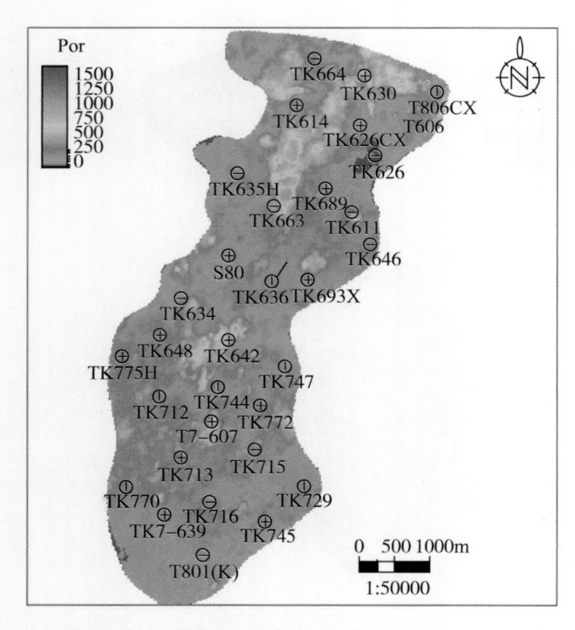

图 3-36　地震相关系数 0.7 模型(变程 2.5 倍)

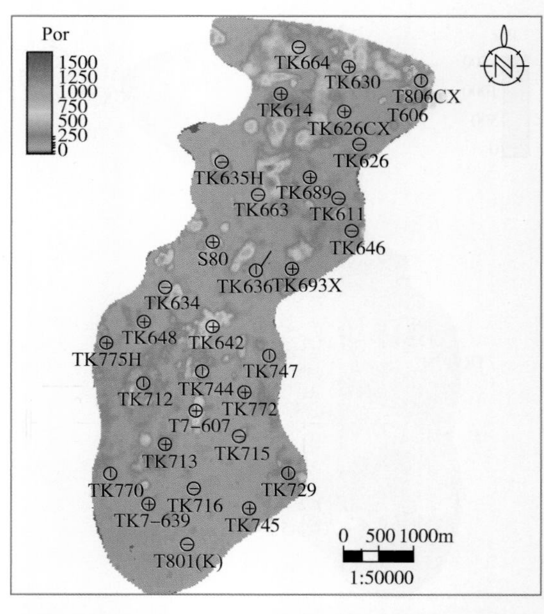

图 3-37　地震相关系数 0.9 模型(变程 2.5 倍)

第三节 缝洞型油藏储量不准确性定量评价

储量是油藏开发方案调整和编制的主要依据，也是油藏开发的物质基础，需要强化缝洞型油藏储量评价。储量计算牵涉到需要参数，包括储集体的面积、有效厚度、孔隙度、含油饱和度、压缩系数、体积系数等，如何对大量数据进行可靠性和不准确性评价，确定最可能的储量范围，这是储量评价主要内容。

最常用的不确定分析方法主要是概率法(蒙特卡洛)，就是给出不同概率分布下的储量大致范围。该方法定义了一系列的概率储量，即油藏储量大于某一个数值的概率为90%时，可以把这个数值定义为概率储量P90。当这个客观存在的真实储量大于某一个数值的概率为50%时，可以把这个数值定义为概率储量P50。而客观存在的真实储量大于P10的概率为10%。概率储量P90、P50和P10是油田开发中决策分析、风险分析的重要根据。概率储量能获得储量的合理判断，更好地描述储量不准确性。

根据上一节给出的不准确建模方法，建立了32个S80缝洞型油藏不准确地质模型，给出了模型的储量(表3-3)。利用建模软件进行地质储量计算是累积每一个小的网格，积分得到油藏储量，其计算公式为：$N=V_b\cdot(N/G)\cdot\Phi\cdot S_o\cdot(\rho_o/B_{oi})$；式中，$N$ 为石油地质储量，10^4t；V_b 储层总体积，m^3；N/G 为净毛比；Φ 为平均有效孔隙度；S_o 为含油饱和度；ρ_o 为平均地面原油密度，t/m^3；B_{oi} 为原始原油体积系数。计算储量时，原油密度采用0.96t/m^3，岩石压缩系数采用1.05，规定缝洞型碳酸盐岩当中满足孔隙度大于0.2的储层为有效储层，定值为1；否则，为无效储层，定值0。

表3-3 不同因素下模型的储量

约束条件		模型	储量/10^4t	约束条件		模型	储量/10^4t
非地震约束	第一组变程	1	2548.8	地震约束	第一组变程	5	2487.3
		2	2577.0			6	2398.2
		3	2404.8			7	2284.5
		4	2379.3			8	2197.5
		5	2118.9			9	2089.8
		6	2484.0			10	2080.5
	第二组变程	1	2506.8		第二组变程	1	2563.2
		2	2704.2			2	2563.5
		3	2651.7			3	2556.0
		4	2424.9			4	2540.7
		5	2637.0			5	2502.3
		6	2617.2			6	2435.1
地震约束	第一组变程	1	2557.5			7	2340.9
		2	2559.0			8	2230.2
		3	2559.0			9	2120.4
		4	2540.7			10	2058.1

一、概率法评价储量的不准确性

根据上述储量计算条件，计算了不同不准确影响因素条件下模型储量，结果见图3-38，可以看出在不同地质认识及模拟参数和方法约束下，32个地质模型计算地质储量在$(2508\sim2704)\times10^4$t之间，反映了不准确性因素对模拟结果的影响。

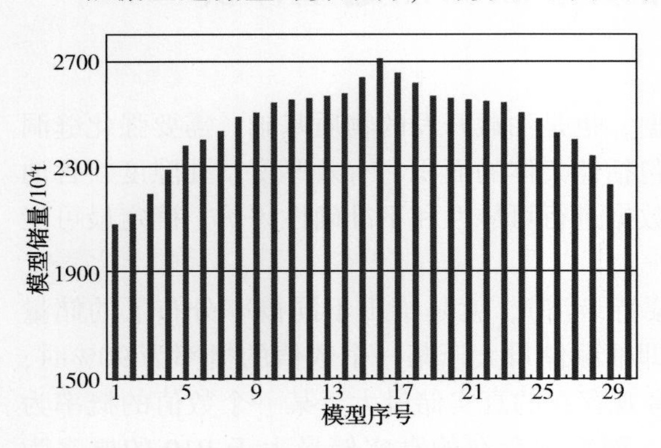

图3-38　32个模型储量分布

根据32个不准确性模型计算了概率储量（图3-39）。概率储量P_{10}、P_{50}和P_{90}分别为2620×10^4t、2500×10^4t和2105×10^4t。

通过上述研究，主要取得以下几点结论：

（1）缝洞型油藏地质认识的不准确性对建模具有较大的影响。在不同地质认识（这里指变程）约束下，模型具有不同的变化特征，当主变程具有较大值时，储集体比较连续。

（2）地震反演与储集体相关系数的不准确性具有较大的影响。地震资料可以通过概率数据的形式参与到地质建模中，当地震资料和储集体具有好的对应关系时，储集体较好的符合地震预测结果，相关系数越大，与地震反演结果越接近。

（3）建模方法本身随机数对建模结果的不准确性有一定的影响。随机数的目的是为了表示储层认识的不准确性而在确定性建模的基础上提出来了，通过随机数的改变可以更好地反映储层的非均质性。

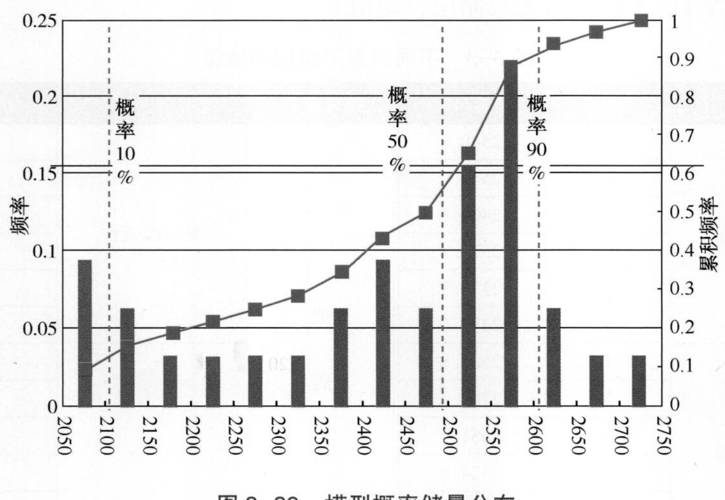

图3-39　模型概率储量分布

二、缝洞型油藏不准确性量化表征

根据确定性建模结果，利用地质建模计算软件，统计了不同孔隙度不同储集体空间类型地质储量的分布（表3-4、图3-40~图3-43）。

表 3-4　S80 缝洞单元模型地质储量分布统计结果

相关系数			
溶洞	溶孔	裂缝	总体
0. 629	-0. 568	-0. 558	-0. 774
均方差			
溶洞	溶孔	裂缝	总体
202. 677	206. 397	12. 167	292. 531
期望值			
溶洞	溶孔	裂缝	总体
131. 989	139. 314	7. 686	278. 989

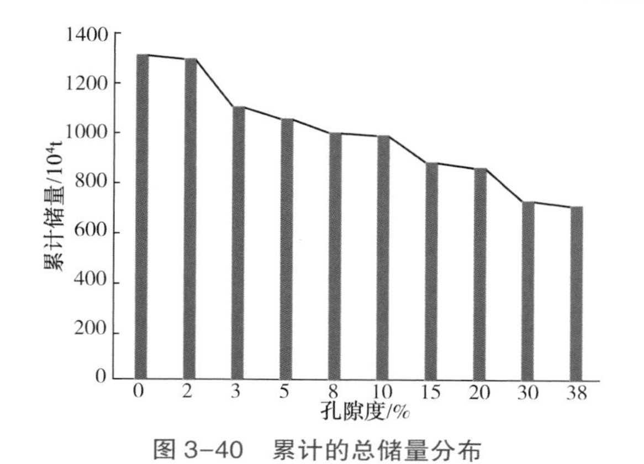

图 3-40　累计的总储量分布

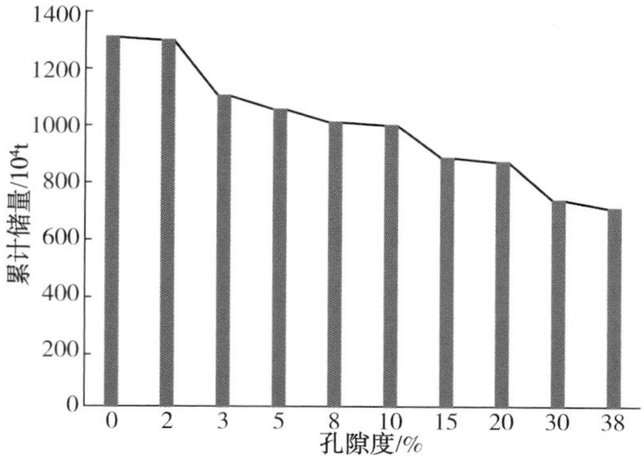

图 3-41　溶洞累计储量分布

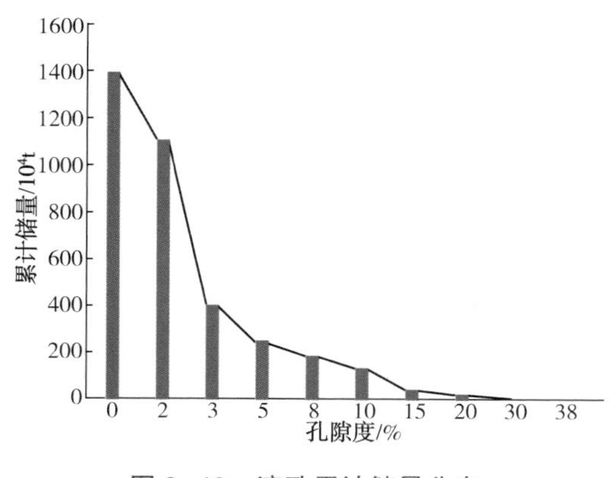

图 3-42　溶孔累计储量分布

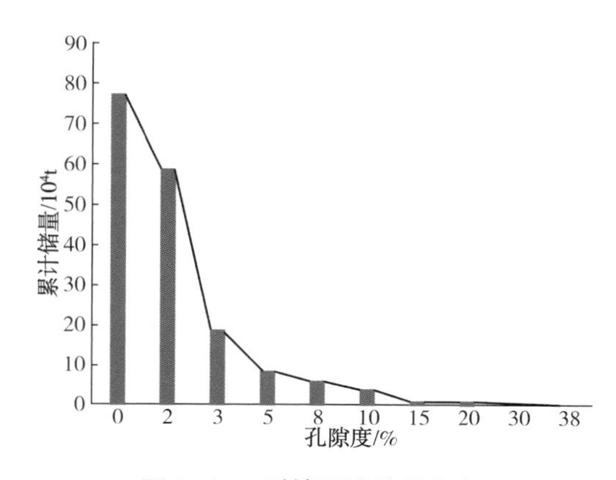

图 3-43　裂缝累计储量分布

从统计结果看孔隙度与溶洞储量之间的关系属于正相关，溶洞平均控制的储量规模在 130×10^4t 左右，说明储量主要由孔隙度较大(10%)储集体控制。溶蚀孔控制的储量规模与溶洞类似，主要受低孔隙度(<5%)储集体控制(负相关)。裂缝储集体控制的地质储量远远小于溶洞和溶蚀孔隙，控制裂缝储量规模的储集体孔隙度最小(<3%)。表明地质储量受溶

蚀孔和大型溶洞影响最大，裂缝对储量的影响很小，也就是说储量的不准确性主控因素为大型溶洞体和溶孔。

1. 基于置信理论的不准确性评价方法

概率法给出的储量不确定是很初步的定性结果，为此借鉴了国内外不确定理论中的置信理论，对地质建模储量进行量化表征，为此本章以缝洞型油藏孔隙度作为储量不确定评价的参数，定量分析储量不确定性，同时依据地质建模计算结果，分析了渗透率与储量关系。

将置信检验理论中置信度分布算法用于储量不准确性评价，原理是通过数理统计，获得某些参数的分布规律，针对一定的分布规律下参数的变化，研究在一定置信度下参数置信区间大小变化，得到置信度相同的情况下，参数的不准确性。

置信区间是指由样本统计参数的估计区间。在统计学中，一个概率样本的置信区间(Confidence Interval)是对这个样本的某个总体参数的区间估计。置信区间展现的是这个参数的真实值有一定概率落在测量结果的周围的程度。置信区间给出的是被测量参数的测量值的可信程度，即前面所要求的“一定概率”。这个概率被称为置信水平。置信区间的两端被称为置信极限。

对于待估参数μ，$\alpha(0<\alpha<1)$是一个给定的数，若能找到统计量c_1、c_2满足$P(c_1 \leq \mu \leq c_2)=1-\alpha$，则称$[c_1, c_2]$为$\mu$的置信水平为$1-\alpha$的置信区间。置信区间的长度$c_2-c_1$反映了估计精度，$c_2-c_1$越小，估计精度越高。$\alpha$反映了估计的可靠程度，$\alpha$越小越可靠，$\alpha$越小，$1-\alpha$越大，估计的可靠度越高，但这时$c_2-c_1$往往增大，因而估计精度降低。

设随机变量X服从正态分布，$X \sim N(\mu, \sigma^2)$，其中μ为X的期望值，σ^2为X的方差。

$$Z=\frac{\bar{X}-\mu}{\frac{\sigma}{\sqrt{n}}} \sim N(0, 1) \tag{3-19}$$

$$P\left|\frac{\bar{X}-\mu}{\frac{\sigma}{\sqrt{n}}}\right| \leq Z_{\frac{\alpha}{2}}=1-\alpha \tag{3-20}$$

$$P(\bar{X}-\frac{\sigma}{\sqrt{n}} \cdot Z_{\frac{\alpha}{2}}) \leq \mu \leq P(\bar{X}+\frac{\sigma}{\sqrt{n}} \cdot Z_{\frac{\alpha}{2}})=1-\alpha \tag{3-21}$$

参数μ的置信区间为$[\bar{X}-\frac{\sigma}{\sqrt{n}} \cdot Z_{\frac{\alpha}{2}}, \bar{X}+\frac{\sigma}{\sqrt{n}} \cdot Z_{\frac{\alpha}{2}}]$，当方差不知道时使用样品方差$S_2$代替$\sigma^2$计算期望的置信区间。

对于缝洞型油藏的储量，为了计算其均值的置信区间，假定单元参数服从整体分布$Q \sim N(\mu, \sigma^2)$，依据置信区间计算公式，置信度为$1-\alpha$的储量期望μ的置信区间为：

$$[\bar{Q}-\frac{\sigma}{\sqrt{n}} \cdot Z_{\frac{\alpha}{2}}, \bar{Q}+\frac{\sigma}{\sqrt{n}} \cdot Z_{\frac{\alpha}{2}}]$$

具体计算步骤如下：

(1) 求一个储量样本的均值$\bar{Q}=\frac{1}{n}(Q_1+Q_2+\ldots+Q_n)$。

(2) 计算出样品方差$S_2=\frac{1}{n}[(Q_1-\bar{Q})^2+(Q_2-\bar{Q})^2+\ldots+(Q_n-\bar{Q})^2]$。

（3）计算双侧分位数$\pm Z_{\alpha/2}$，$Z_{\alpha/2}=f(1-\alpha, n-1)$。

（4）计算 $1-\alpha$ 置信度下的置信区间。

对于其他分布类型的物理量，采用类似的计算方法可以获得一定置信度下的置信区间的变化。

这样，利用地质建模结果，首先可以统计得到单井储量在溶洞、裂缝和溶孔中的分布，同时可以得到单井控制储量、孔隙度和渗透率的分布，最后可以获得不同孔隙度和不同渗透率下，单井的地质储量的分布。对这些数据的分析，采用数理统计进行分析，确定在相同的置信度下储量置信区间的变化。

根据数理统计的基本原理，在相同的置信度下，置信区间越大表明数据的不准确性越高。定义不准确系数 C 为一定置信度下，样本统计参数的置信区间的上下限的比值，不准确系数越接近 1 表明置信区间越小，不准确程度越低，对应数据越可信，反之亦然。

按照置信理论，定义置信区间的上下限的比值在 1.0 为完全确定，1.0~2.0 为比较确定，2.0~5.0 为基本确定，5.0~10.0 位基本不准确，大于 10 位完全不准确。

2. 单井样本储量不准确性分析

将单一的一口油井作为一个生产样本，统计了 S80 单元的地质储量(模型)、井控储量、孔隙度、渗透率等。统计结果见表 3-5。

表 3-5　基于单井样本统计结果

井名	模型储量/10^4t				井控储量/10^4t	渗透率/$10^{-3}\mu m^2$	孔隙度
	总储量	溶洞	溶孔	裂缝			
607	126.15	50.82	67.13	8.20	164.70	67.81	0.0277
801	108.19	18.63	77.63	11.93	91.61	73.32	0.0261
634	75.16	28.3	36.56	10.3	68.22	95.05	0.0212
642	66.02	16.8	42.84	6.38	32.90	54.61	0.0245
648	52.43	10.43	40.65	1.35	65.41	50.75	0.0275
712	13.96	2.80	7.90	3.26	1.61	78.97	0.0182
713	80.89	33.51	42.13	5.25	72.72	57.31	0.0297
715	42.71	8.63	26.46	7.62	32.00	59.48	0.0222

表 3-6 是 S80 单元参数的置信度评价结果。按照置信理论，比值在 5.0 以下属于基本可信，2.0 以下完全可信，从评价结果可以看出模型储量、井控储量、孔隙度、渗透率置信分析结果差别不大，置信区间的上下限比值均小于 2.0，这说明基于静态数据是完全可信的。这为后面的模拟计算奠定了基础。表中井控储量的置信程度略低于模型储量，说明在进行井控储量计算时需要更多的数据，这无形之中增加了井控储量的不准确性。

3. 不同储集空间类型储量的不准确性分析

为了突出缝洞型油藏的特点，除了对储量本身不准确性进行分析外，需要研究影响缝洞储量不准确因素。为此，按照单井统计了不同孔隙度样本的储量，将孔隙度大于某个数值的油井作为一个样本，统计其模型储量，然后利用置信理论进行不准确性分析，最终得到不同储空间类型孔储量的不准确性分析结果，为确定缝洞单元的不准确性奠定了基础。表 3-4 是 S80 单元部分油井的储量不准确性置信度计算结果，表 3-10 是整个单元储量的不准确性分析结果。之后，将 S80 单元所有井不准确性分析(表 3-7~表 3-9)，分析了结果(图 3-44、图 3-45)。

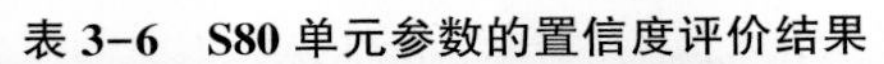

表 3-6　S80 单元参数的置信度评价结果

指标名称	模型储量/10^4t				井控储量/10^4t	孔隙度	渗透率/$10^{-3}\mu m^2$
	总储量	溶洞	溶孔	裂缝			
样本容量	27	27	27	27	27	27	27
样本均值	67.064	20.529	37.937	8.599	57.737	0.025	65.275
样本标准偏差	30.897	15.154	17.777	5.401	46.922	0.004	15.674
抽样平均误差	5.946	2.916	3.421	1.039	9.030	0.001	3.017
置信度	0.950	0.950	0.950	0.950	0.950	0.950	0.950
自由度	26	26	26	26	26	26	26
置信下限	54.842	14.534	30.905	6.463	39.175	0.024	59.074
置信上限	79.287	26.523	44.969	10.736	73.119	0.027	71.476
上下限比值	1.446	1.825	1.455	1.661	1.948	1.128	1.210

表 3-7　T607 井储量分布统计结果

井号	储量分布统计/10^4t			
T607	总储量	溶洞	溶孔	裂缝
样本均值	56.42	41.58	13.36	1.48
样本标准偏差	32.32	7.10	23.81	2.84
抽样平均误差	10.22	2.24	7.53	0.90
置信度	0.95	0.95	0.95	0.95
自由度	9.00	9.00	9.00	9.00
置信下限	33.29	36.51	3.68	0.56
置信上限	79.54	46.66	30.39	3.51
置信上下限比值	2.39	1.28	8.27	6.28

表 3-8　T801 井储量分布统计结果

井号	储量分布统计/10^4t			
T801	总储量	溶洞	溶孔	裂缝
样本均值	34.51	13.85	18.42	2.25
样本标准偏差	36.60	3.51	29.48	4.34
抽样平均误差	11.58	1.11	9.32	1.37
置信度	0.95	0.95	0.95	0.95
自由度	9.00	9.00	9.00	9.00
置信下限	8.33	11.34	2.67	0.85
置信上限	60.70	16.36	39.50	5.35
置信上下限比值	7.29	1.44	14.79	6.27

表 3-9　S80 单元储量统计结果　　单位：10^4t

指标名称	总储量	溶洞	溶孔	裂缝	井控储量
样本容量	27	27	27	27	27
样本均值	67.064	20.529	37.937	8.599	57.737
样本标准偏差	30.897	15.154	17.777	5.401	46.922
抽样平均误差	5.946	2.916	3.421	1.039	9.030
置信度	0.950	0.950	0.950	0.950	0.950
自由度	26	26	26	26	26
置信下限	54.842	14.534	30.905	6.463	39.175
置信上限	79.287	26.523	44.969	10.736	73.119
置信上下限比值	1.446	1.825	1.455	1.661	1.948

表 3-10 S80 单元储量统计置信区间对比

井号	置信上下限比值			
	总储量	溶洞	溶孔	裂缝
T607	2. 39	1. 28	8. 27	6. 28
T801	7. 29	1. 44	14. 79	6. 27
TK634	2. 7	1. 34	6. 66	4. 52
TK642	4. 36	1. 36	11. 02	8. 22
TK648	4. 76	1. 38	29. 95	76. 3
TK713	2. 41	1. 29	10. 95	7. 56
TK715	10. 6	1. 89	12. 12	6. 49
TK716	11. 68	3. 93	9. 35	5. 83
TK729	4. 88	1. 58	7. 05	5. 67
TK744	2. 2	1. 16	22. 01	9. 31
TK745	17. 44	1. 87	11. 02	6. 94
TK747	2. 67	1. 19	16. 23	9. 07
TK7-639	13. 24	1. 87	8. 44	5. 08
TK722	8. 04	1. 39	10. 04	6. 8
T606	2. 4	2. 24	6. 66	5. 41
TK611	3. 18	1. 24	5. 54	5. 18
TK614	6. 65	1. 5	7. 22	5. 97
TK626	10. 35	1. 77	6. 74	6. 1
TK630	3. 7	1. 78	5. 97	5. 31
TK635H	2. 38	1. 24	7. 54	6. 64
TK636H	3. 43	1. 44	6	5. 41
S80	2. 3	1. 63	6. 9	5. 91
TK626CX	9. 06	3. 63	6. 69	5. 52
TK646CH	14. 17	1. 61	6. 27	5. 27
TK663	3. 24	1. 8	5. 58	5. 62
平均值	7. 97	1. 78	9. 75	8. 82

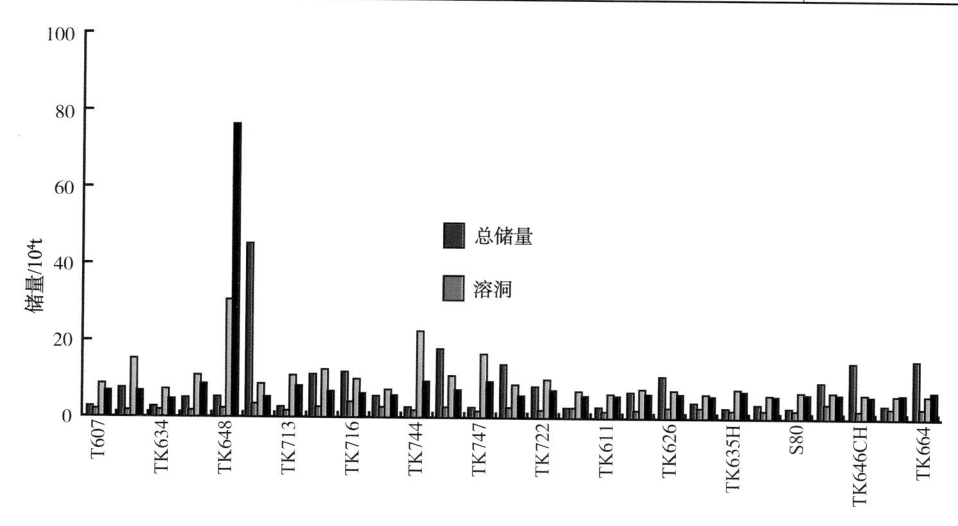

图 3-44 S80 单元储量统计置信区间对比

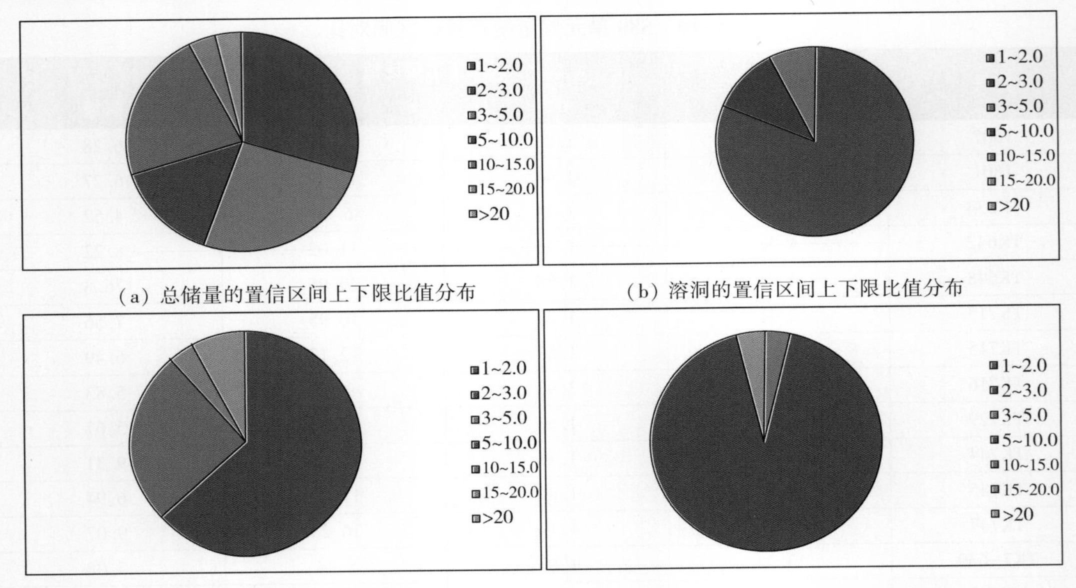

(a) 总储量的置信区间上下限比值分布　(b) 溶洞的置信区间上下限比值分布

(c)溶孔的置信区间上下限比值分布　(d) 裂缝的置信区间上不限比值分布

图 3-45　S80 单元储量统计置信区间对比(单位：10^4t)

可以看出，溶洞控制的储量置信区间远远小于裂缝和溶孔控制的储量，溶蚀孔、裂缝和总储量的置信区间差别不大，说明缝洞型油藏溶洞储量的结果确定性明显高于溶孔和裂缝的储量，溶孔储量在整个储量中占比高，导致了整体储量的不准确性增加，要提高模型储量的确定性，需要加强对溶孔研究；裂缝储量的不准确性也比较高，由于占比小，对整个模型总储量的影响比较低。

三、影响缝洞储量的不准确性因素分析

用相同方法考察了孔隙度、渗透率对不同储集空间类型储量的不准确性影响(表 3-11、表 3-12，图 3-46、图 3-47。)从分析结果可以看出：总储量和溶洞的储量置信区间数值较小，因此具有很强的确定性，并且受储层的孔隙度和渗透率影响较小，大型溶洞储量的不准确性控制着整个单元储量的不准确性，因此对大型溶洞的研究是缝洞型油藏研究的核心内容，也是关键因素。因此需要加强高孔高渗储层中溶蚀孔洞的研究，降低其不准确性。

表 3-11　孔隙度对 S80 不同储集空间储量不准确性影响

孔隙度/%	模型储量置信区间上下限比值			
	总储量	溶洞	溶孔	裂缝
0.2	1.446	1.825	1.456	1.661
2	1.482	1.835	1.508	1.707
3	1.626	1.924	1.784	1.672
5	1.749	1.931	2.270	2.077
8	1.958	1.963	17.956	30.000
10	1.956	1.961	17.956	30.000
15	1.986	1.987	30.000	30.000
20	2.027	2.028	30.000	30.000
30	2.221	2.221	30.000	30.000
50	2.240	2.240	30.000	30.000

表 3-12 渗透率对 S80 不同储集空间储量不准确性影响

渗透率/$10^{-3}\mu m^2$	模型储量置信区间上下限比值			
	总储量	溶洞	溶孔	裂缝
0.2	1.441	1.810	1.457	1.653
20	1.446	1.825	1.455	1.661
30	1.458	1.825	1.482	1.662
50	1.604	1.898	2.229	1.667
80	1.761	1.932	20.238	1.801
100	1.835	1.957	20.238	1.983
200	1.989	2.011	5.513	2.736
500	2.216	2.226	3.654	3.573
1000	2.223	2.229	3.491	6.738
平均值	1.775	1.968	6.640	2.608

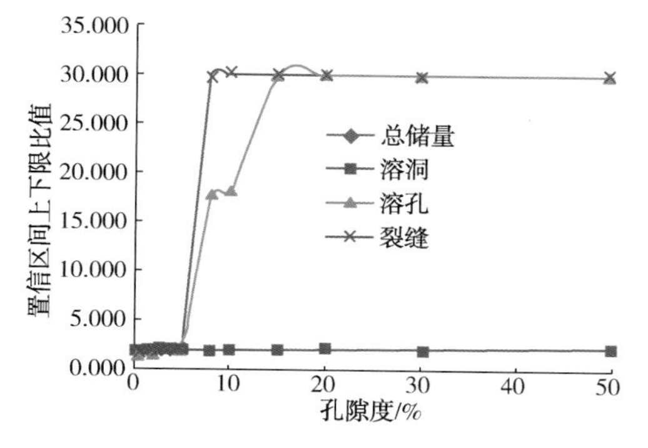

图 3-46 孔隙度对 S80 不同储集空间储量不准确性影响

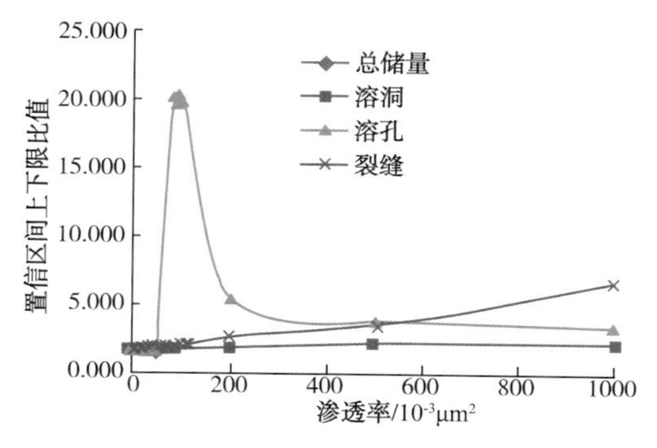

图 3-47 渗透率对 S80 不同储集空间储量不准确性影响

根据参数的不准确性分析结果，可以给出参数的变动区间范围，这就为进行敏感性分析提供了基础。由于敏感性分析约束条件油井生产动态，因此仅仅依靠静态参数的不准确分析，尚有一定的差距，需要在动态特征研究基础上进行敏感性分析，确定影响缝洞型油藏开发的主控因素。

四、结论

（1）建立了基于置信理论的不确定性定量评价方法，并将该方法用于缝洞型油藏地质建模储量不确定性定量分析，验证了该方法的可靠性。

（2）总储量和溶洞的储量置信区间数值较小，因此具有很强的确定性，溶洞储量的可靠程度直接影响着整个单元建模储量的可靠性。

（3）因此对大型溶洞的研究是缝洞型油藏研究的核心内容，同时需要加强高孔高渗储集体中溶蚀孔洞的研究，降低其不准确性。

第四章　静动态条件符合降低不准确性

油藏生产动态是储集体特征综合反映，利用生产动态可以计算单井控制储量、井间连通程度参数，通过这两个参数可以修正地质模型。基于油藏数值模拟生产历史拟合可以进一步修正地质模型。缝洞型油藏洞、缝、孔储集体类型多样，如何修正地质模型难度大，建立了针对强非均质性油藏的具体研究方法，实现静动态多条件符合，降低了模型不准确性。

缝洞型油藏静动态多条件符合研究技术路线见图4-1，首先计算动态单井控制储量与井间连通性，分析与地质模型井控储量的差别，修正或淘汰地质模型。其次，结合示踪剂测试及生产动态的注采响应，计算井间连通性不愉快连通程度，分析与地质模型井间连通的差别，修正或淘汰地质模型。然后基于油藏数值模拟技术对单井和单元的生产数据进行历史拟合，在拟合过程中对模型进行调整，这样循环往复，逐步调整地质模型的规律、形态及属性参数，实现静动态条件符合。

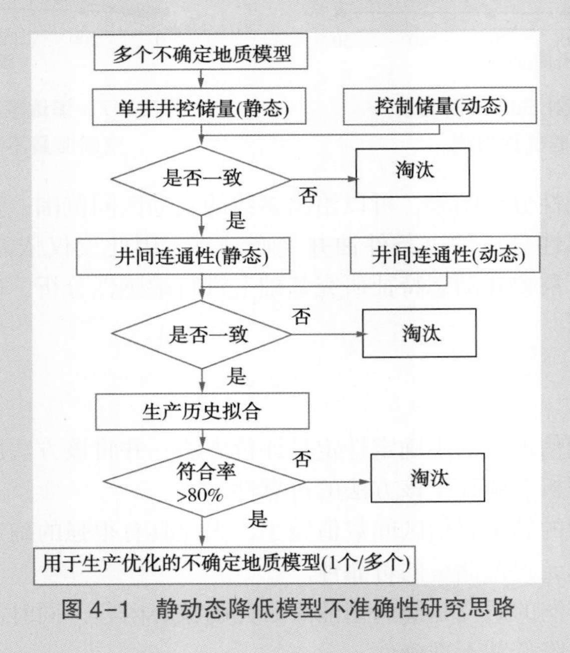

图4-1　静动态降低模型不准确性研究思路

第一节　基于单井动态控制储量降低不准确性

缝洞型油藏单井控制储量的大小是油井生产的物质基础，其主要的控制参数是缝洞边界大小和类型，而这类参数确定过程十分复杂，存在很强的不准确性，建立了基于生产动态数据的单井控制储量的确定方法（PDA），进行静动态符合研究，降低仅采用静态数据计算单井控制储量产生的不准确性。

单井控制储量计算方法和原理：利用杜哈梅齐次化定理求解持续变产量流动方程，可以得到其定产解为：

$$P_i - P_r = 141.2\frac{B\mu}{kh}\int_0^t q(t')\frac{\mathrm{d}P_D(t-t')}{\mathrm{d}t}\mathrm{d}t' \tag{4-1}$$

利用卷积理论，式(4-1)可表示为：

$$P_i - P_r = 141.2\frac{B\mu}{kh}\int_0^t P_D(t-t')\frac{\mathrm{d}q(t')}{\mathrm{d}t}\mathrm{d}t' \tag{4-2}$$

离散化：

$$P_i - P_r = 141.2\frac{B\mu}{kh}[q_1P_D(t) + (q_2-q_1)P_D(t-t_1) + (q_3-q_2)P_D(t-t_2) + \cdots] \tag{4-3}$$

即：

$$P_i - P_r = 141.2\frac{B\mu}{kh}\sum_{i=1}^{m}(q_j - q_{j-1})P_D(t-t_{j-1}) \tag{4-4}$$

对于圆形封闭地层，Muskat 给出如下公式：

$$P_D(r_D,\ t_D) = -\ln r_D - \frac{3}{4} + \frac{{r_D}^2}{2} + S + 2\pi\cdot t_{DA} - 2\sum_{n=1}^{\infty}\frac{J_0(X_n\cdot r_D)\mathrm{EXP}(-{X_n}^2\cdot\pi\cdot t_{DA})}{{X_n}^2\cdot {J_O}^2(X_n)} \tag{4-5}$$

其中，

$$r_D = r/r_e$$

X_n 是 $J_1(X_n)=0$ 的正根

$$t_{DA} = 0.0002637\frac{kt}{\phi\mu c_t A}$$

$$A = \pi {r_e}^2$$

令 $r=r_w$（井筒处），于是有：

$$P_D(r_w,\ t) = \ln\frac{r_e}{r_w} - \frac{3}{4} + \frac{r_w}{2{r_e}^2} + S + 2\pi\cdot 0.0002637\frac{kt}{\phi\mu c_t A} - 2\sum_{n=1}^{\infty}\frac{J_0\left(X_n\cdot\frac{r_w}{r_e}\right)\mathrm{EXP}\left(-{X_n}^2\cdot\pi\cdot 0.0002637\frac{kt}{\phi\mu c_t A}\right)}{{X_n}^2\cdot {J_O}^2(X_n)} \tag{4-6}$$

联立式得：

$$\Delta P = P_i - P_r = 141.2\frac{B\mu}{kh}\left\{\begin{aligned}&q_m\left[\ln\frac{r_e}{r_w}-\frac{3}{4}+\frac{r_w}{2r_e^{\ 2}}+S\right]+2\pi\cdot 0.0002637\frac{k}{\phi\mu c_t A}Q_m-\\&2\sum_{j=1}^{\infty}(q_j-q_{j-1})\sum_{n=1}^{\infty}\frac{J_0\left(X_n\cdot\frac{r_w}{r_e}\right)}{X_n^{\ 2}\cdot J_O^{\ 2}(X_n)}\cdot\\&\qquad\text{EXP}\left(-X_n^{\ 2}\cdot\pi\cdot 0.0002637\frac{k(t-t_{j-1})}{\phi\mu c_t A}\right)\end{aligned}\right\}\tag{4-7}$$

其中，$Q_m = \int_0^t q(t')\mathrm{d}t' = \sum_{j=1}^{m} q_j(t_j - t_{j-1})$

两边同时除以 q_m，并令 $\bar{t}=\frac{Q_m}{q_m}$，于是有：

$$\begin{aligned}\frac{\Delta P}{q_m} &= 141.2\frac{B\mu}{kh}\left[\ln\frac{r_e}{r_w}-\frac{3}{4}+\frac{r_w}{2r_e^{\ 2}}+S\right]+0.2339\frac{B}{\phi hc_t A}\bar{t}-\\&282.4\frac{B\mu}{kh}\left\{\sum_{j=1}^{\infty}\frac{(q_j-q_{j-1})}{q_m}\sum_{n=1}^{\infty}\frac{J_0\left(X_n\cdot\frac{r_w}{r_e}\right)}{X_n^{\ 2}\cdot J_O^{\ 2}(X_n)}\cdot\text{EXP}\left(-X_n^{\ 2}\cdot\pi\cdot 0.0002637\frac{k(t-t_{j-1})}{\phi\mu c_t A}\right)\right\}\end{aligned}\tag{4-8}$$

定液量生产时，流动处于拟稳态，上式中的无穷项可以忽略不计。对于圆形封闭边界，通过模型计算结果的验证，无穷项同样可以忽略不计，于是得到：

$$\frac{\Delta P}{q_m} = 141.2\frac{B\mu}{kh}\left[\ln\frac{r_e}{r_w}-\frac{3}{4}+\frac{r_w}{2r_e^{\ 2}}+S\right]+0.2339\frac{B}{\phi hc_t A}\bar{t}\tag{4-9}$$

式(4-9)即为封闭圆形地层中心一口井变产量生产时，达到稳定流阶段满足的表达式。

忽略 $r_w^{\ 2}/2r_e^{\ 2}$，应用有效井筒半径模拟边界影响，得到：

$$\frac{\Delta P}{q_m} \cong 70.6\frac{B\mu}{kh}\ln\frac{r_e^{\ 2}}{r_w^{\ 2}\mathrm{e}^{3/2}}+0.2339\frac{B}{\phi hc_t A}\bar{t}\tag{4-10}$$

$$m_{vr} = 0.2339\frac{B}{\phi hc_t A}\tag{4-11}$$

$$b_{vr} = 70.6\frac{B\mu}{kh}\ln\frac{r_e^{\ 2}}{r_w^{\ 2}\mathrm{e}^{3/2}}\tag{4-12}$$

其中，

$$A = 0.2339\frac{B}{\phi hc_t m_{vr}}$$

Blasingame 法的核心方程：

$$\frac{\Delta p(t)}{q(t)}=mt_{cr}+b\begin{cases}t_{cr}=\dfrac{1}{q(t)}\displaystyle\int_0^t q(\tau)\,d\tau=\dfrac{Q(t)}{q(t)}\\ m=0.2339\,\dfrac{B}{\phi hC_tA}\\ b=70.6\,\dfrac{B\mu}{kh}\ln\dfrac{r_e{}^2}{r_w{}^2e^{3/2}}\end{cases}\tag{4-13}$$

当封闭油藏流体流动达到拟稳态流动阶段时，$\frac{\Delta p(t)}{q(t)}$与 t_{cr}呈现直线段。

很明显，在双对数曲线上，表现为斜率为 1 的直线，根据直线段的斜率和截距就可以得到一系列的油藏参数，包括供油半径、孔隙度、渗透率、单井控制储量等。

单井控储量计算流程：首先利用井筒流动模型将油压数据折算成井底流压数据；然后结合地质和动态资料，利用聚类分析法确定生产井钻遇储集空间类型；根据钻遇储集体的类型确定基本渗流模型；最后利用 PDA 生产数据分析法来拟合计算单井的控油面积，进而得到缝洞型油藏单井控制储量。计算流程图如图 4-2 所示。

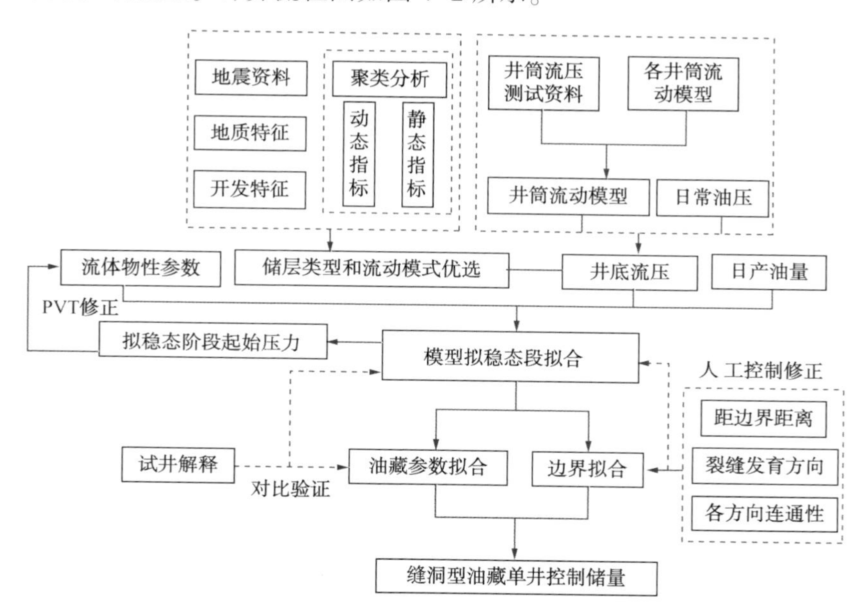

图 4-2　缝洞型油藏单井控制储量计算流程图

方法实例：首先根据测压资料来选择适合 634 井的井筒模型，利用 Beggs&Brill 模型将 TK634 井的油压数据转换成井底流压数据，从而引入试井思想，利用 Blasingame 生产数据分析法单井控制储量进行拟合计算。动静结合确定 TK634 井的钻遇储集体类型为溶洞型，采用单重均质模型进行拟合计算，双对数曲线拟合结果见图 4-3，Blasingame 曲线拟合结果见图 4-4，计算得到 634 井单井控制储量为 68.2×10^4t。

模型储量与单井控制储量要有较好的符合，在进行历史拟合过程中，结合初产与累产油生产情况调整单元控制储量(表 4-1)，实现静动态储量的拟合，降低模型储量的不准确性。

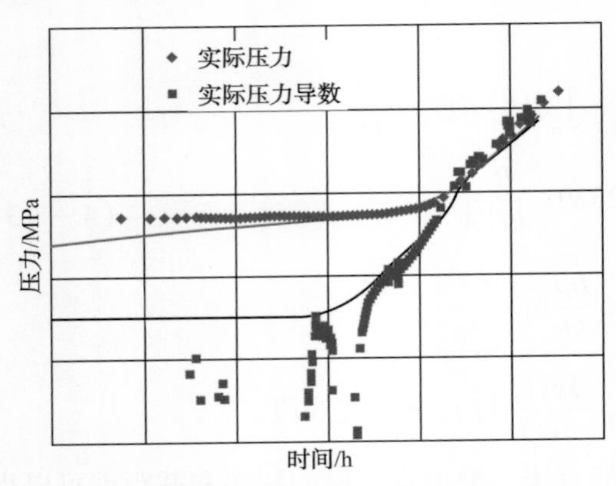

图 4-3　井底流压双对数拟合图

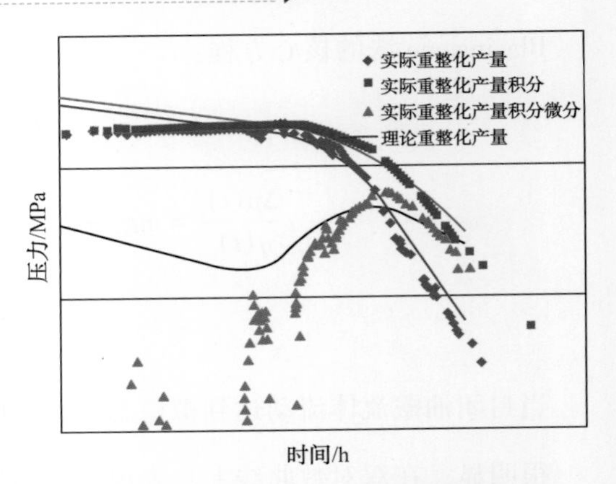

图 4-4　Blasingame 曲线拟合图

表 4-1　单井静动态单井控制储量关系表

井号	模型储量/10^4t	控制储量/10^4t	初产/(t/d)	累产油量/10^4t
7-607	126	134.7	231	41.5
606	36	34.4	157	13.7
7-639	100	94	120	19.6
611	58	70.1	201	40.4
614	85	86.6	173	20.7
626	33	49	239	14.1
630	87	84.9	48.5	36.9
634	75	69.2	162	13.2

第二节　基于井间动态连通性降低不准确性

井间连通性直接影响着油藏中油水的运动规律、剩余油分布特征以及油水井的生产动态特征，在地质建模完善过程中，需要符合生产动态反映的井间连通性，井间动态连通性预测方法有测试法、生产动态分析法(也称定性预测法)与数学模型定量评价法(也称定量预测法)。

一、连通性测试法

测试法主要包括示踪剂监测技术和干扰试井技术两种方法。①示踪剂监测有化学剂示踪剂、同位素示踪剂 2 种，现在多使用同位素示踪剂。其原理为：在注水井中注入与已注入流体相溶的示踪剂，示踪剂在地层中随注入水流动，最后被采出。通过分析产出流体中的示踪剂浓度变化情况、示踪剂产出曲线以及峰值特征，同时结合储层渗流特征，对研究区域进行综合解释分析，进而达到井间连通性判断的目的。②干扰试井技术是在观测井中使用高精度记录仪器的干扰压力数据，并用这种压力值来计算激动井与观测井间的储层参数。在试井时，一般以一口井作为激动井，另一口或数口井作为观测井。激动井改变工作制度，造成地层压力的变化(常称为“干扰信号”)，在观测井下入高精度测压仪器，记录由于激动井改变工作制度所造成的压力变化。从观测井能否接收到“干扰”压力变化，便可判断观测井与激动井之间是否连通。

示踪剂监测是缝洞单元内井间连通性分析最重要的一种方法。通过对示踪剂产出曲线进行分析，观察临井示踪剂元素是否明显变化来验证两口井间是否连通。在注水井中注入示踪剂一段时间后，若其周围监测井水样中示踪剂元素的含量明显增高，则注水井、监测井连通，属同一个缝洞单元，否则两口井间不连通。如果示踪剂产出曲线具有多个峰值，表明两口井间有多个渗流通道。另外，还可通过示踪剂的回采率，即各井采出的示踪剂量与注入的示踪剂量的比值的大小，定性地说明井间动态连通强弱，并根据回采率曲线形态研究流体在储层中的流动形式。示踪剂法对油井的正常生产影响不大，而且可靠程度高。

TK634 井组为例说明示踪剂测试方法的应用。TK634 对应的 3 口油井监测到明显的示踪剂响应(表 4-2)，示踪剂产出浓度越高，表明高渗通道对注入水的控制程度越强，反之则越弱。通过 TK634 井组示踪剂连通图(图 4-5)与示踪剂产出情况表可知，TK634 井与 TK713、TK715、TK747 井连通，主要流动通道是 TK747 井，其次是 TK713 井、TK715 井。TK715、TK747 井的示踪剂产出曲线都是单峰型响应曲线为单一流通通道的储层特征(图 4-6)。产率曲线为二类：一类是呈台阶式如 TK747 井[关井出现台阶，图 4-7(a)]；二是直线缓慢上升曲线如 TK715、TK713 井[图 4-7(b)、图 4-7(c)]，说明 TK634 与 TK747 连通状况较好，阻力小，水驱速度较快；TK634 与 TK713、TK715 连通状况较差。图 4-5 中灰色线表示虽然做了示踪剂监测，但因为关井或不产水等原因为监测到示踪剂响应。

表 4-2　TK634 注采井组示踪剂响应表(测试时间 2009-5-1)

水井号	油井号	背景值	突破值	示踪剂突破时间/d	示踪剂峰值时间/d
TK634	TK713	18. 2	40. 8	30(2009-5-23)	37(2009-5-30)
	TK715	20. 3	54. 2	19(2009-5-12)	20(2009-5-13)
	TK747	—	136. 7	8(2009-5-1)	11(2009-5-4)

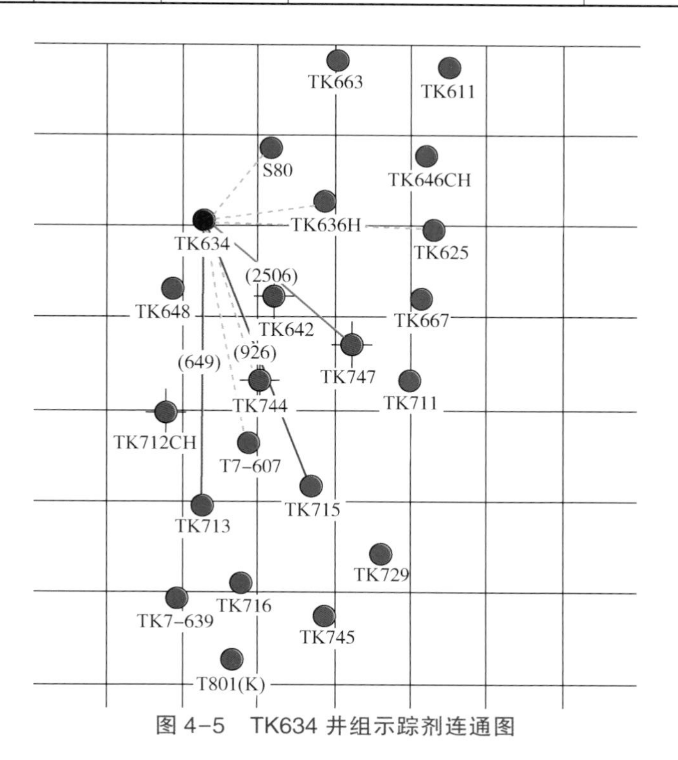

图 4-5　TK634 井组示踪剂连通图

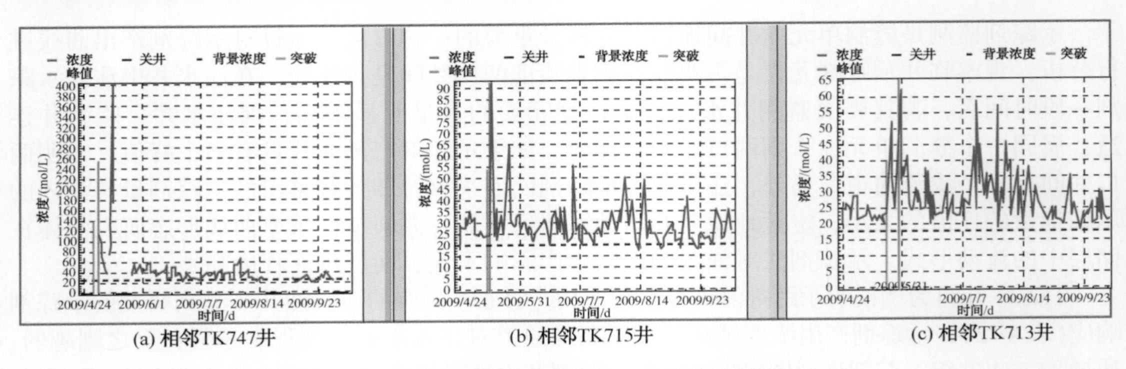

(a) 相邻TK747井　(b) 相邻TK715井　(c) 相邻TK713井

图 4-6　TK634 井组单井示踪剂浓度曲线

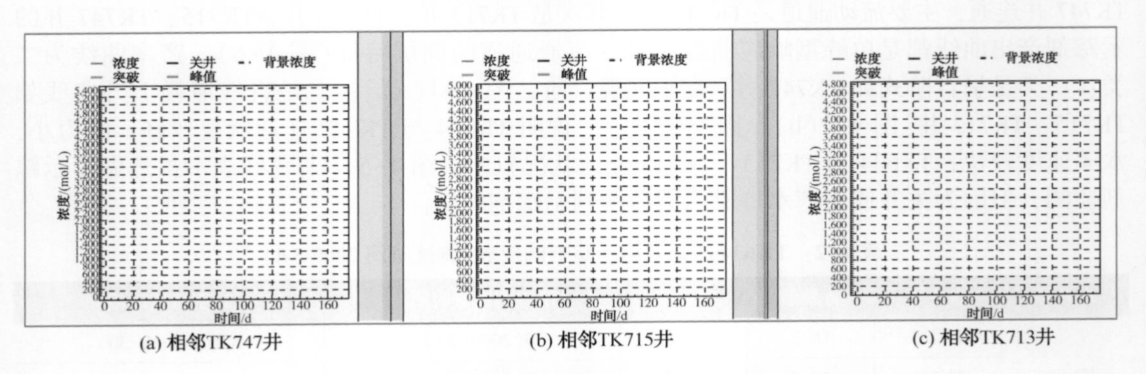

(a) 相邻TK747井　(b) 相邻TK715井　(c) 相邻TK713井

图 4-7　TK634 井组单井示踪剂累积浓度曲线

二、生产动态分析法

生产动态分析法(也称定性预测法)是通过分析生产指标变化规律来弄清井间的连通状况。常用的动态分析方法有注水响应法、类干扰分析法、生产特征相似性分析。①注水响应法：岩溶缝洞型油藏溶洞和裂缝发育，注入水在油水重力分异作用下快速进入缝洞单元底部，既可以恢复整体单元的压力水平又可提高水驱波及体积。注水开发分析连通性主要表现为两种形式：一是油(套)压持续持续上升、产液量持续增加、含水率持续下降；二是产液量持续增加、含水率也持续增加。因此进行注水时，其相邻监测井的油压、液面、产液(油)量出现明显的上升趋势，则认为两口井连通。其中产油量上升、含水率下降表明注水受效，而产油量下降、含水率快速上升则表明注水发生水窜。②类干扰试井分析，以相邻井组为分析单元，利用开发过程中出现的生产状况变化情况(包括新井投产，酸压，关停井，缩放油嘴等)追踪其他井的生产中是否有干扰信息，依次来判断油藏井间连通情况。③生产特征相似性分析，其原理为在同一油藏内的井，具有相似的水体能量，油井在生产过程中所表现的生产特征也将具有一定的相似特征。为此生产变化特征相似的井之间有连通的可能性。

生产动态分析的优点在于与测试资料相比，生产资料易于获得，数据广泛。但是它仍然是一种定性判断方法，无法给出井间的连通程度定量结果。

1. 注水响应法

注水响应法是把注水作为一个扰动，识别周围生产井的生产数据曲线波动特征判断连通情况。如果井压力、产量或含水率的曲线趋势发生明显变化，则表明两口井间动态连通，否则两口井间就有可能不连通。这种明显变化表现在压力的增加，动液面的上升、产液量的升高以及含水率的持续变化。

计算流程：注水响应法在多源数据的读取和分析的基础上，先根据井距判断初步确定有可能形成有效驱替路径的连通井集合，再根据注水数据确定不同的注水段，以此选定对应采油井动态数据判断时间区间，通过移动时间窗口获取判断含水率、产液和产油等生产数据并计算波动变化特征。通过分析波动特征和井距数据(包括强、弱波动情况下)、工作制度(包括油嘴、洗井、停井等)等初步获取井间连通关系。具体流程如下(图 4-8)：

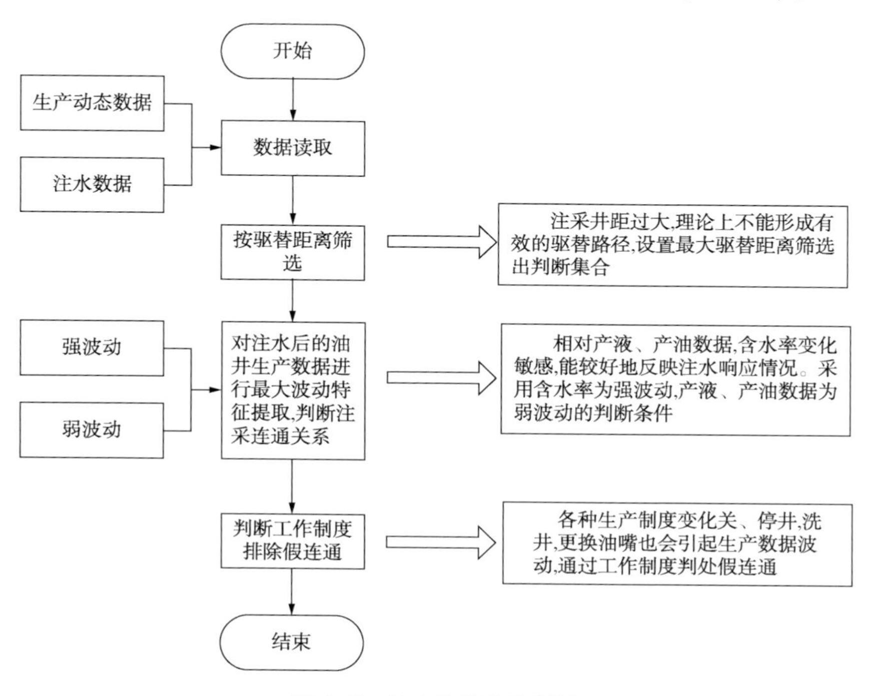

图 4-8　注水响应法流程图

TK634 井组为例说明注采响应的应用效果。图 4-9 所示，图中左图为示踪剂井间连通图，其中灰线为监测到的连通，右图为注采响应的井间连通图，可以看出其与示踪剂测试结果连通吻合性很好，同时弥补了示踪剂测试的不足，能判断示踪剂无法确定的井间连通关系(表 4-3)。

表 4-3　TK634 井组去噪后注水响应法与示踪剂法对比表

油井	示踪剂测试结果	去噪后注采响应
TK715	连通性弱	连通性弱
TK713	连通性弱	连通性弱
S80	未监测到示踪响应	连通性中等偏弱
TK744	未监测到示踪响应	连通性中等偏弱
TK648	未测试到示踪响应	连通性中等
TK747	连通性强	连通性中等偏强

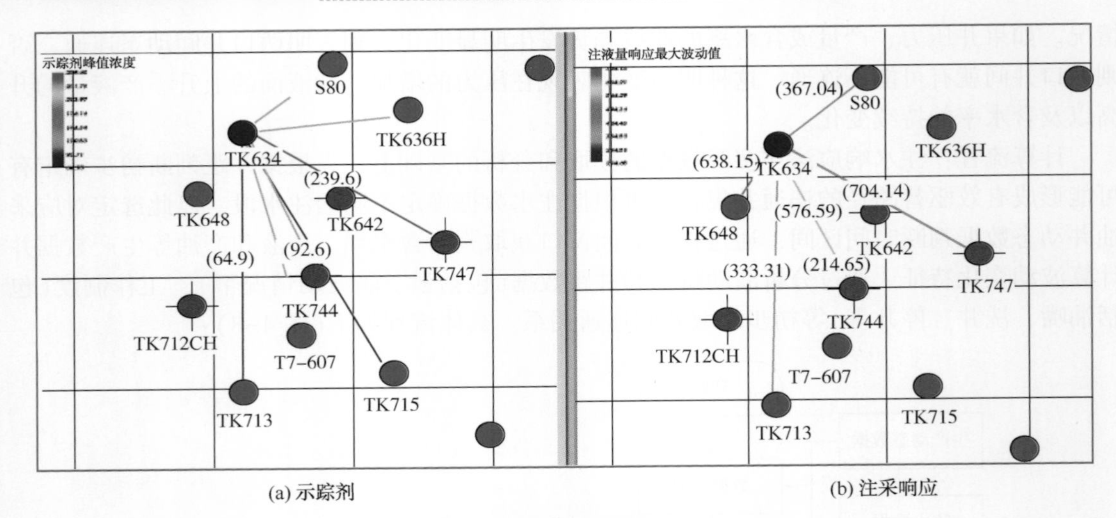

图 4-9　注采响应连通对比图

注水响应法的优点是只要有生产动态数据就可以根据波动特征进行判断；次数不限，费用低；综合了多种判别方法的优点，可以判断出低含水井示踪剂无法确定的情况。不足之处是多井间的干扰以及工作制度变化频繁存在的干扰。另外对于多次注水或者含水率较高的井，波动特征不明显，同一井组第一次注水反演会比较准，第二次注水个别会存在漏判。

2. 类干扰分析法

为了加强类干扰分析方法的精度，利用小波变换法判断中生产动态数据存在的噪音。小波变换原理是将时序数据转换到频域，滤掉低频噪音，再通过逆变换为时序数据进行波动特征提取以确定井间连通性关系(图 4-10)。

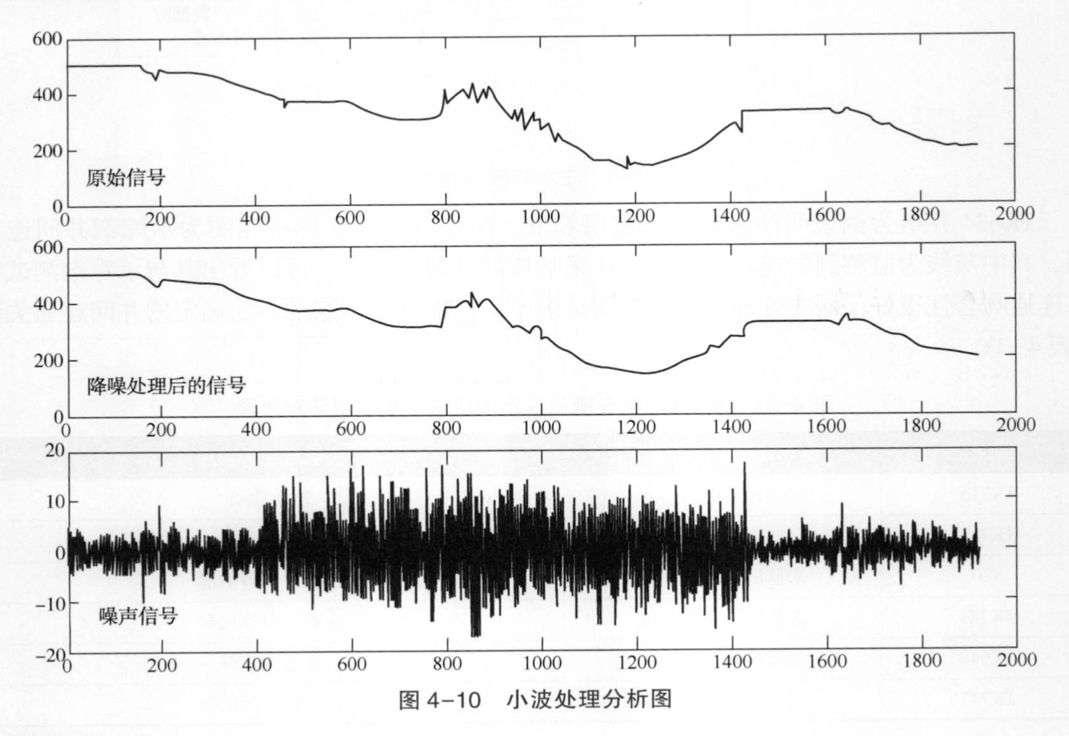

图 4-10　小波处理分析图

计算流程：对生产数据(含水率等)进行小波分析处理，得到新的波动特征，这个过程也是小波变换的过程。首先选取小波模型，正交小波 Daubechies 小波作为小波变换的模型，进行小波正变换。变换后得到频域的一组数据，从物理上来说，频率越小，就说明该信号出现的情况越偶然，有很大可能存在噪音。经过多组试验后设置了一个噪音阈值，通过阈值将视作噪音的信号滤掉，得到另一组频域信号。在不动小波基的情况下，将滤掉后的频率信号逆变换，变回时域信号，从而进行判断计算操作。

应用效果：TK663 井组为例说明小波去噪后的应用效果(表 4-4)。从对比结果看，除了示踪剂未测试井外，大多数的结果比较一致。图 4-11 中右小波去噪后注采响应结果包含了左图示踪监测到的所有 5 口连通井，除一口井外示踪剂峰值浓度与小波响应法最大波动特征较吻合。同时弥补了示踪剂测试的不足，能判断示踪剂无法确定井的连通关系。

表 4-4　TK634 井组去噪后组注水响应法与示踪剂法对比表

油井	示踪测试结果	反演测试结果
TK747	未做测试	连通性弱
TK611	连通性弱	连通性弱
S80	连通性中等偏弱	连通性中等偏弱
TK635H	连通性强	连通性中等偏弱
TK614	未监测到示踪响应	无连通性
TK636H	连通性偏强	连通性强
TK664	未做测试	连通性偏强
TK626	连通性强	连通性偏强

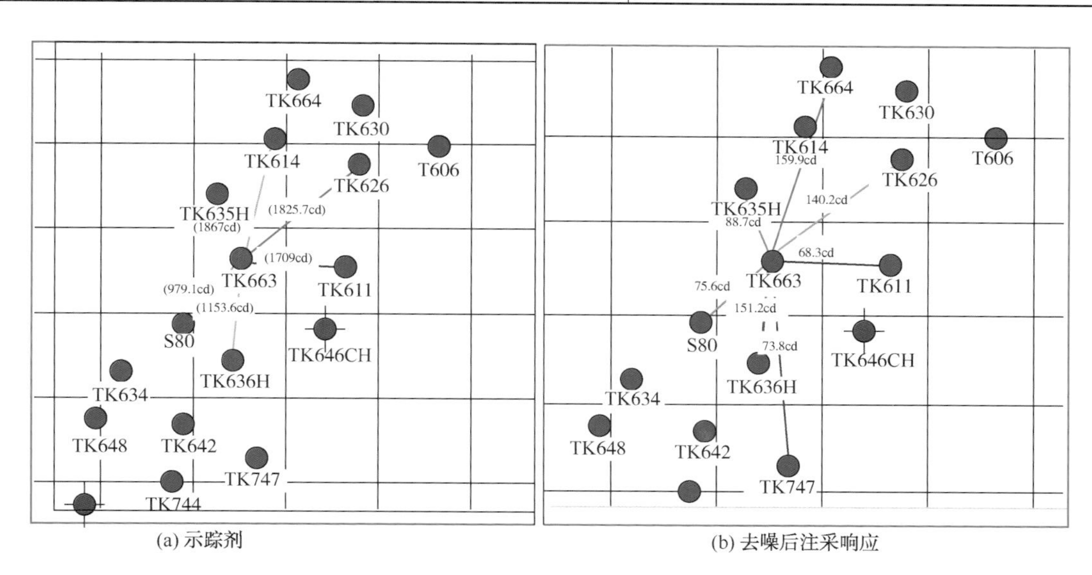

图 4-11　小波去噪后注采连通对比图

3. 动态曲线相似性法

生产动态曲线相似性分析法原理就是对于距离邻近且含水率、产液量等生产动态数据存在剧烈波动特征的井点，衡量两个时间序列之间的曲线相似度，判断生产曲线是否同节奏和反节奏相关来确定井间连通关系。

注水量改变，生产井的产量不会立即体现这个变化，会延后一段时间，存在一定的滞后性，而传统基于欧几里得距离求解时间序列相似度的算法无法有效解决该类复杂情况，因此本文在灰色关联基础上采用基于动态规划的动态时间规整算法对生产曲线相似度进行量化判别。

Dynamic Time Warping(DTW)是一种衡量两个时间序列之间的相似度的方法。由于考虑了复杂情况下两个时间序列之间的时滞性问题，可以计算出最优相似度值。对 DTW 不在同一时间上的点进行了匹配，而不是只对同一时刻的点做比较，考虑到了时滞性之后可以使结果趋于平滑。

计算流程如下。

设有两口待比较油井，定义其序列分别为：

$$Q = q_1,\ q_2,\ \cdots,\ q_i,\ \cdots,\ q_n \tag{4-14}$$

$$C = c_1,\ c_2,\ \cdots,\ c_i,\ \cdots,\ c_n \tag{4-15}$$

执行如下步骤：

(1) 判断 n 是否等于 m，若等于，直接比较对应位置即可，否则进入下一步。

(2) 构造一个 $n \times m$ 的矩阵，矩阵元素表示两点之间的距离，也就是序列 Q 的每一个点和 C 的每一个点之间的相似度，距离越小则相似度越高(这里先不管顺序)，一般采用欧式距离：

$$d(q_i,\ c_j) = (q_i - c_j)^2 \tag{4-16}$$

(3) 依据状态转移方程计算总共的累计距离，同时记录累计次数 t。

(4) 计算最终的 DTW 值。

$$Dis(i,\ j) = d(q_i,\ c_j) + \min\{Dis(i-1,\ j-1),\ Dis(i,\ j-1),\ Dis(i-1,\ j)\} \tag{4-17}$$

$$Dtw = \frac{Dis(n,\ m)}{t} \tag{4-18}$$

应用效果：TK626 井组为例说明动态相似性两种方法的应用效果。从图 4-12 中可以看出，左图是基于去噪后注采响应筛选后的连通井集合，右图是基于相似性分析后的连通图。可以看到 TK626 与 TK635H 这口两口井由于不符合曲线相似性从连通井集合中删除。

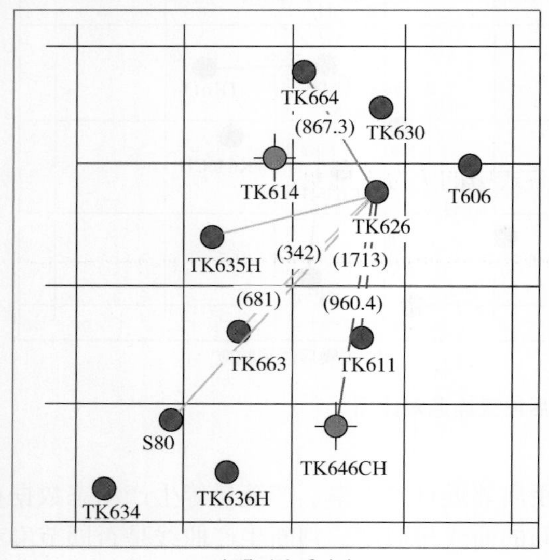

(a) 去噪后注采响应

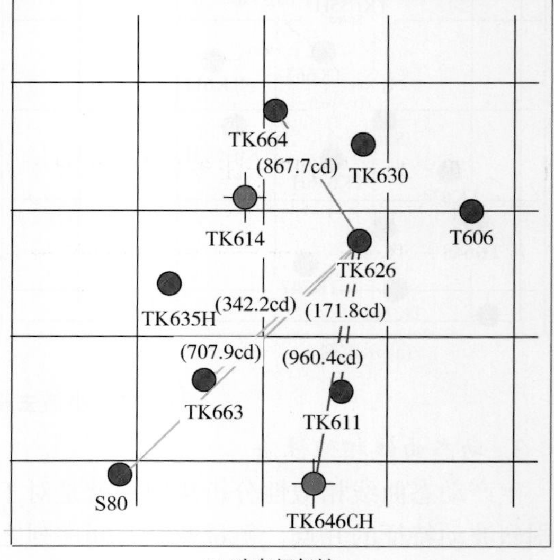

(b) 动态相似性

图 4-12　动态相似性连通性对比图

综上所述本节介绍了生产动态响应如何判别井间连通性的方法。总体上以注水后的压力扰动，使计算机自动寻找生产曲线扰动强烈的生产井，得到广义上的连通图。然后通过小波变换、曲线相似性去除广义连通中的假连通，得到更准确的井间连通关系。

三、数学模型定量评价法

数学模型定量评价法(也称定量预测法)是基于油藏生产动态数据，采用多元线性回归、电容模型、注采流动模型、灰色分析、小波分析等数学方法建立数学模型，通过数值模拟反演计算井间连通系数。该方法是在定性判定井间连通性的基础上，定量地评价了井间的连通程度，是对连通性的一种补充，也是从定性研究到定量的过程。下面对多元线性回归、电容模型及注采流动模型三种新方法进行介绍。

1. 多元线性回归方法

水驱油藏是一个动力学的平衡系统，注水量的变化会引起生产井产液量的波动，这也是注采井间连通的特征反映，而油井产液量的波动幅度与注采井间的连通程度相关，两者间连通性越好，注水量数据与产液量数据的相关程度将越高。因此基于系统分析思想，可以把油藏的注水井、生产井以及连通孔道看作为一个完整的系统，该系统的输入(作为激励)为注水井的注水量，输出(作为响应)为生产井在相应时间段的产液量，然后建立注采动态关系模型求解结果，从而可以简便并准确地获得油藏井间动态连通性，整个过程是井间动态反演的过程。

1）多元线性回归模型(MLR)

基于多元线性回归的思路，那么第j口生产井的产液量可由以下的多元线性回归模型来表示：

$$\hat{q}_j(n)=\beta_{0j}+\sum_{i=1}^{I}\beta_{ij}\,i_i(n)\ (j=1,\ 2,\ \cdots,\ N) \qquad (4-19)$$

式中，β_{0j}表示常数项；β_{ij}表示第j口生产井和第i口生产井之间的连通系数；$i_i(n)$表示第i口注水井在时间步n的注水量；$\hat{q}_j(n)$表示第j口生产井在时间步n的产液量估值。

由于油藏的非均质性，水驱油藏注采不平衡是客观存在的，β_{0j}是水驱油藏的注采不平衡常数。当注入水窜入了非生产层时会引起注采不平衡，另外生产井产液量变化也会并非全部由注水量引起，比如边水侵入与底水锥进也会引起注采不平衡。对于权重系数β_{ij}，它表征生产井j和注入井i的动态连通程度。上式中模型就是描述注采井间动态连通性的多元线性回归模型，系数就是直接表征井间连通情况，故又称为连通系数。上式是对“多注多采”的情况，如果只考虑到“一注多采”的情况下，右式中的I为1即可。

2）瞬时平衡多元线性回归模型(IBMLR)

如果油藏注采时刻保持平衡，这种情形下的多元线性回归模型叫作瞬时平衡多元线性回归模型，它与平衡多元线性回归模型十分类似，也是生产井j的产液量由注入井注入量线性组合表示，并且方程也没有常数项。但是这种模型的约束条件将更为苛刻，它要求水驱油藏在每一个时刻(每天)都保持注采平衡，即油藏在每时每刻的总注入量近似等于总的产液量。正因为这种苛刻条件，因此IBMLR模型只能应用于时刻保持注采平衡的油藏，应用范围较窄，其式子如下所示：

$$\hat{q}_j(n)=\sum_{i=1}^{I}\beta_{ij}\,i_i(n)\ (n=1,\ 2,\ \cdots,\ N) \qquad (4-20)$$

该瞬时平衡模型的约束条件是：

$$\sum_{j=1}^{S} \hat{q}_j = \sum_{j=1}^{S} \sum_{i=1}^{I} \beta_{ij} i_i = \sum_{i=1}^{I} i_i \tag{4-21}$$

式(4-21)中，S 为注入井数，并且要求时时刻刻满足该条件。

最小二乘法算法计算流程：计算数据传入；循环计算对应的注水井与注水井、注水井与生产井之间的协方差，将结果保存在相应方程位置的数据结构中；计算协方差矩阵的大小，即系数矩阵大小，判断是否为零；循环，将每一列注水井与生产井协方差代替对应系数，组成新的矩阵，求解大小，并将其除以系数矩阵的结果，将结果作为连通系数保存；根据连通系数计算非平衡常数。

高斯估值法计算流程：高斯估值算法用到了概率统计的方法，并且使用了极好的约束条件，计算结果十分准确。详细流程可见图 4-13，具体的步骤如下：

(1) 高斯估值循环 M 轮，每轮 N 次，($M=15$，$N=5000$，根据计算分析，在这些循环内绝对可以结果收敛)，每次循环进行以下步骤。

(2) 按高斯分布随机取值 x，这里把峰值范围作为约束，结果不会太泛。并用 x 作为连通系数求得产液估值与实际值间的差值 d，与最小差值 $d_{\min}$ 进行比较，若比它小，则差值和 x 均取代，得到新的 x_{good} 和 $d_{\min}$。

(3) x_{good} 是否收敛，若收敛转(4)，否则再使 x_{good} 为新的 μ 值(σ 为离散程度，为固定值)，转(2)。

(4) 将 x_{good} 作为连通系数输出保存。

(5) 计算结束。

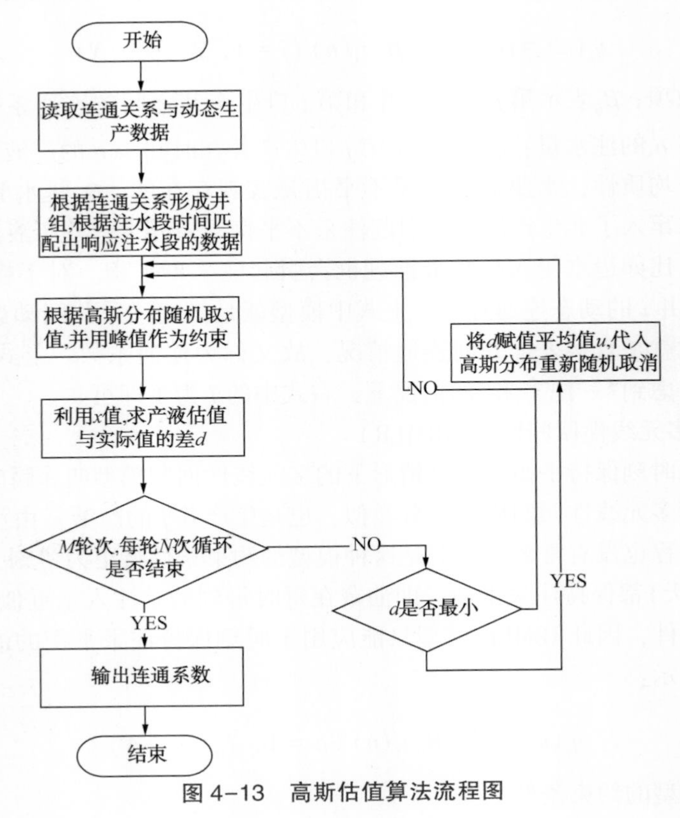

图 4-13　高斯估值算法流程图

应用效果：TK663井组为例说明多元线性回归方法的应用效果。以下比较的反演结果是用得比较准确的高斯估值的方法，另外采用示踪剂测试得到的水量分配情况对多元回归结果进行横向对比。从表4-5可以看出，多元线性回归反演的井间连通程度与示踪剂测试结果一致，图4-14表明，井组多元线性回归分析得到的注水量劈分比例与示踪剂测试的注水量分配情况一致。由此可以看出多元线性回归方法评价连通性的准确性。

表4-5　TK663井组多元线性回归法与示踪剂法对比表(测试时间2007-7-15)

油井	示踪测试结果	多元回归法反演结果
K611	连通性弱	连通性弱
K626	连通性中等偏弱	连通性强
TK635H	连通性中等偏强	连通性强
TK636H	连通性中等偏强	连通性中等偏强
S80	连通性中等偏弱	连通性中等偏弱

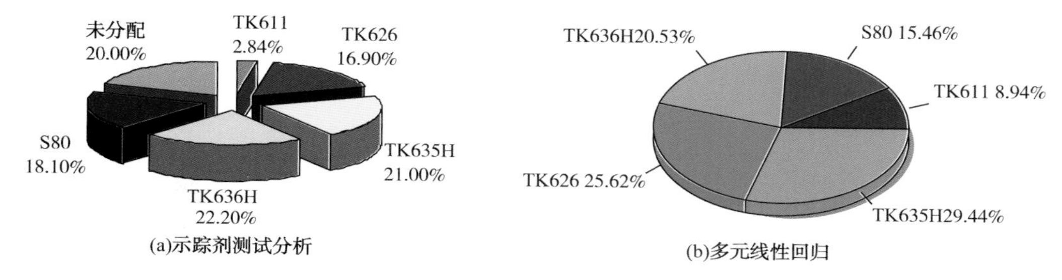

图4-14　示踪剂水量分配和多元回归法连通系数对比图

2. 电容模型法

基本原理：将注水井、井间介质以及产液井看作一个密不可分的整体，由于水电的相似性，根据电模拟的一般原理以及信号分析思想，油藏注采系统就可以规划成如图4-15所展示的模拟电路模型。

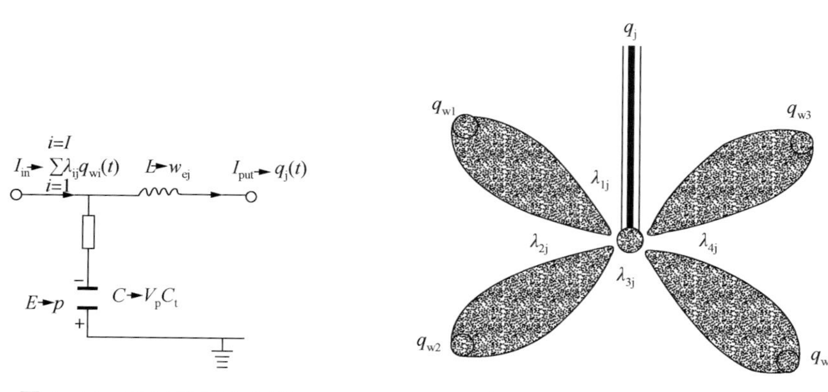

图4-15　油层等效电路图

图4-16　井间连通分布图

其中，将注水井j视为对象(图4-16)，注水井j与四口产液井相连通，在地层各个参数稳定的情况下，假设注水井j对产液井W的产液信号的窜流系数，也就是贡献权重为λ_{wj}，因此注水井对所有的产液井W产液的激励为$\sum \lambda_{wj} q_{wi}(t)$，相当于输出的电流$I_{in}$；鉴于岩石具有压缩性，这样就可以将 V_pC_t 视作为 C 电容；L 为油藏的累计注入量，也就是 W_{ej}；系统的响应电流 I_{out} 在此处可以对应为注水井在某时刻 t 的注水量 $q_j(t)$，为了便于研究，简化电容模型，暂不考虑流压的影响，由一阶振荡电路输出如下方程：

$$C_tV_p + q_j(t) - W_{ej} = \sum \lambda_{ij}q_{wi}(t) \tag{4-22}$$

式中，C_t 表征压缩系数；V_p 表征泄油孔隙体积；t 表征生产时间；$q_{wi}(t)$ 表征产液井 i 在第 t 天的油量和水量的总和。

由于油藏本身带有一定的时滞性，由 $\tau = \frac{C_tV_p}{J}$，其中 J 表征注水指数；τ 为时滞常数；由于油水井遵守质量守恒，没有事物会突然出现消失的原理，因此方程一定满足 ，式中 W_{ej} 表征液体流出或者侵入的速度，λ_{ij} 表征注水井 j 到产液井 i 的油田地层通道连通性强弱，可以称之为窜流系数或者是权重也可。

不考虑流压的井间连通性反演模型：

$$\hat{q}_j(n) = \lambda_p q(n_0)\, e^{\frac{-(n-n_0)}{\tau_p}} + \sum_{i=1}^{i=l} \lambda_{ij} i'_{ij}(n) \tag{4-23}$$

其中：

$$i'_{ij} = \sum_{m=m_0}^{m=n} \frac{\Delta n}{\tau_{ij}} e^{\frac{(m-n)}{\tau_{ij}}} i_{ij}(m) \tag{4-24}$$

式中，λ 和 τ 是原始数据的窜流系数和时滞常数，作用于估算出注水井 j 的注水量 $\hat{q}_j$。λ_{ij} 是注水井 j 和产液井 i 之间的量化后的井间连通性强弱数据，也就是窜流系数；τ_{ij} 表征注水井组中注水井与产液井之间的时滞常数；i_{ij} 为注水井组 j 中的产液井 i 的产液量，$\lambda_p q(n_0)\, e^{\frac{-(n-n_0)}{\tau_p}}$ 为注水井某时刻的不平衡常数，用于修正模型计算出的注水量。

考虑流压的井间连通性反演模型如下。

考虑流压所带来的影响，提供了电容模型的一些新的应用来表征油藏的连通性，在电容模型中，对于每一注水井组，都需要考虑两个参数：一个是 τ，代表注水井和产液井之间的时滞常数；第二个就是 λ，表征窜流系数，也就是对应注水井每一口产液井的权重系数。

考虑流压的影响后模型如下：

$$\hat{q}_i(n) = \lambda_p q(n_0)\, e^{\frac{-(n-n_0)}{\tau_p}} + \sum_{i=1}^{i=l} \lambda_{ij} i'_{ij}(n) + \sum_{k=1}^{k=K} \upsilon_{ki} \left[p_{wf_{ij}}(n_0)\, e^{\frac{-(n-n_0)}{\tau_{kj}}} - p_{wf_{ki}}(n) + p'_{wf_{ki}}(n) \right] \tag{4-25}$$

其中：

$$i'_{ij} = \sum_{m=m_0}^{m=n} \frac{\Delta n}{\tau_{ij}} e^{\frac{(m-n)}{\tau_{ij}}} i_{ij}(m)$$

$$p'_{wf_{ki}}(n) = \sum_{m=m_0}^{m=n} \frac{\Delta n}{\tau_{ki}} e^{\frac{(m-n)}{\tau_{ki}}} p_{wf_{ki}}(m)$$

式中，$p_{wf_{ki}}$ 为对应时间段的产液井 k 的流压数据，其他变量如不考虑流压的井间连通性反演模型一样。

滤波优化算法：初始化实验群体；使用高斯分布算法将每一个实验个体内的窜流系数以及时滞常数随机初始化；依次映射到使用动态数据反演井间连通性模型公式上；选取其中误

差最小的实验个体作为本次种群的最优解，并为下一轮实验群体提供基础；在上一轮的实验群体的基础上有选择的有范围的随机初始化下一轮实验群体；直到实验群体收敛，算法结束，如图 4-17 所示。

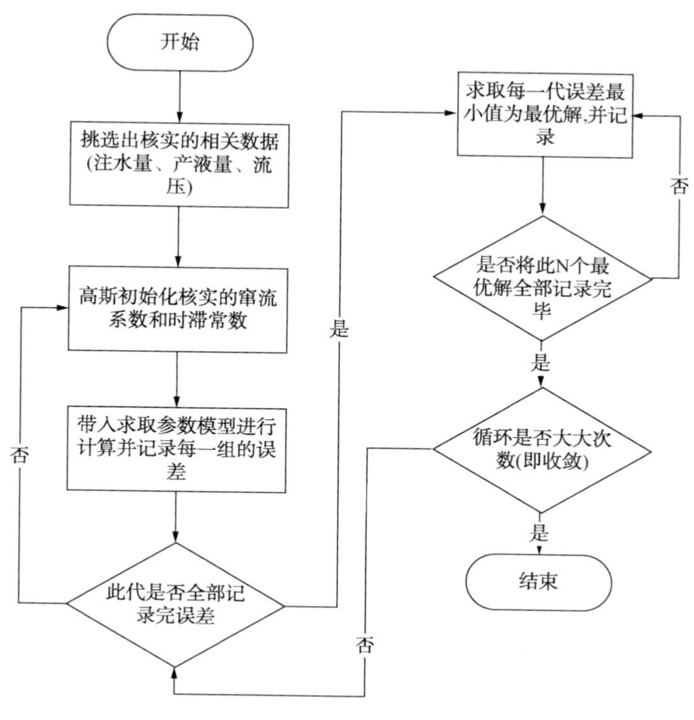

图 4-17　滤波法流程图

最优参数确定：将实验个体按高斯分布随机初始化；使用每一轮最优解的实验个体，提取实验个体中同样注水井与产液井之间的窜流系数和时滞常数，并求其均值；重新定义正态分布的均值 μ 与平方差 σ，将之映射到公式；在下一轮的实验群体中再通过已经选择过得高斯分配器，重新随机生成有范围的实验个体中相关参数 $\{\lambda_1, \lambda_2, \lambda_3, \cdots, \lambda_n\}$；计算出连通参数。

TK663 井组为例说明电容模型方法的应用效果，从表 4-6 中可以看出，电容法反演的井间连通程度与示踪剂测试结果基本一致。从注水量的劈分结果来看(图 4-18)，电容模型反演的注水量劈分比例也与示踪剂测试的结果基本吻合。因此，电容模型可以用来评价井间连通程度。

表 4-6　TK663 井组电容模型法与示踪剂法对比表(测试时间 2007-7-15)

油井	示踪测试结果	电容模型结果
TK611	连通性弱	连通性弱
TK626	连通性中等偏弱	连通性强
TK635H	连通性中等偏强	连通性强
TK636H	连通性中等偏强	连通性中等偏强
S80	连通性中等偏弱	连通性中等偏弱

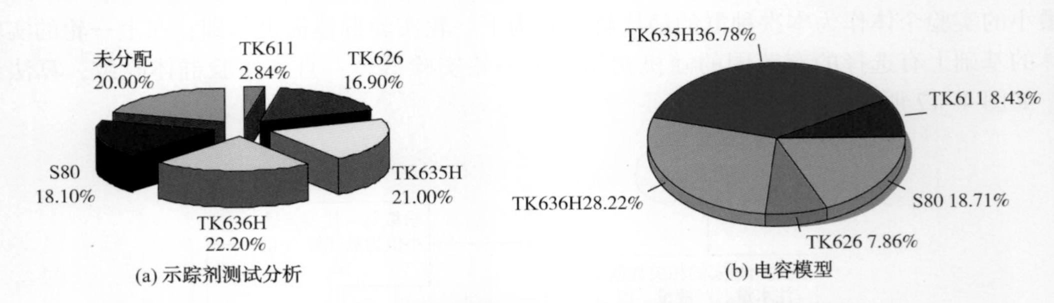

图 4-18 示踪剂水量分配和多元回归法连通系数对比图

3. 注采流动模型

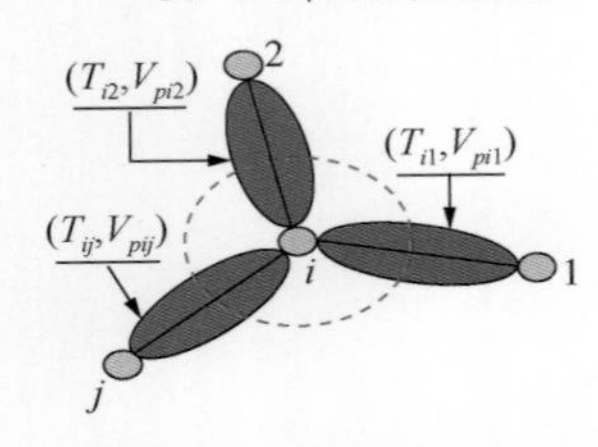

图 4-19 油藏简化模型

首先将油藏看成是由一系列井与井之间的控制单元构成(图 4-19)，控制单元内可认为是相对均质流管，而控制单元之间则是不同的流管。每个控制单元都由两个特征参数表征：传导率和控制体积。前者表征了控制单元的流动能力，后者反映了该单元的储量基础。然后以控制单元为研究对象，建立物质守恒方程，通过求解方程并结合前缘推进理论，对各控制单元进行饱和度追踪，进而计算各井的油水动态指标；最后基于反问题理论，利用最优化算法，通过对实际动态指标进行历史拟合，反求各控制单元的特征参数，包括井间连通性参数(传导率)。

在单相达西渗流条件下，流动流管节点 i 和节点 j 间的流动：

$$\sum_{j=1}^{n} \frac{\alpha k_{ij} A_{ij}(p_j - p_i)}{\mu L_{ij}} + q_i = C_t V_{pi} \frac{dp_i}{dt} \tag{4-26}$$

式中，μ_i 为原油黏度，mPa · s；k_{ij}为节点 i 和节点 j 间的平均渗透率，$10^{-3}\mu m^2$；A_{ij}为节点 i 和节点 j 间的平均渗流截面积，m^2；L_{ij}为节点 i 和节点 j 间的距离，m；p_i 和 p_j分别为节点 i 和节点 j 平均压力，MPa；q_i 为节点 i 流量，产出为负，注入为正，m^3/d；V_{pi}为节点 i 控制体积，m^3；C_t 为综合压缩系数，MPa^{-1}；t 为生产时间，d；α 为单位换算系数，取 0.0864。

传导率定义：$T_{ij}=\frac{\alpha k_{ij}A_{ij}}{\mu L_{ij}}$，其为 i、j 井点间的平均传导率，$m^3 \cdot d^{-1} \cdot MPa^{-1}$，传导率与流体黏度成反比，与节点之间的渗透率、节点间的联通体积等成正比，它反映了流体在两个节点之间的流动能力的变化，传导率越低说明节点之间的流体流动程度越低，对于油藏或井网内部来说，这个数值是节点之间的连通性的重要指标。

对式(4-26)整理可得：

$$\sum_{j=1}^{n} T_{ij}p_j - p_i \sum_{j=1}^{n} T_{ij} + q_i = C_t V_{pi} \frac{\mathrm{d}p_i}{\mathrm{d}t} \tag{4-27}$$

定义：

$$E_i = \frac{\Delta t}{C_t V_{pi}} \tag{4-28}$$

$$T_i = -\frac{\Delta t \sum_{j=1}^{n} T_{ij}}{C_t V_{pi}} \tag{4-29}$$

$$M_i = \frac{\Delta t q_i}{C_t V_{pi}} \tag{4-30}$$

将式(4-27)写成矩阵形式可表示为：

$$P^t = TP^{t+1} - M \tag{4-31}$$

所以，t+1时刻压力为：

$$P^{t+1} = T^{-1}(P^t + M) \tag{4-32}$$

这说明节点 i 和节点 j 之间的压力变化直接与两个节点之间的控制体积和传导率有关，可以根据节点之间的压力变化计算得到节点之间传导率的分布，通过归一化处理，分析井网或油藏内部井间的传导率的变化和分布。

饱和度追踪及含水率计算：油水两相流动过程中由于流管中的流动阻力与含水饱和度变化有关，这说明节点间的传导率大小与流管中的含水饱和度有关，因此需要考虑流管内部由于饱和度变化引起传导率的差异。

由于将油藏简化成一个个注采控制单元，而每一个注采单元均可看成是一个均质流管，这样就将原油藏问题转化成一系列的一维问题进行求解。由于是稳定渗流，可由前缘推进理论进行饱和度和含水率的求解。

在油井井点处，无论流过该处的累积孔隙体积倍数有多大，只要是其上游的含水率导数值大于前缘含水饱和度对应的含水率导数，则该井点处的含水率导数一定大于前缘含水饱和度对应的含水率导数值，因此该油井点不会见水；油井见水后，如果渗流方向不发生较大变化，其上游的含水率导数值不断减小，而流过该点处的累积孔隙体积倍数的倒数也是不断减小的，这确保了解的稳定性和收敛性。

在油井转注、关井、加密新井等情况下，油层内压力场将有实质性的变化，压力变化前的上游区域可能变成了下游区域，或下游区域变成了上游区域。此时 $\varphi(s_{w1})$ 应为压力变化后该时刻的上游值，C_V 为压力变化后累积孔隙体积倍数，这样计算出来的 s_w 和调整到此处的 s_w 做比较取较大的值作为该处的 s_w 值，此时对应的含水率导数取调整前后较小的值。

油层某单元的饱和度可根据其上游单元的饱和度进行计算，由此也可以认为某井点的饱和度可以由其上游井点的饱和度求得。根据这一思路，就可以逐个对井节点进行追踪，完成饱和度场的计算，进而计算产油、产水、含水率等动态指标

上述方法进行油藏动态指标的计算，具有两大优势：① 压力方程的个数与油藏井数相同，不像数值模拟中压力方程的计算与划分网格数有关，因此该方法可以快速地计算节点压力，进而获得各控制单元内的流量分布；② 整个饱和度追踪过程中都是通过半解析方法计算，且仅利用某井点的上游井点来进行求解，整个过程快速、稳定，可以采用大步长进行计算。

基于上述的计算方法，可以通过分析节点之间的压力、产量的变化，定量给出节点之间的连通性。

实例应用：基于生产动态数据反演计算得到80单元的传导率。见连通程度(传导率)分布图(图4-20)，图中的井井间的连线说明连通关系，锥体的大长短及颜色表示连通程度的大小，及锥体越长、颜色越红，则说明连通性越好。

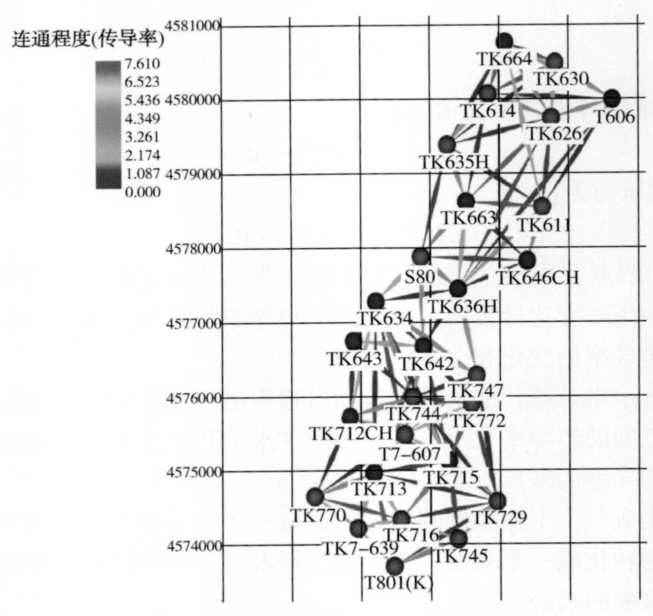

图 4-20　80 单元井间连通程度图

第三节　生产历史拟合方法

缝洞型油藏生产数据变化规律是油藏地质特征的实际反映，油藏数值模拟基于地质模型与多相流流动方程进行生产历史拟合，尽可能地与实际油藏静动态特征一致，这样降低由于地质模型不准确性产生的误差。

一、自动历史拟合新方法

生产历史拟合指的是根据含水、产量和储量与实际油藏数据的复合度变化进行的参数调整过程，一般主要的调整对象是地质模型中的模型参数例如渗透率、压缩系数、相对渗透率等，目的是数字化的油藏模型尽可能地符合实际开发状态，保证再现开发过程的正确性，为后期开发方案的预测提供基础(图 4-21)。

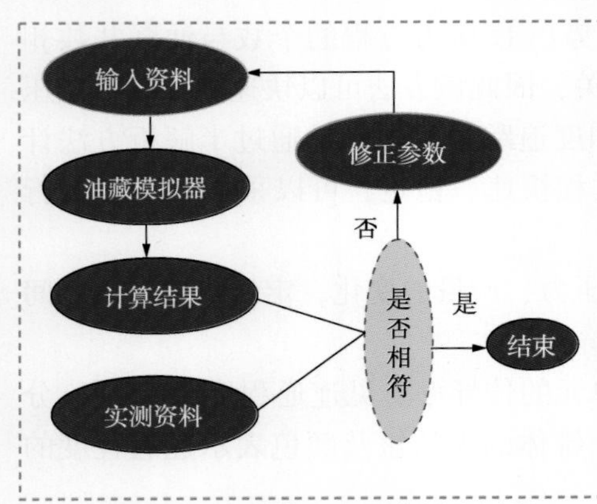

图 4-21　油藏生产历史拟合过程

历史拟合属于大规模反问题，这个过程中反演参数是多解的，不适定性强，直接求解异常困难，计算代价难以承受，这是造成现有自动历史拟合方法难以进行实际应用的主要原因。本项目以对历史拟合问题进行等效降维处理作为突破口，创立了一种基于参数降维策略的油藏模拟快速拟合方法，同时结合目前较为流行数据同化方法(EnKF 法)，形成了实际油藏辅助历史拟合问题求解方法。该方法以降低实际油藏与所建地质模型的动态变化的差异为目标，以计算机为手段，通过最优化算法自动反演和校正油藏地质模型，区块内各井和单元的生产开发指标得到匹配。

从统计意义上说，反问题的解通常符合一定的概率分布。在这里，基于贝叶斯理论来确定油藏模拟历史拟合问题的目标函数，该方法既满足了其数学上的正确性，又具有概率上的统计意义。

油藏中的静态参数如孔隙度和渗透率等可认为是符合某种概率分布的随机变量，在实际应用中多数认为其符合多元高斯型分布，其概率分布函数满足：

$$p(m) \propto \exp\left[-\frac{1}{2}(m-m_{pr})^{T}C_{M}^{-1}(m-m_{pr})\right] \tag{4-33}$$

式中，m 是由油藏参数组成的 N_m 维向量，如孔隙度、渗透率及饱和度等参数；m_{pr}是模型估计(prior mean model)；C_M 是模型参数的协方差矩阵，$C_M \in R^{N_m \times N_m}$。$C_M$ 可以根据对油藏参数的认识通过地质学方法获得，其对角元素恰好为各油藏参数的方差。

假设油田实际生产观测数据 d_{obs}与油藏模型参数 m 之间存在如下关系：

$$d_{obs}=g(m)+\varepsilon_{r} \tag{4-34}$$

式中，d_{obs}为 N_d 维向量，其包含实际观测数据如含水率、产油量、压力等；g 代表油藏系统，这里主要是指油藏数值模拟器；ε_r 为测量误差，一般符合均值为 0，协方差矩阵为 C_D 的高斯型概率分布，即 $\varepsilon_r \sim N(0,\ C_D)$。

很明显获得最小误差的过程就是油藏数值模拟的历史拟合过程。换句话说历史拟合过程符合传统的贝叶斯理论下的数据统计和数据处理过程，其中数据统计过程结果与历史拟合过程中的参数选择过程类似。数据处理过程就是降低输入数据与实际数据误差的过程，该过程也就是数据同化和也是数据降维的过程。

根据统计学原理，观测数据 d_{obs}在给定油藏模型参数 m 下的条件概率分布函数满足：

$$\begin{aligned} p(d_{obs} \mid m) &= p(\varepsilon_r = d_{obs} - g(m)) \\ &\propto \exp\left[-\frac{1}{2}(d_{obs}-g(m))^{T}C_{D}^{-1}(d_{obs}-g(m))\right] \end{aligned} \tag{4-35}$$

基于贝叶斯理论，油藏参数 m 在给定观测数据 d_{obs}下的条件概率变为：

$$\begin{aligned} p(m \mid d_{obs}) &\propto p(d_{obs} \mid m)p(m) \\ &\propto \exp\left[-\frac{1}{2}(d_{obs}-g(m))^{T}C_{D}^{-1}(d_{obs}-g(m))-\frac{1}{2}(m-m_{pr})^{T}C_{M}^{-1}(m-m_{pr})\right] \end{aligned} \tag{4-36}$$

油藏模拟历史拟合问题就是求取满足上式的最大概的油藏参数 m。换句话说，就是如何求解 m 使下面的目标函数 $O(m)$取得最小值，此时所得的油藏参数 m 称之为 MAP 估计。

$$O(m)=\frac{1}{2}(m-m_{pr})^{T}C_{M}^{-1}(m-m_{pr})+\frac{1}{2}(d_{obs}-g(m))^{T}C_{D}^{-1}(d_{obs}-g(m)) \tag{4-37}$$

基于上述的分析可以看出，拟合实际生产数据后，求解 MAP 的不仅与先验模型吻合，同时还能拟合实际生产观测数据。因此，基于贝叶斯理论得出的目标函数将观测数据和先验地质信息相结合，所得出的模型参数更符合油藏实际地质统计规律。

二、油藏流动反问题新计算

提出了油藏渗流理论反问题新的计算方法，包括参数降维法法和 EnKF 法。计算流程为敏感性分析和动态特征分析两个步骤，以敏感性分析结果为基础，调用地质模型，利

第五章　基于不准确性的油藏生产优化理论

创建基于不准确性的油藏生产优化理论，针对缝洞型油藏这种强非均质、强不准确的油藏如何进行生产优化，世界可借鉴的成功经验。通过多年的研究，创新建立基于不准确性的油藏生产优化理论与方法，建立地质模型、油藏动态模型与开发方案设计一体化的研究系统，形成优化数学模型，基于智能优化算法预测最优开发方案，实现在不准确性油藏认识条件下的油藏最优开发。

第一节　优化理论学习阶段

优化理论也叫系统优化理论，其基本思想是把研究和处理的对象看作一个系统来对待，从系统出发来研究整体和各要素、各环节间的相互关系与协调性，通过相应优化技术使系统得到最优的目标，系统一旦实现最优化，则将产生显著的技术、经济效益，因此它被广泛应用在工程技术、生产管理等。系统最优化是一种多目的性最优化，其目标包括最优计划、最优设计、最优控制、最优管理，优化理论广泛应用社会、政治、经济、科技、经营管理等。

系统优化包括四个要素：①系统与问题，明确研究的系统范围，是研究宇宙演变、经济问题还是油藏开发问题，准确设计好系统的内涵与外延。②目标函数。是系统内有机联系的数学方程。由它可找到系统中最多、最快、最省、最小、最合理等最佳目标。③约束条件。如系统中的人力、物力、财力、能量、时间、信息等限制条件。④优化技术与方法，根据不同优化问题可以选择使用多种相应的优化技术，这包括各种线性规划、动态规划、存贮论、图论、网络理论、输送规划、排队论、决策论、仿真技术等。

一、系统优化与方法

一般优化过程包括建立研究系统、目标函数、决策变量、约束条件、优化算法等五个方面，其最优化问题的数学模型的一般形式为：

$$\min f(x) \tag{5-1}$$

$$s.t. \ c_i(x)=0, \ i=1, 2, \cdots, m \tag{5-2}$$

$$c_i(x) \geqslant 0, \ i=m+1, \cdots, p \tag{5-3}$$

式中，$x=(x_1, x_2,\dots, x_n)^{\mathrm{T}} \in R^n$，$f$：$R^n$，…，$R^1$，$c_i(i=1, 2, \cdots, p)$为连续可微函数，$x$ 为决策变量，$f(x)$为目标函数，$c_i(x)$，$i=1, 2, \cdots, p$ 为约束函数(包括等式和不等式约束)。

最优化方法解决问题一般分为以下几个步骤：

(1) 提出进行优化的问题，建立研究系统。

(2) 建立求解最优化问题的数学模型，确定目标函数、变量，给出约束条件。

(3) 分析模型，选区合适的优化方法。

(4) 求解方程，编写计算程序。

(5) 最优解的分析和评价。

建立优化系统与数学模型后，最主要的任务就是优化计算，按照约束条件和目标函数对应关系，优化方法可以分为无约束优化、线性优化和非线性优化，之后又发展了多目标优化问题，优化方法在求解多目标优化问题显得更加重要。

根据约束条件存在与否：可分为无约束优化与有约束优化问题；根据目标函数和约束函数的性质：可分为线性优化与非线性优化问题；根据变量的性质：可分为连续变量优化与离散变量优化问题；根据评价函数的个数：可分为单目标优化与多目标优化问题。

1. 无约束优化

无约束优化指寻求 n 元实函数 f 在整个 n 维向量空间 R_n 上的最优解的方法。该优化方法大多是逐次一维搜索的迭代算法。其中一类算法需要用目标函数的导数，称为梯度法或解析法。另一类不涉及导数，只用到函数值，称为直接法。直接法的基本思想是：在一个近似点处选定一个有利搜索方向，沿这个方向进行一维寻查，得出新的近似点。然后对新点施行同样手续，如此反复迭代，直到满足预定的精度要求为止。梯度法是一种更优的方法，该法利用函数的梯度(一阶导数)和 Hessian 矩阵(二阶导数)构造算法，可以获得更快的收敛速度。函数$f(x)$的负梯度方向$-\nabla f(x)$即反映了函数的最大下降方向。当搜索方向取为负梯度方向时称为最速下降法。属于解析型的算法有：

(1) 梯度法：又称最速下降法，收敛速度较慢。

(2) 牛顿法：收敛速度快，但不稳定，计算也较困难。

(3) 共轭梯度法：收敛较快，效果较好。

(4) 变尺度法：这是一类效率较高的方法。

为验证对该类问题的求解方法的精度，通常采用构建实验函数方法，一般要求实验函数有十分精确的计算结果。

2. 线性约束优化

求解线性约束条件下的最大值或最小值的问题，统称为线性规划问题，其中满足线性约束条件的解叫作可行解，由所有可行解组成的集合叫作可行域。求解线性规划问题的主要算法为单纯形方法。为了提高优化速度，又有改进单纯形法、对偶单纯形法、原始对偶方法、分解算法和各种多项式时间算法等。对于只有两个变量线性规划问题，采用图解法求解，特点是直观而易于理解。

线性规划发展的主要历程为：法国数学家傅里叶和瓦莱普森分别于 1832 年和 1911 年提出线性规划的想法；1939 年苏联数学家康托罗维奇在《生产组织与计划中的数学方法》提出

线性规划问题；1947 年美国数学家丹尼斯提出求解线性规划的单纯形法；1947 年美国数学家诺伊曼提出对偶理论，开创了线性规划的许多新的研究领域，扩大了它的应用范围和解题能力；1951 年美国经济学家库普曼斯把线性规划应用到经济领域，康托罗维奇合并获 1975 年诺贝尔经济学奖；1954 年莱姆基提出对偶单纯形法，1954 年 S. 加斯和萨迪等解决了线性规划的灵敏度分析和参数规划问题，1956 年塔克提出互补松弛定理，1960 年丹齐克和沃尔夫提出分解算法等；1979 年苏联数学家卡其提出解线性规划问题的椭球算法；1984 年美国贝尔电话实验室的印度数学家卡马卡提出多项式时间算法。用这种方法求解线性规划问题在变量个数为 5000 时只要单纯形法所用时间的 1/50。

3. 非线性约束优化

具有非线性约束条件的优化称为非线性约束优化，它研究的是一个 n 元实函数在一组等式或不等式的约束条件下的极值问题，且目标函数和约束条件至少有一个是未知量的非线性函数。到目前为止，还没有特别有效的方法直接得到最优解，人们普遍采用迭代的方法求解：首先选择一个初始点，利用当前迭代点的或已产生的迭代点的信息，生成下一个迭代点，一步一步逼近最优解，进而得到一个迭代点列，这样便构成求解目标函数的迭代算法。间接法求解一是利用目标函数和约束条件构造增广目标函数，借此将约束最优化问题转化为无约束最优化问题，然后利用求解无约束最优化问题的方法间接求解新目标函数的局部最优解或稳定点，如人们所熟悉的惩罚函数法和乘子法。

对非线性约束的规划模型的优化求解常用的约束最优化方法有：

(1) 拉格朗日乘子法：它是将原问题转化为求拉格朗日函数的驻点。

(2) 制约函数法：又称系列无约束最小化方法，简称 SUMT 法。它又分两类，一类叫惩罚函数法，或称外点法；另一类叫障碍函数法，或称内点法。它们都是将原问题转化为一系列无约束问题来求解。

(3) 可行方向法：这是一类通过逐次选取可行下降方向去逼近最优点的迭代算法。如佐坦迪克法、弗兰克-沃尔夫法、投影梯度法和简约梯度法都属于此类算法。

(4) 近似型算法：这类算法包括序贯线性规划法和序贯二次规划法。前者将原问题化为一系列线性规划问题求解，后者将原问题化为一系列二次规划问题求解。

非线性规划是 20 世纪 50 年代才开始形成的一门新兴学科，这种方法的发展历程如下：

(1) 1951 年库恩和塔克发表的关于最优性条件(后来称为 KT 条件)的论文是非线性规划正式诞生的一个重要标志。

(2) 在 50 年代还得出了可分离规划和二次规划的 n 种解法，它们大都是以 G. B. 丹齐克提出的解线性规划的单纯形法为基础的。

(3) 50 年代末到 60 年代末出现了许多解非线性规划问题的有效的算法 70 年代又得到进一步的发展。

(4) 80 年代以来，随着计算机技术的快速发展，非线性规划方法取得了长足进步，在信赖域法、稀疏拟牛顿法、并行计算、内点法和有限存储法等领域取得了丰硕的成果。

4. 多目标优化

现实生活中很多重要问题的决策上都存在着多目标优化问题，如何取得这些问题的最优解，一直都是学术界关注的焦点。Pareto 首先提出了多目标优化这一概念。之后，Neumann and Morgenstern 从博弈论的角度提出了多目标决策问题。Koopmans and Tucker (1952) 从生产和分配的角度最先提出了 Pareto 最优解的概念。Schaffer（1985）提出了向量估计遗传算法（VEGA），将遗传算法和多目标优化问题结合起来，实现了智能优化算法。

一个由 n 个决策变量以及 m 个优化目标所构成的多目标优化问题可以采用以下模型进行描述：

$$\min F(x) = (f_1(x), f_2(x), \cdots, f_m(x)) \tag{5-4}$$

$$s.t. \ g_i(x) \geqslant 0, \ i = 1, 2, \cdots, k \tag{5-5}$$

$$h_i(x) = 0, \ i = 1, 2, \cdots, l \tag{5-6}$$

$$x = (x_1, x_2, \cdots, x_n) \in X \tag{5-7}$$

多目标优化算法包括：一是采用经典的线性约束最优算法，一是基于进化算法或基于粒子群优化的多目标优化算法等。在传统的多目标问题求解方法中，一般都是通过线性加权和最优法以及约束最优法，将一个多目标优化问题的多个目标函数聚合成一个目标函数，使其转化为一个单目标优化问题后再进行求解。

进化算法是通过对自然界中生物进化过程模拟提出的一种仿生智能优化方法，在对多目标优化问题求解的过程中具备着天然的优势：首先，进化算法的操作对象都是由多个个体所组成的种群，基于种群的搜索方法保证了搜索过程的多向性和全局性。在一次迭代中求取多个非支配解，通过一个反复迭代的过程不断调整个体适应度值和更新问题的非支配解集，最终得到一个适应度较高的群体，对应着问题的一个非支配解集；其次，进化算法具备较好的通用性，且在问题的求解上简单易行。例如 1994 年 Coello 提出一种多目标粒子群优化算法 MOPSO（Multiple Objectives Particle Swarm Optimization）将部分非支配解存放在外部种群中，用来指导粒子群中粒子的移动，并采用 PAES 中的自适应网格法来维护外部种群。与进化算法相似，在搜索过程中都是通过个体之间的信息交换，实现种群中的个体移动的趋向性。多目标粒子群算法一般不必根据个体之间的支配关系以及密度情况等信息进行适应度赋值，种群的更新方式也不同。

二、智能优化算法

智能优化算法指基于系统动态演化的算法及基于此类算法而构成的混合型算法。近三十年来，智能优化方法成为解决复杂优化问题最有效的方法，它通过对生物系统或自然现象的模拟来实现优化，适合于大规模并行计算。目前在理论上还远不如传统优化算法完善，从实际应用的效果看，这类新算法一般不要求目标函数和约束的连续性与凸性，甚至有时连有没有解析表达式都不要求，对计算中数据的不确定性也有很强的适应能力。

智能优化算法是一种启发式的优化算法，一般是针对具体问题设计相关的算法，理论要求不高，技术性强。对于简单的函数优化问题，经典算法比较有效且能获得函数的精确最优解，但是对于具有非线性、多极值等特点的复杂函数及组合优化问题而言，经典算法往往无能为力。智能优化计算首先对所有的生物样品赋初值；然后，按照某些规则对搜索空间中初始值进行操作和计算，得到下一组可行解；设定目标函数满足条件，保持规则不变，进行循环迭代计算，计算系统中每个个体及整体的目标函数值，直到目标函数满足设定的条件为止。该算法的搜索机制决定了方法的寻优过程具有全局性。

智能优化方法包括遗传算法（GA）、模拟退火（SA）、禁忌搜索（TS）、蚁群优化算法

(ACO)等，后来相继出现了许多基于生物进化的智能优化算法，包括粒子群优化算法(PSO)、混合分散遗传禁忌(HSGT)、分形优化方法（FOA)、列队竞争算法(LCA)、均匀布点优化方法、变异基遗传算法(MGA)、和声搜索算法(HS)、统计归纳算法(SIA)、人工鱼群算法、类电磁机制算法(EM)、人口迁移算法(PMA)、混合蛙跳算法(SFLA)等。这些新的全局优化方法的出现，表明了人们对全局优化方法的需求远未满足。

1. 遗传算法

遗传算法(Genetic Algorithm)是一类借鉴生物界的进化规律(适者生存，优胜劣汰遗传机制)演化而来的随机搜索方法。它是由美国的 J. Holland 教授 1975 年首先提出的[119]，该方法特点是直接对结构对象进行操作，不存在求导和函数连续性的限定，具有并行性和全局寻优能力；采用概率化的寻优方法，能自动获取和指导优化的搜索空间，自适应地调整搜索方向，不需要确定的规则。

遗传算法是从代表问题一个种群开始的，种群由一定数目的个体按照基因(Gene)编码规则组成。染色体作(chromosome)为遗传物质的主要载体，即多个基因的集合，其内部表现(即基因型)是某种基因组合，它决定了个体的形状的外部表现。

遗传算法特点：①遗传算法全局性：从问题解的串集开始搜索，而不是从单个解开始。传统优化算法是从单个初始值迭代求最优解的，覆盖面大，利于全局择优；②遗传算法并行特性：同时处理群体中的多个个体，即对搜索空间中的多个个体进行评估，减少了陷入局部最优解的风险，易于实现并行化；③遗传算法系统规模大：适应度函数不受连续可微的约束，而且其定义域可以任意设定，使得遗传算法的应用范围大大扩展；④遗传算法适用于不确定系统：计算中不是采用确定性规则，而是采用概率的变迁规则来指导搜索方向，因此尤其适用于不确定问题的优化求解；⑤具有自组织、自适应和自学习性。

遗传算法的不足：①编码不规范及编码存在表示的误差；②单一的遗传算法编码无法考虑所有个体的约束条件，否则将大大增加计算时间；③优化效率比其他传统的优化方法低。④遗传算法容易过早收敛。⑤遗传算法对算法的精度、可行度、计算复杂性等方面，尚无有效的定量分析方法。

2. 神经网络算法

神经网络是由大量的、简单的处理单元(神经元)广泛地互相连接形成的复杂网络系统，是一个高度复杂的非线性动力学习系统。神经网络具有大规模并行、分布式存储和处理、自组织、自适应和自学能力，特别适合处理需要同时考虑许多因素和条件的、不精确和模糊的信息处理问题。

神经网络的基础在于神经元，它是以生物神经系统的神经细胞为基础的生物模型。在人们对生物神经系统进行研究，以探讨人工智能的机制时，把神经元数学化，从而产生了神经元数学模型。每个神经元的结构和功能都不复杂，但是神经网络的动态行为则是十分复杂的；因此，用神经网络可以表达复杂系统的各种现象。

神经网络有三个要素：①形式定义人工神经元；②给出人工神经元的连接方式，或者说给出网络结构；③给出人工神经元之间信号强度的定义。

为了让这种网络有合适的权值，必须给网络一定的激励，让它自己学习、调整。一种方法称作“向后传播算法(BP)”，其基本思想是考察最后输出解和最终解的差异，调整权值，并把这种调整从输出层开始向后推演，经过中间层，达到输入层。该算法一般采用的是局部搜索，比如最速下降法，牛顿法等。要得到全局最优解，可采用模拟退火，遗传算法等，采用模拟退火算法作为学习方法称为“波尔兹曼网络”，属于随机性神经网络。

神经网络引入一个能量函数，通过神经元之间不断地相互影响，能量函数值不断下降，最后能给出一个能量比较低的解。神经网络中神经元个数众多以及整个网络存储信息容量的巨大，具有很强的不确定性信息处理能力。即使输入信息不完全、不准确或模糊不清，神经网络仍然依靠联想思维存在于记忆，形成事物完整的图像。

人工神经网络算法特点：①非线性：人工神经元处于激活或抑制二种不同的状态，在数学上表现为一种非线性关系。具有阈值的神经元构成的网络具有更好的性能，可以提高容错性和存储容量。②非局限性：一个系统的整体行为不仅取决于单个神经元的特征，而且可能主要由单元之间的相互作用、相互连接所决定。通过单元之间的大量连接模拟(如联想记忆)大脑的非局限性。③非常定性：人工神经网络具有自适应、自组织、自学习能力。神经网络不但处理的信息可以有各种变化，而且在处理信息的同时，非线性动力系统本身也在不断变化。经常采用迭代过程描写动力系统的演化过程。④非凸性：一个系统的演化方向，在一定条件下将取决于某个特定的状态函数。例如能量函数，它的极值相应于系统比较稳定的状态。非凸性是指这种函数有多个极值，故系统具有多个较稳定的平衡态，这将导致系统演化的多样性。

深度学习算法是对人工神经网络的发展，在近期赢得了很多关注，特别是百度也开始发力深度学习后，更是在国内引起了很多关注。在计算能力变得日益廉价的今天，深度学习试图建立大得多也复杂得多的神经网络。很多深度学习的算法是半监督式学习算法，用来处理存在少量未标识数据的大数据集。常见的深度学习算法包括：受限波尔兹曼机、卷积网络、堆栈式自动编码器等。

三、油田开发管理及生产优化

油田开发生产优化最早可以追溯到 1958 年，Lee 和 Aronofsky 利用线性规划解决石油开采产量优化问题，为 5 种不同的油井编制开采进度，8 年内最大化经济效益。单井的约束包括井底压力和管线容量，在求解时建立井干扰系数模型作为油藏模拟模型。1969 年，Wattenbarger 拓展了 Lee 等的研究成果，使用了真实油藏模拟模型估算油井间干扰系数，并应用于气藏开发，有效提高了气藏的采收率。

1986 年，随着数值模拟技术发展，首次使用两相油藏模拟器和差分控制理论，建立了一种用于天然水驱和注水开发方案的数值优化方法，通过油井流量的动态控制，提高了原油驱替效率，计算实例表明：净现值提高了 11%。

2002 年，荷兰 Delft 大学的 Brouwer 等人首次提出了“油藏开发生产优化控制”的概念，真正地实现了最优控制理论和三维三相隐式油藏数值模拟的结合，并基于伴随法形成了高效的梯度类求解算法，实例计算显示：优化后水驱突破时间由原来的 253 天延长到了 658 天。

油田应用开始于 21 世纪，Schlumberger 公司在 Haradh 油田对 32 口井进行早期生产优化调控，含水率由原来的 23%降低至几乎为 0，大幅提高波及效率；巴西两个海上智能油田 Brazilian 和 Brownfield 进行生产优化调控，累积产油量分别提高 12. 8%和 10. 6%；Shell 公司对位于墨西哥湾 Na Kika 深水油田群 Fourier 3 号井进行实时优化调控，得到的采收率比按常规合采方案提高了 28%。

第二节 基于不准确性的油藏生产优化理论的建立

目前油藏生产优化方法不适用，主要有以下两方面难题。

(1) 目前油藏生产优化研究主要针对地质建模精度较高的砂岩油藏，直接在油藏动态数值模型之上进行生产优化，这种直接优化方法要求地质模型具有较高的精度，生产优化才有较高的准确性，缝洞型油藏地质模型具有强不准确性，不适用。

(2) 需要建立碳酸盐岩缝洞型油藏强非均质性、强不准确性油藏的生产优化理论与配套的优化算法。古生界酸酸盐岩油气藏经过多时代沉积叠加、多期溶蚀、多期构造改造、多期充填、深埋后热液溶蚀等，储集体具有十分强的非均质性与离散性。同时加上埋藏深、地震探测信号弱、噪音大，储集体识别难，建立地质模型与砂岩地质模型相比具有太强的不准确性。需要建立大系统、多目标、多约束的配套优化算法，满足实际油田精细开发的需求。

基于不准确性的油藏生产优化理论建立。建立了基于不准确性的油藏生产优化理论，包括以下三方面具内容。

(1) 加强概念模型的开采机理研究，建立开发对策，直接指导高效开发。

由于复杂油藏的强不准确性，开展油藏数值模拟及生产优化方法，使用模型精度低、效果不理想，难以直接用于生产。提出基于概念模型的开采机理研究方法，针对不同结构的岩溶地质模型，开展物理模拟与数值模拟研究，揭示注气注气开发效果及规律，形成有效开发对策，直接指导油田高效开发。如缝注洞采、低注高采注水方式及洞顶非混相气驱方式。

(2) 大系统实时优化理论，减小油藏表征不准确性。

直接用油藏数值模拟后动态模型进行生产优化，不准确性强，针对这一问题：建立地质模型、动态模型与方案设计的大系统研究方法，融合地球物理模型、地质模型和油藏动态模型信息，油藏静态、动态一体化研究，形成基于地球物理模型、地质模型和油藏动态模型的生产历史拟合与生产优化为一体的系统研究方法，以油藏生产最优为目标，实现油藏研究的整体化、系统化，减小地质模型不准确引发生产优化基础不准确。同时，强调实时生产历史拟合来更新油藏模型，并以更新后的模型进行后期生产优化，油田实施后，再生产拟合，再生产优化，使油藏实时处于最优控制状态，实现油藏实时最优化开发。

(3) 多个不准确地质模型的鲁棒优化理论。

针对单一地质模型进行生产优化得到的结果不准确性强、风险性大的问题，提出了基于多个不准确模型鲁棒优化方法，与单一模型优化方法的区别在于是基于若干个条件符合地质模型进行鲁棒优化，目的也是获得一个最优方案，但该方案对于任意一个模型都能改善开发效果，因此应用鲁棒优化方法对油藏进行生产优化能够有效降低开发风险。

方法体系：缝洞体不同结构概念模型的物理与数值实验方法与技术在这里不做介绍，重点介绍油藏生产优化理论方法体系，包括基于数值模拟方法与油藏工程方法(图 5-1)。数值模拟方法包括单个地质模型与多个准确地质模型，分别建立多指标优化方法与鲁棒优化方法，基于不同的数学模型形成优化算法。油藏工程方法是建立单井控制储量及井间连通参数，建立基于物质平衡的水驱油数学模型，形成对应的梯度优化算法。基于油藏数值模拟方法优势是缝洞体空间分布明确，剩余油针对性强，增产目标清晰，基于油藏工程方法输入参数少，生产历史拟合快，生产优化快捷。技术应用中依据油田资料及研究时间周期，选择适合的方法。

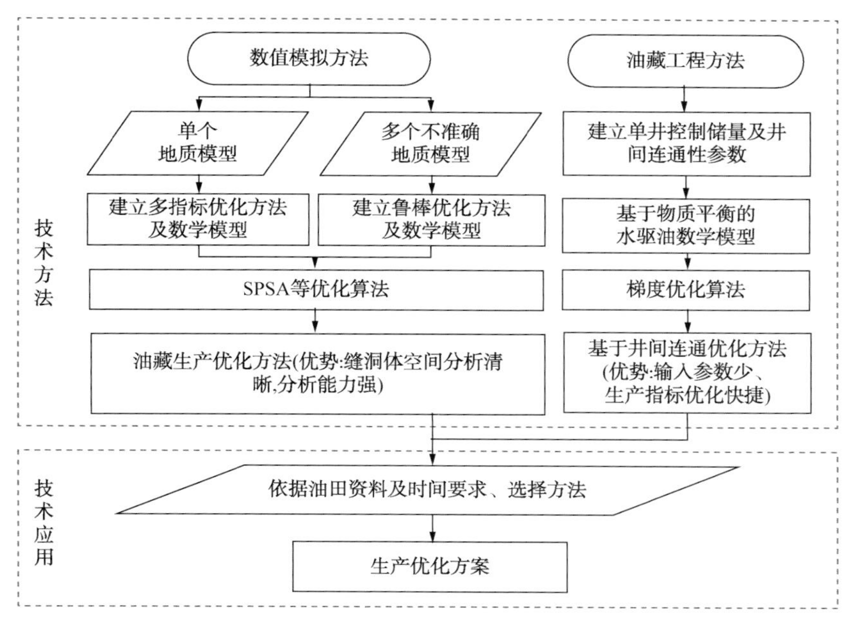

图 5-1　油藏生产优化理论方法体系

基于不准确性的油藏生产优化理论在新疆塔河碳酸盐岩缝洞型油藏应用，应用效果显著。

(1) 基于概念模型的注水开采机理研究，结合生产实践，创建了缝洞型油藏注水开发方法。基于不准确性理论研究，结合概念模型物理实验与数值实验，首次提出“时空差异性”注水方法，空间上：缝注洞采、低注高采、同层注采；时间上：早期试注，之后温和注、周期注，后期注水压锥、换向驱油，实现缝洞型油藏高效注水，此方法已在缝洞型油藏广泛推广应用，油田已累增油 503×10^4t 以上。

(2) 基于概念模型的注气开采机理研究，创建了注氮气“气顶驱”提高采收率方法。缝洞型油藏注水井逐渐失效后，下一步提高采收率方法是什么？2012 年初突破“塔河地下不能混相、不宜注气”认识，通过溶洞内注气数值模拟研究，首次揭示注入气重力分异、驱替洞顶油机理，提出注氮气“气顶驱”提高采收率方法。目前，塔河已实施气顶驱阶段增油 151.2×10^4t，新增可采储量 388×10^4t，提高采收率 2.25 个百分点。

(3) 基于地震预测模型+地质模型+方案设计大系统优化方法，及多模型鲁棒优化方法，实现变强度注采、流势调整、精准注水，使多井组间均衡注水、靶向受效，累积增油量 10.2×10^4t。

(4) 基于静动态一体化研究方法，形成了缝洞型油藏开发中后期新井部署方法。针对缝洞型油藏地老区水窜气窜严重，老区“能不能布井，怎样布井”的关键问题，基于建模数模一体化系统研究，揭示底水沿大断裂水窜的规律，阐明了井间隆脊缝洞体剩余油大量富集的新认识，建立了老区优选隆脊、避水、避气等 11 条布井原则。塔河油田 6 区示范区方案实施后，投产 7 口井，建产率 100%，平均单井日产油量 23.7t/d，较近年同期单井能力提升约 30%。

第六章　基于概念模型揭示开采机理

由于缝洞型油藏不准确性强，提出基于概念模型的开采机理研究，针对不同结构的岩溶地质模型开展物理模拟与数值模拟研究，直接揭示不同开发方式、注水、注气开发效果及规律，形成对应的开发对策与模式，指导油田高效开发。

第一节　未充填缝洞注采机理

一、基岩储渗能力小、不是有效储层

面临的开采问题：塔河油田碳酸盐岩基岩储集空间大小与流动性能。

实验设计：塔河油田奥陶系碳酸盐岩岩心 CT 扫描、扫描电镜、核磁共振、压汞等实验测量。

实验结论：塔河缝洞型油藏基岩孔隙度一般小于 2%，渗透率一般小于 $0.2\times10^{-3}\mu m^2$，属于特低渗特低孔储集性，储渗能力非常小，不是有效储层(图 6-1～图 6-3)。

开发对策：溶洞、裂缝和孔洞是缝洞型油藏重要储集空间，是高效开发的主要研究对象。

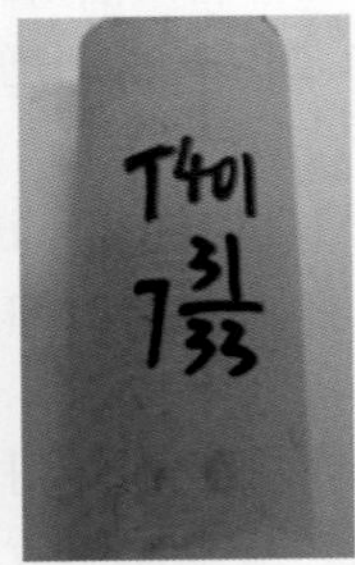

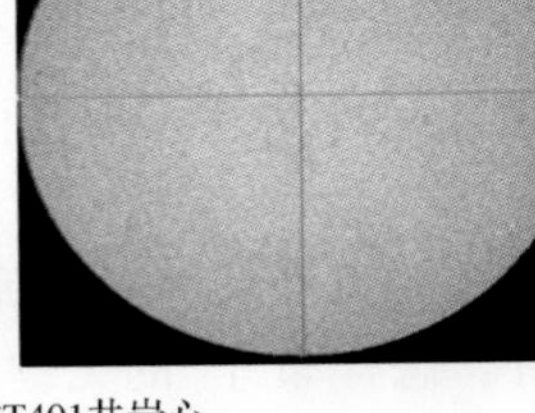

(a) CT扫描T401井岩心
K=0.0207×$10^{-3}\mu m^2$，ϕ=1.08%

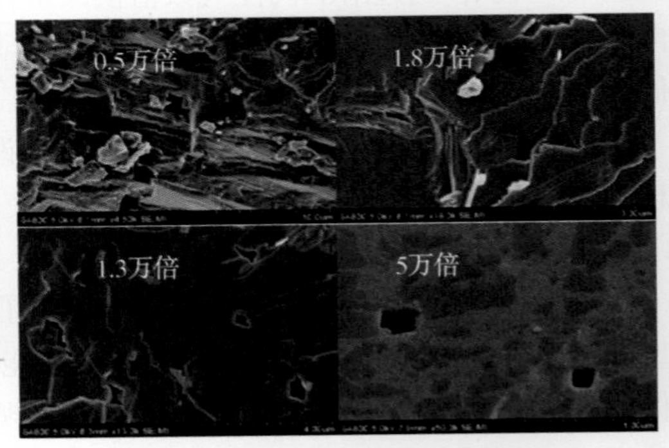

(b) 扫描电镜–基岩内孤立孔隙

图 6-1　基岩岩心 CT 与扫描电镜

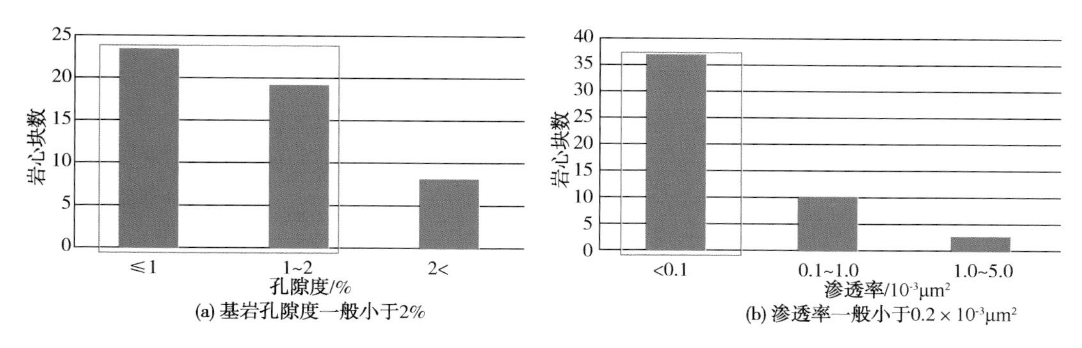

图 6-2　岩心孔隙度与渗透率测量

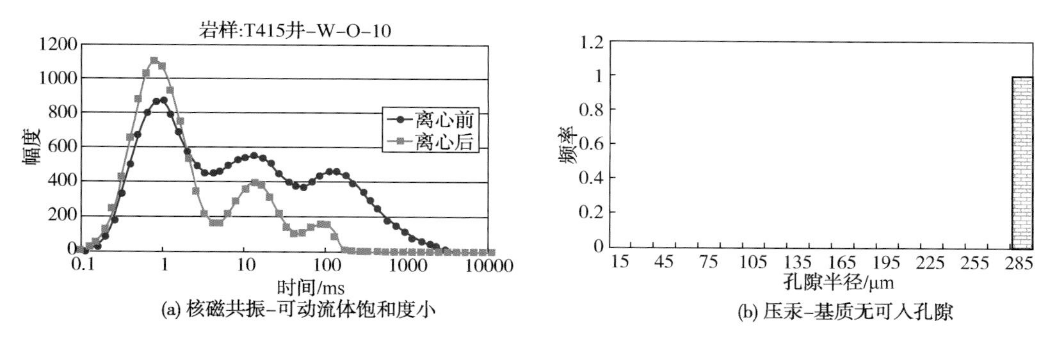

图 6-3　基岩岩心核磁共振与压汞实验

二、生产井位置决定溶洞内原油采出程度

面临的开采问题：生产井位置是否与溶洞内原油采收率有关系。

实验设计：一口生产井打在一个高孔高渗溶洞的不同位置，溶洞底部存在底水，模拟对比生产过程与采收率。

开采规律：生产井与溶洞的配置关系决定原油采收率，井打在溶洞顶部位几乎可以采出全部油储量、采收率高；打在中部、低部位时，井位之上会形成大量的阁楼油、采收率低（图 6-4~图 6-7）。

开发对策：生产井位要设计在溶洞顶部、采收率高。

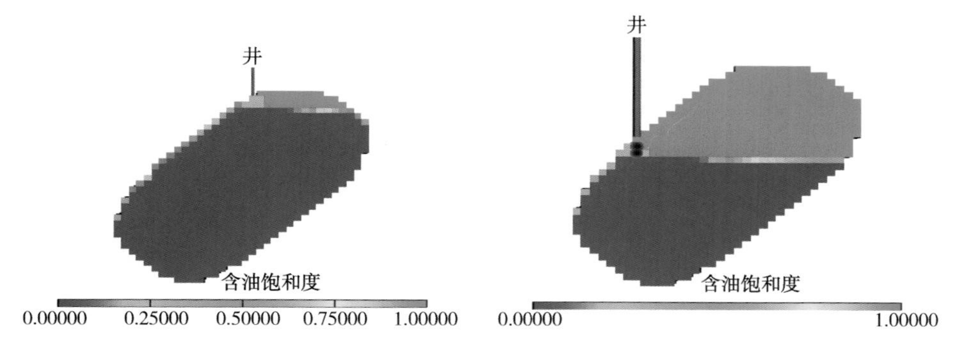

图 6-4　井打在顶部与中部高含水后饱和度对比

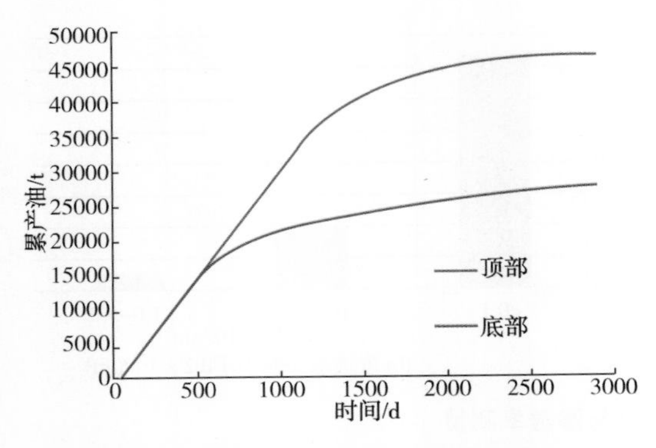

图 6-5　井打在顶部与中部累产油对比

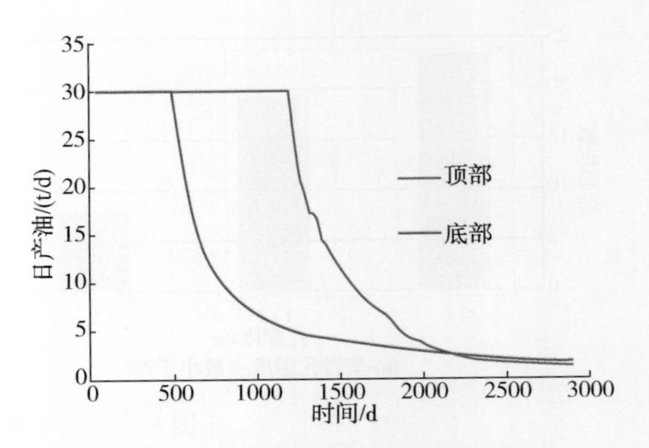

图 6-6　井打在顶部与中部日产油对比

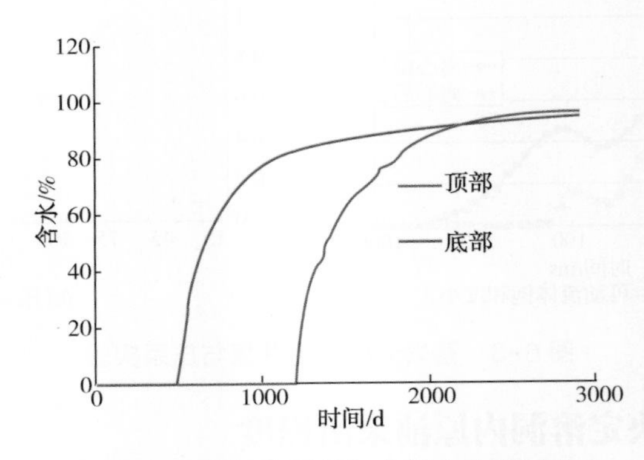

图 6-7　井打在顶部与中部含水率对比

三、注水驱油是增产重要手段

面临的开采问题：如何采出更多的缝洞体内原油。

实验设计：两溶洞通过裂缝沟通，采油井设计在左侧溶洞上，左侧溶洞底部沟通底水，注水井设计在右侧溶洞上，生产井采油含水后，注水井注水补充能量驱油(图 6-8)。

开采规律：左侧溶洞水淹后右侧溶洞原油没有动用，右侧溶洞注水后原油大量采出，注水补充能量、驱油效果好，能够采出更多的缝洞体内原油(图 6-9)。

开发对策：注水驱油采出更多的缝洞体内原油。

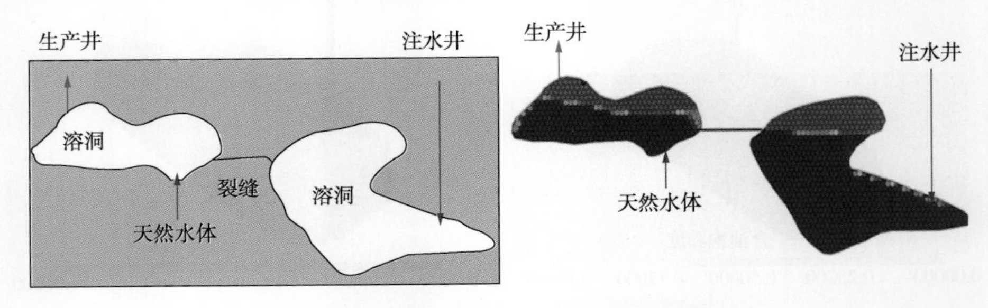

图 6-8　模型设计与注水驱油剩余油图

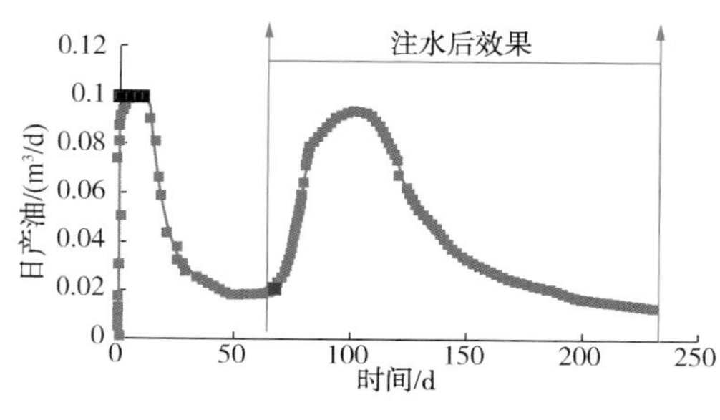

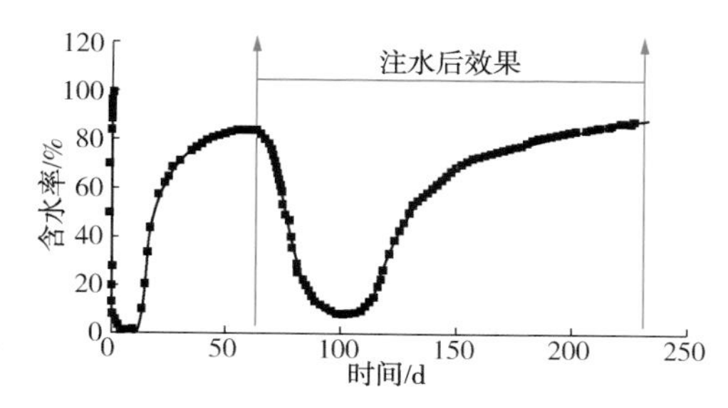

图 6-9　注水驱油前后日产油、含水率曲线

四、注水“低注高采”效果好

面临的开采问题：大型溶洞体如何注水与采油、使原油采收率最高。

模型设计：两口油井，一口位于溶洞高部位，另一口位于溶洞低部位。设计低部位注水高部位采油(低注高采)和高部位注水低部位采油(高注低采)两种模型，分析剩余油分布，模型初始时充满油。

开采规律：高注低采时，注入水在溶洞底部聚集，近水平抬升，到达低部位油井井底时被采出，井底之上的原油不能被采出。低注高采时，注入水在溶洞内水平抬升，高部位油井井底之上形成动顶剩余油。低注高采驱油效果好于高注低采(图 6-10、图 6-11)。

开发对策：注水低注高采、采收率高，是缝洞型油藏普适性开采对策。

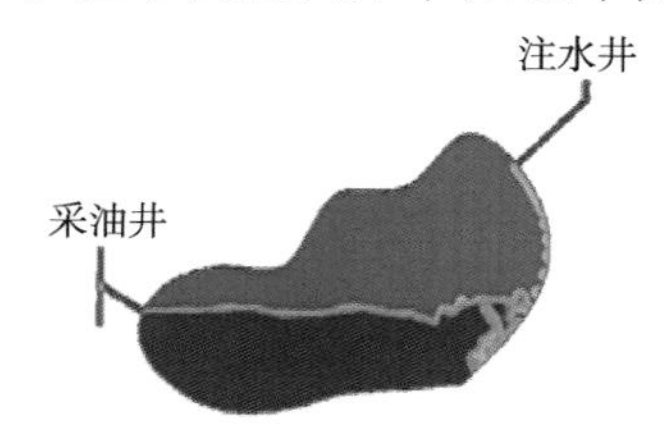

图 6-10　高注低采剩余油分布

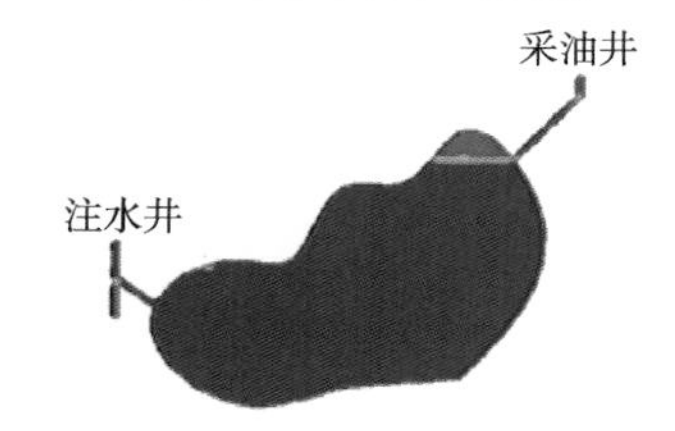

图 6-11　低注高采剩余油分布

五、注水“缝注洞采”效果好

面临的开采问题：注水后易沿大裂缝水窜，如何利用缝洞组合关系，高效注水。

模型设计：依据垮塌溶洞的地质特征，设计模型，模型左半部分为溶孔区，发育有近水平裂缝；右半部分为未充填溶洞，裂缝与溶洞沟通。在左侧溶孔区、右侧溶洞各种设计一口井，左侧井与裂缝沟通，右侧井与溶洞沟通。模型初始时充满油，缝注洞采是指沟通裂缝的井注水沟通溶洞的井采油(图 6-12)；洞注缝采是指沟通溶洞的井注水，沟通裂缝的井采油(图 6-13)。

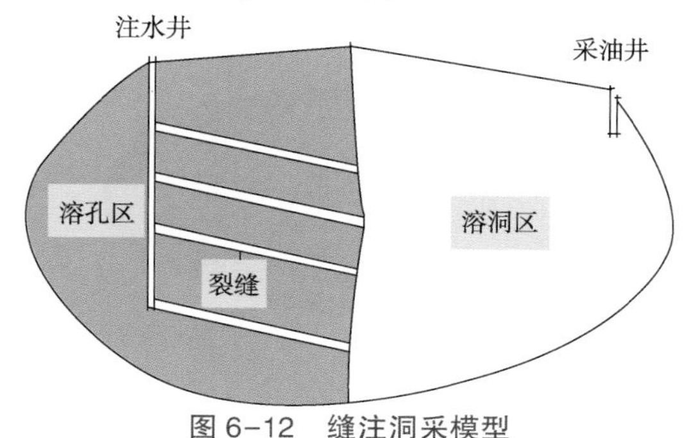

图 6-12　缝注洞采模型

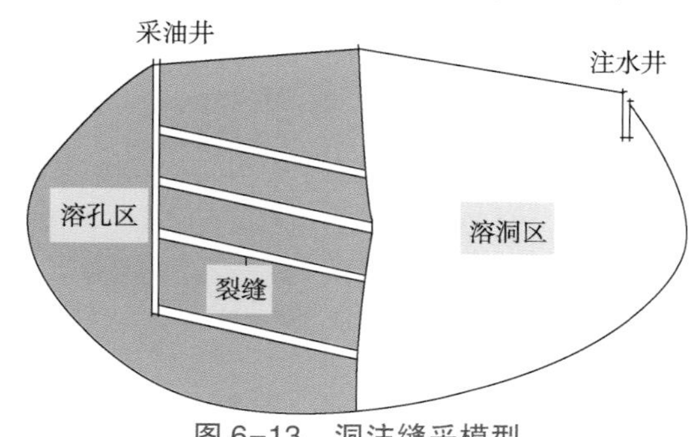

图 6-13　洞注缝采模型

开采规律如下：

（1）缝注洞采：注入水进入左侧溶孔区后，从溶孔区最低裂缝流入溶洞，逐步从底部向上驱油。溶洞内油水界面到达采油井井底位置后，产油基本停止。溶洞区内高于井底的溶洞顶部的油不能驱出(图6–14)。由采油井采油曲线(图6–16)和油水分布(图6–14)可以看出：注入水沿底部裂缝进入溶洞底部，上部裂缝没有起到通道作用，采油井在油水界面到达井底前未出现含水现象。

（2）洞注缝采：水进入右侧溶洞后，由于密度差水向溶洞底部运动，逐步从底部向上驱油。溶洞内水到达最低裂缝处时，水沿着优势通道窜进，采油井油水同出，直到油水界面到达最高裂缝位置后，产油停止。溶洞区内高于溶孔区最高裂缝区的油不能被驱出(图6–15)。由采油井产油曲线(图6–17)和油水分布(图6–15)可以看出：注入水到达最低裂缝后，水沿着优势通道窜进，采油井开始大量产水，含水出现大幅度波动，水达到更高位置裂缝后，只产水。

开发对策：缝注洞采采收率高于洞注缝采，缝洞组合储集空间宜采用缝注洞采注采方式。

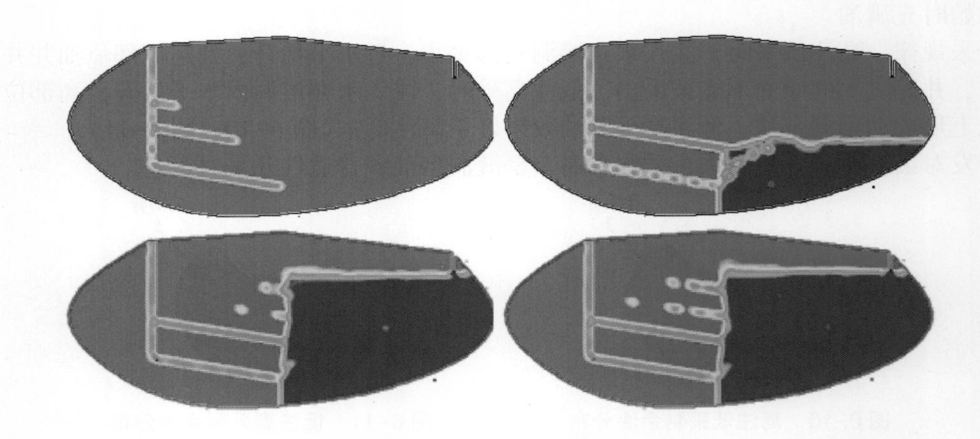

图6–14　缝注洞采模型不同时刻油水分布

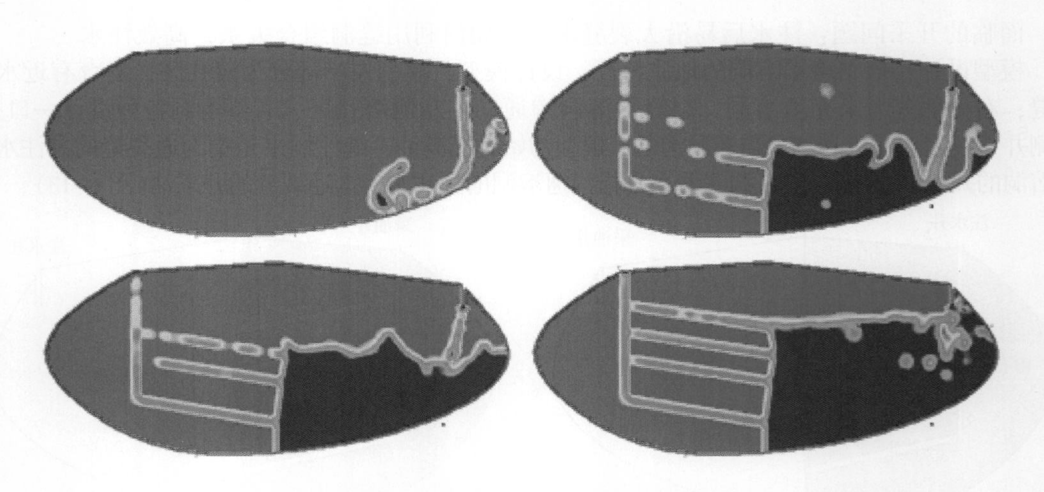

图6–15　洞注缝采模型不同时刻油水分布

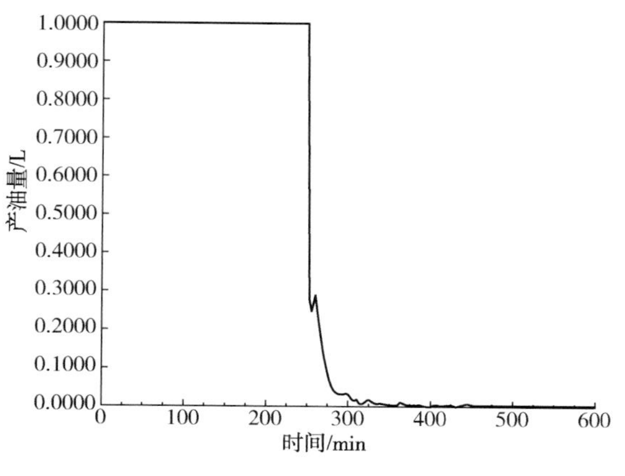

图 6-16　缝注洞采采油井油量

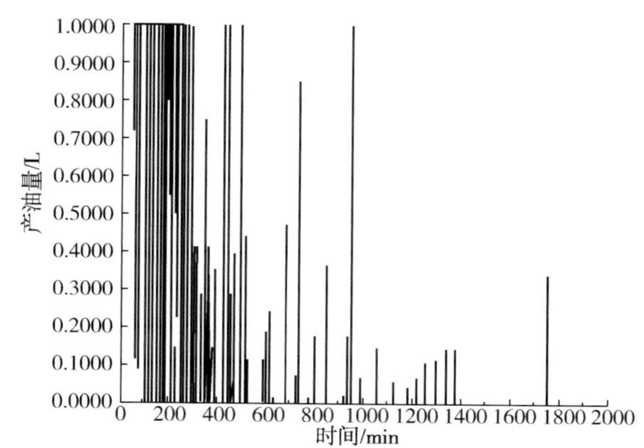

图 6-17　洞注缝采采油井油量

六、注水“同层注采”效果好

面临的开采问题：多层溶洞，混注还是分层注水效果好。

模型设计：依据地质模型(图 6-18)，建立多层地下河模型，进行两层混注混采、注采下层再注采上层，分析注采效果。

开采规律：混注效果差，由于受重力影响、下层驱油，上层油动用难。同层注采效果好：先注采下层、再注采上层，驱油效果、采收率高(图 6-19、图 6-20)。

开发对策：同层暗河注采。

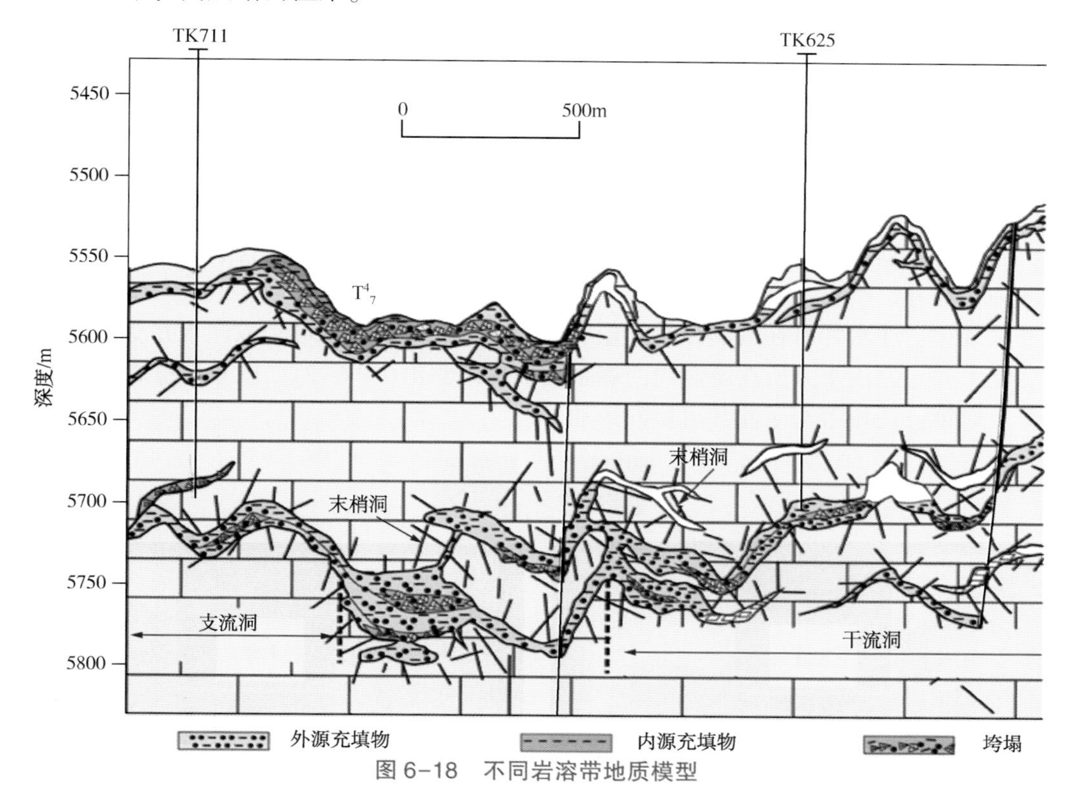

图 6-18　不同岩溶带地质模型

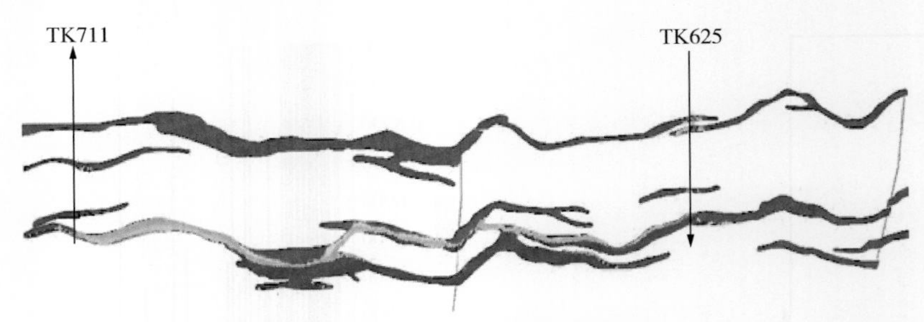

图 6-19　笼统注水后剩余油分布

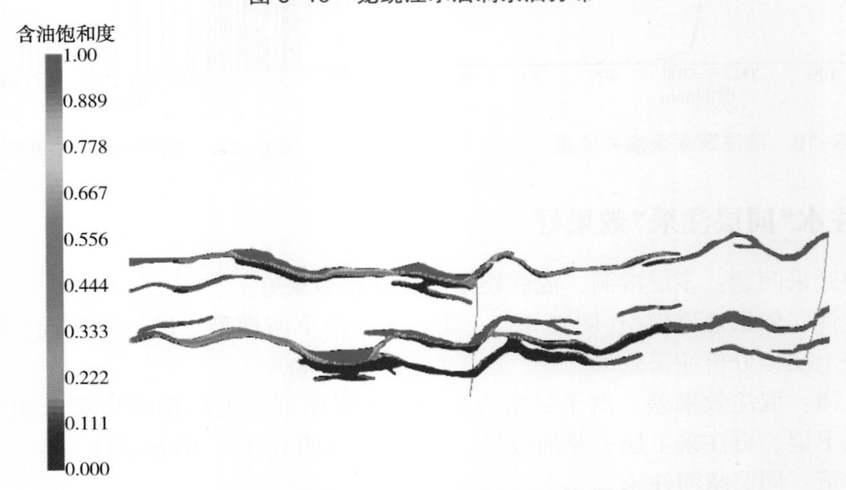

图 6-20　注采下层后注采上层方式剩余油分布

七、注水“换向驱油”效果好

面临的开采问题：注水井与采油井是否可以改变注采关系，注采井交换，实现变向驱油，提高采收率。

模型设计：两口井都钻遇在溶洞上，两个溶洞通过裂缝沟通，左侧溶洞顶部设计一口采油井，右侧溶洞顶部设计一口注水井，模型初始时充满油，采油井高含水后改为注水井，注水井改为采油井。

开采规律：注水井所在溶洞存在大量剩余油，采油井水淹后可采取注水井变采油井、采油井变注水井，原注水井所在溶洞内的剩余油被反向驱出(图 6-21、图 6-22)。

开发对策：两相溶洞采油井可换向采油。

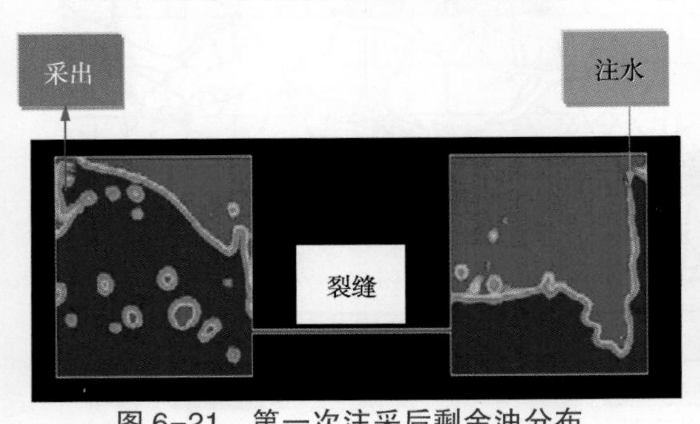

图 6-21　第一次注采后剩余油分布

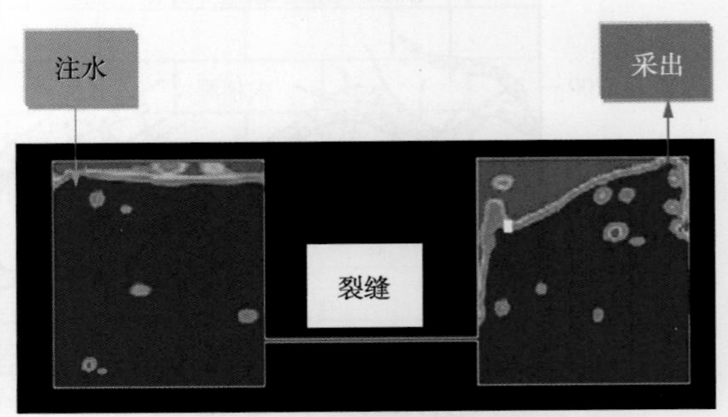

图 6-22　注采井换向后剩余油分布

八、“洞顶气驱”提高采收率

面临的开采问题：如何开采阁楼剩余油(或称洞顶油)。

模型设计：注水井采油井均未钻遇溶洞最高点，低注高采、高注低采都形成洞顶剩余油。①高部采油井不变，低部位注水井改注气井(图6-23)；②低部采油井不变，高部位注水井改注气井(图6-24)。

开采规律：低部位井进行注气，注入气在重力作用下聚集在溶洞顶部，向下驱动剩余油，被高部位采油井采出(图6-23)。高部位注气在溶洞顶部聚集，形成气顶(图6-24)，驱动溶洞内原油向下运移，从而从低部位油井采出。无论低部位注气还是高部位注气，都能在溶洞内形成气顶，起到驱油效果好的形成洞顶向下驱油。

开发对策：突破塔河油田“不混相不增油”的认识，首次提出注氮气洞顶驱机量，提高溶洞采收率

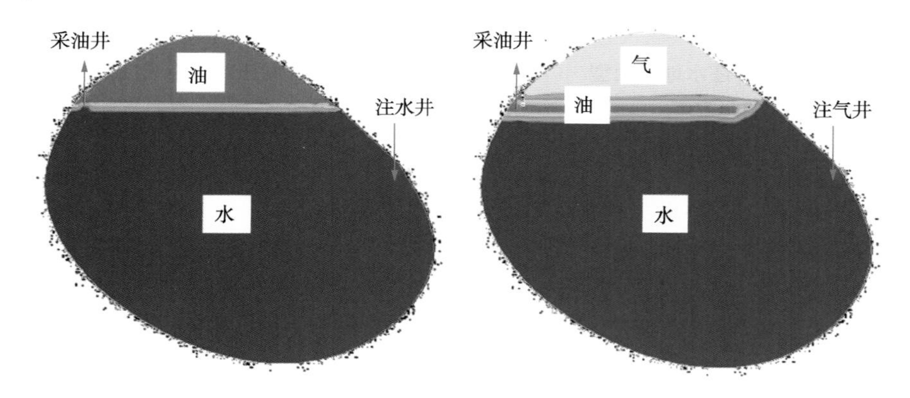

图6-23　低注气高采初始与注气后剩余油分布

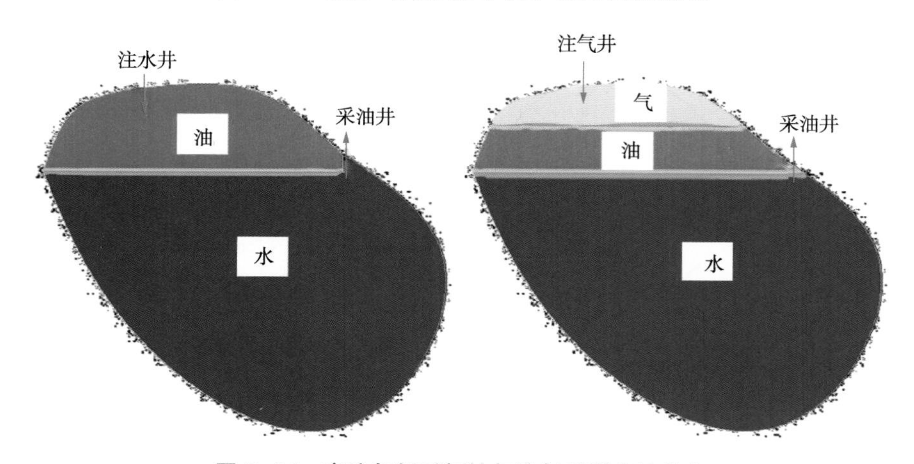

图6-24　高注气低采初始与注气后剩余油分布

九、“变强度注水”效果好

面临的开采问题：变强度注水是否可以提高波及效率、提高采收率。

模型设计：两口井都打在溶洞上，两个溶洞通过裂缝沟通，左侧溶洞顶部设计一口转注

井，右侧溶洞顶部设计一口生产井(图 6-25)，模拟变强度注水的开发效果。

开采规律：变强度注水与常规连续注水相比累产油得到提高，分析认为：变强度注水扩大了波及体积，采收率得到提高(图 6-26)。

开发对策：采用变强度注水方式，包括周期注水、脉冲注水、不稳定注水等。

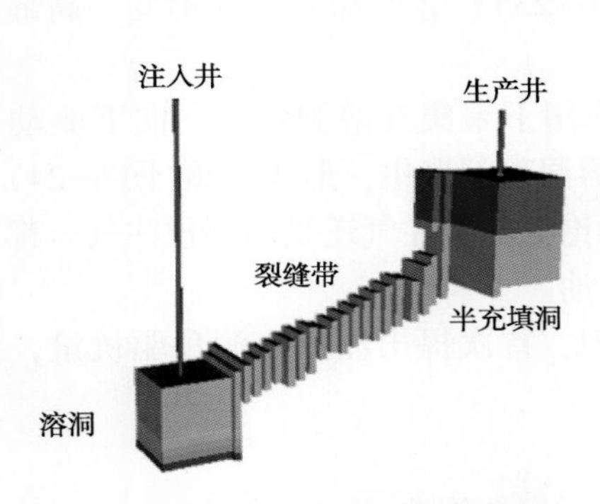

图 6-25　变强度注水地质模型

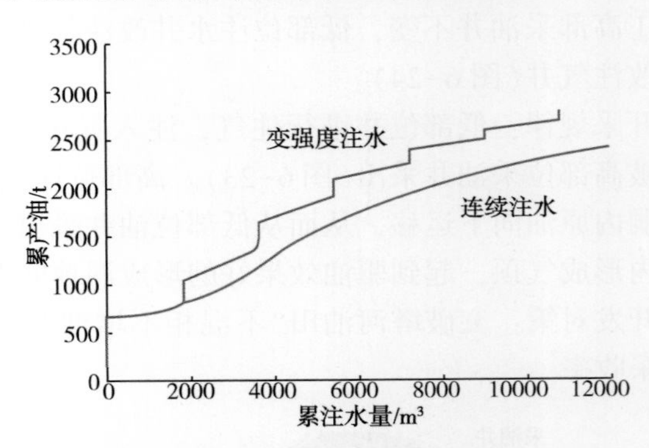

图 6-26　变强度注水与连续注效果对比

十、无驱动力的洞边洞存在剩余油

面临的开采问题：无驱动力的洞边洞是否存在大量剩余油。

模型设计：两个溶洞通过裂缝沟通，两溶洞不在同一高度(图 6-27、图 6-28)。采油井钻遇左侧溶洞，且该溶洞有底水，与钻遇溶洞通过裂缝沟通的溶洞没有底水。模型初始时充满油。

开采规律：底水进入溶洞后逐步从底部向上驱油，井底之上的油不能被采出。右洞无论是高还是低，洞中油无法被动用，和与左侧溶洞的相对位置无关(图 6-29)。

开发对策：打新井动用新洞储量或侧钻。

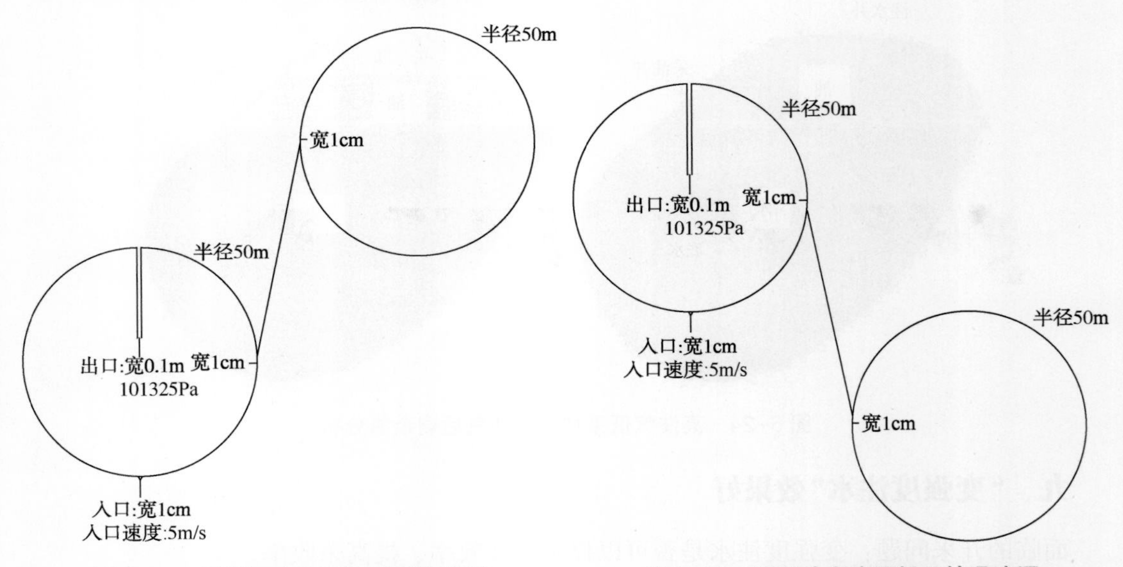

图 6-27　无驱动力溶洞高于钻遇溶洞　　图 6-28　无驱动力溶洞低于钻遇溶洞

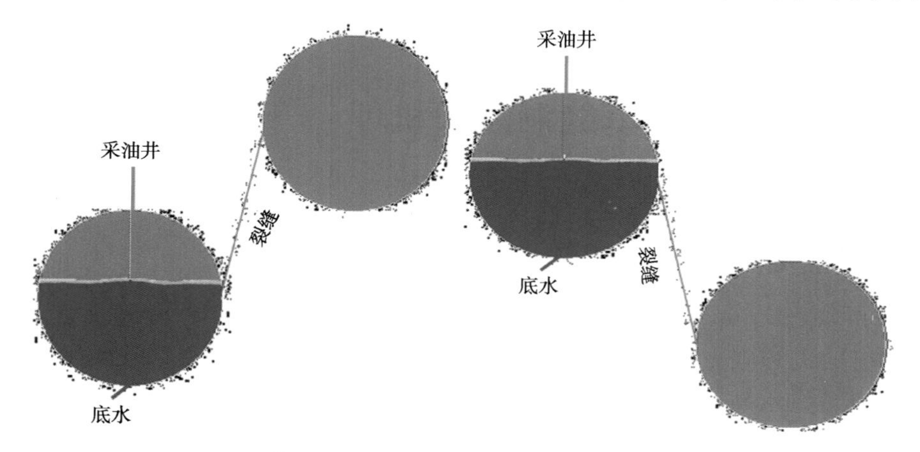

图 6-29　无驱动力溶洞剩余油分布

十一、出口端位置决定溶洞剩余油量

面临的开采问题：复杂缝洞组合中，溶洞剩余油注控制因素是什么。

模型设计：有底水的两个溶洞通过裂缝沟通，初始时刻充满原油，采油井钻遇左侧溶洞，右侧溶洞沟通底水(图 6-30)。设计不同的裂缝接触位置，分析剩余油与裂缝接触位置的关系。

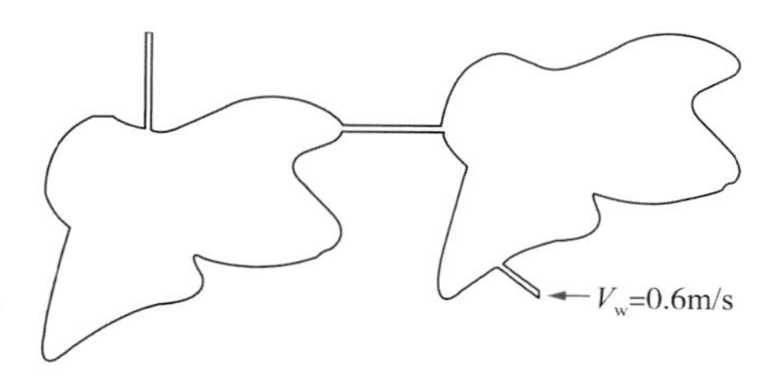

图 6-30　两个溶洞通过裂缝沟通底水模型

开采规律：右洞中油剩余量多少和缝与洞的连接位置有关，底水到达缝的位置后油被封在顶部形成剩余油。左侧溶洞内剩余油多少由出口(井底)位置决定(图 6-31)。

开发对策：注气动用采油井钻遇溶洞内的剩余油，侧钻动用来钻遇溶洞内的剩余油。

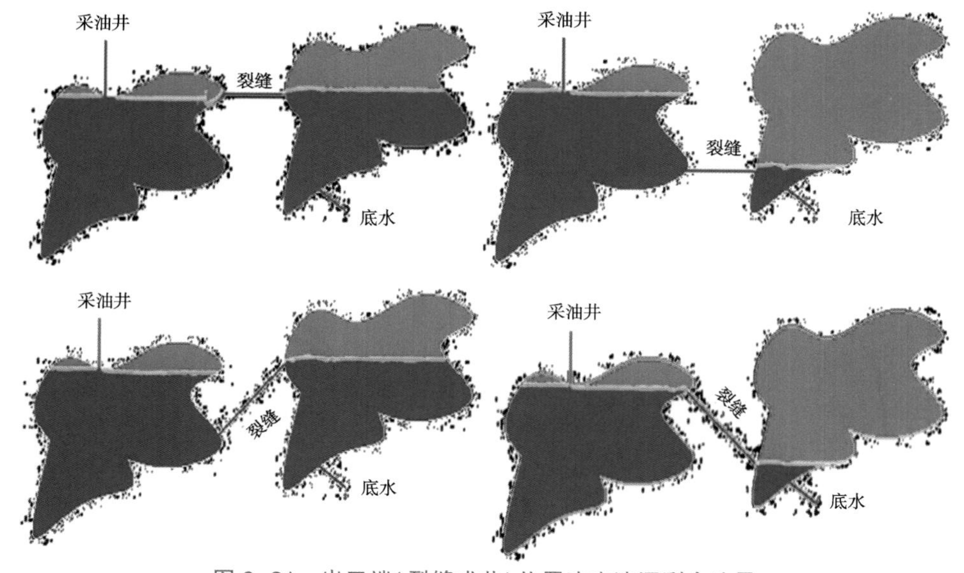

图 6-31　出口端(裂缝或井)位置决定溶洞剩余油量

第二节　充填缝洞注采机理

一、单溶洞低注高采驱油效果好

面临的开采问题：单充填溶洞如何注采提高采收率。

模型设计：不规则充填溶洞部署注采井，考虑无底水、有底水两种情况。每种情况下，设计低部位注水高部位采油（低注高采）和高部位注水低部位采油（高注低采）两种模型（图 6-32），对比采油井生产特征，模型初始时充满油。

开采规律：低注高采采油井稳产时间长、见水时间晚、累产油高，无底水模型略好于有底水模型（图 6-33、图 6-34），模型剩余油分布如图 6-35 所示。

开发对策：低注高采采收率高，开发效果好。

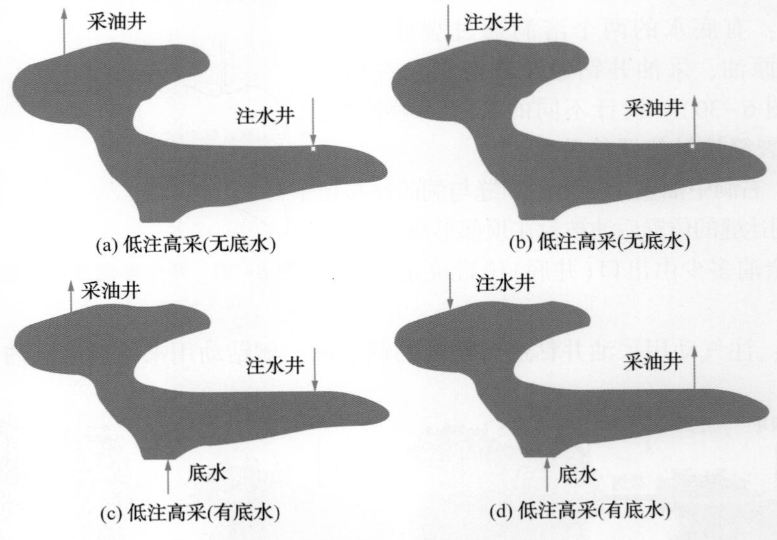

图 6-32　不同注采位置模型

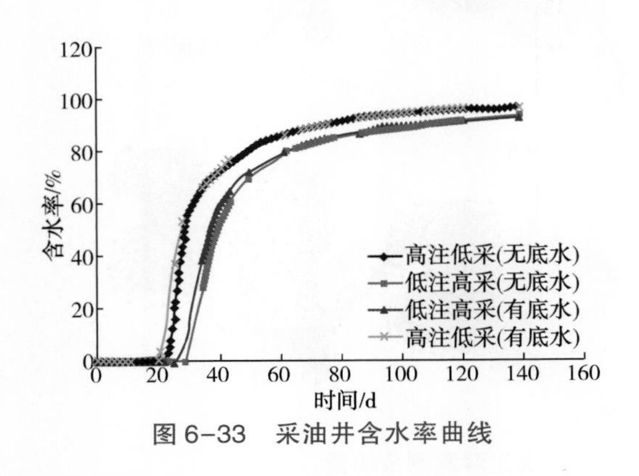

图 6-33　采油井含水率曲线

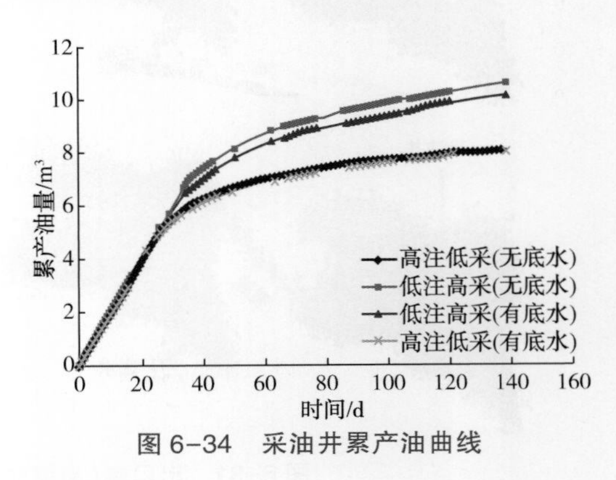

图 6-34　采油井累产油曲线

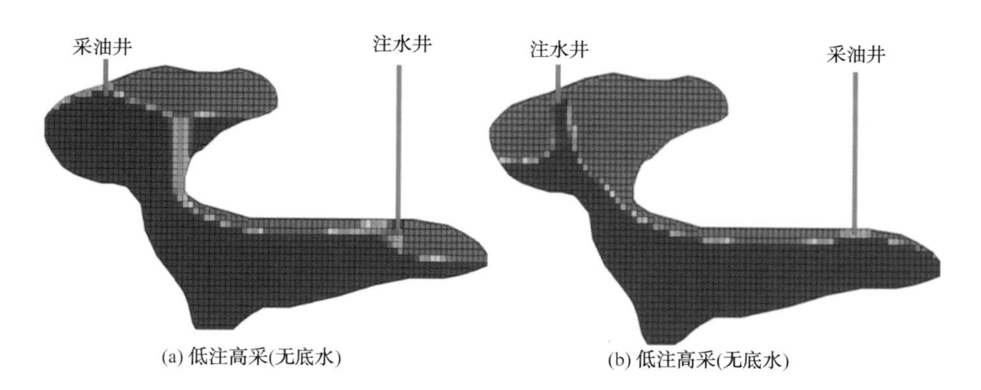

(a) 低注高采(无底水)　　(b) 低注高采(无底水)

图 6-35　模型剩余油分布

二、两溶洞低注高采驱油效果好

面临的开采问题：两充填溶洞如何注采提高采收率。

模型设计：两溶洞通过裂缝沟通，模型无底水。溶洞间裂缝渗透率设置为 $1000\times10^{-3}\mu m^2$，设计高部位采油低部位注水、低部位采油高部位注水（图 6-36），无底水条件下，对比采油井生产特征，模型初始时充满油。

开采规律：低注高采无水采油期长，累积产油量高，开发效果好于高注低采好（图 6-37、图 6-38），模型剩余油分布如图 6-39 所示。

开发对策：低注高采采收率高。

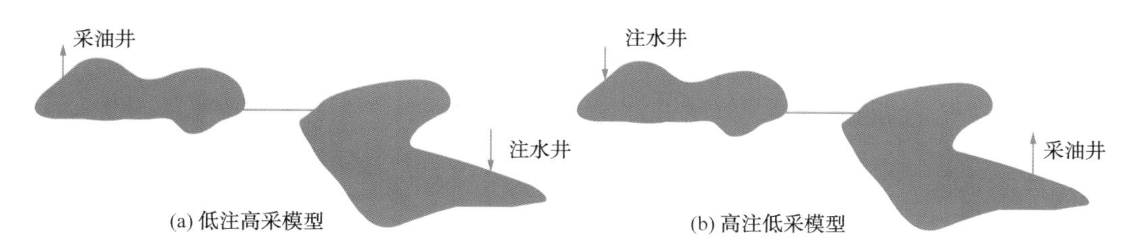

(a) 低注高采模型　　(b) 高注低采模型

图 6-36　模型结构

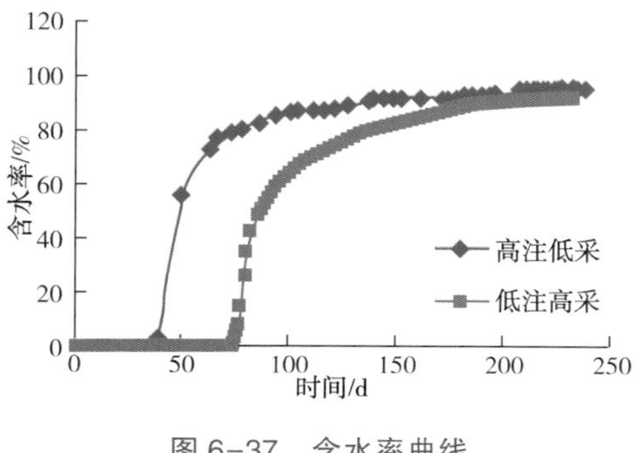

图 6-37　含水率曲线

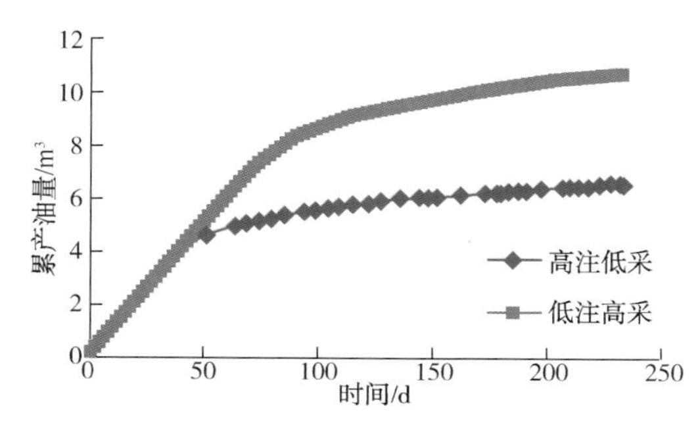

图 6-38　累产油曲线

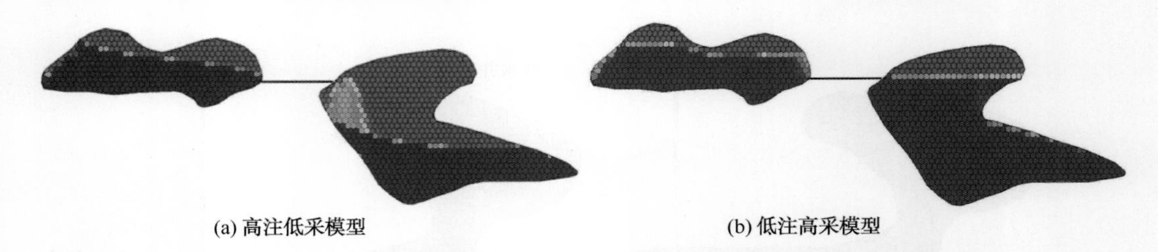

图 6-39　模型剩余油分布

三、10 倍底水开采效果好

面临的开采问题：不同底水能量条件对采收率的影响。

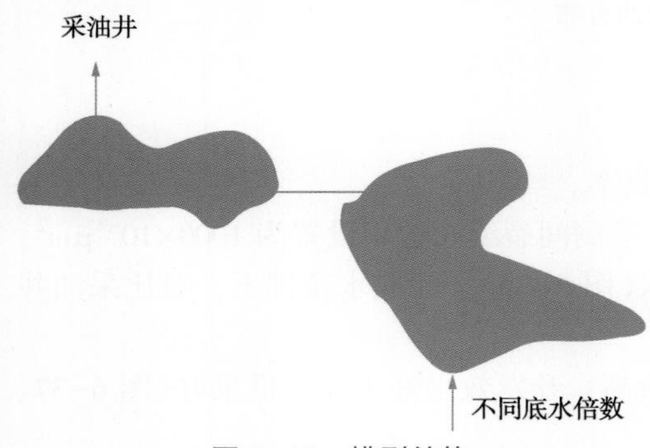

图 6-40　模型结构

模型设计：两溶洞通过裂缝沟通，采油井钻遇高部位溶洞，低部位溶洞底部沟通底水(图 6-40)。溶洞间裂缝渗透率设置为 $1000\times10^{-3}\mu m^2$，分别设计 1 倍、5 倍、10 倍、50 倍底水，对比采油井生产特征，模型初始时充满油。

开采规律：1 倍底水时，由于能量不足累产油最低；5 倍、10 倍底水累积产油量最高；底水到 50 倍时，见水早(图 6-41、图 6-42)，模型剩余油分布如图 6-43 所示，底水倍数低能量不足，底水倍数高易水淹，10 倍底水开采效果最好。

开发对策：底水能量较小时应注水补充能量，底水能量强时应控制采油速度，减缓水淹。

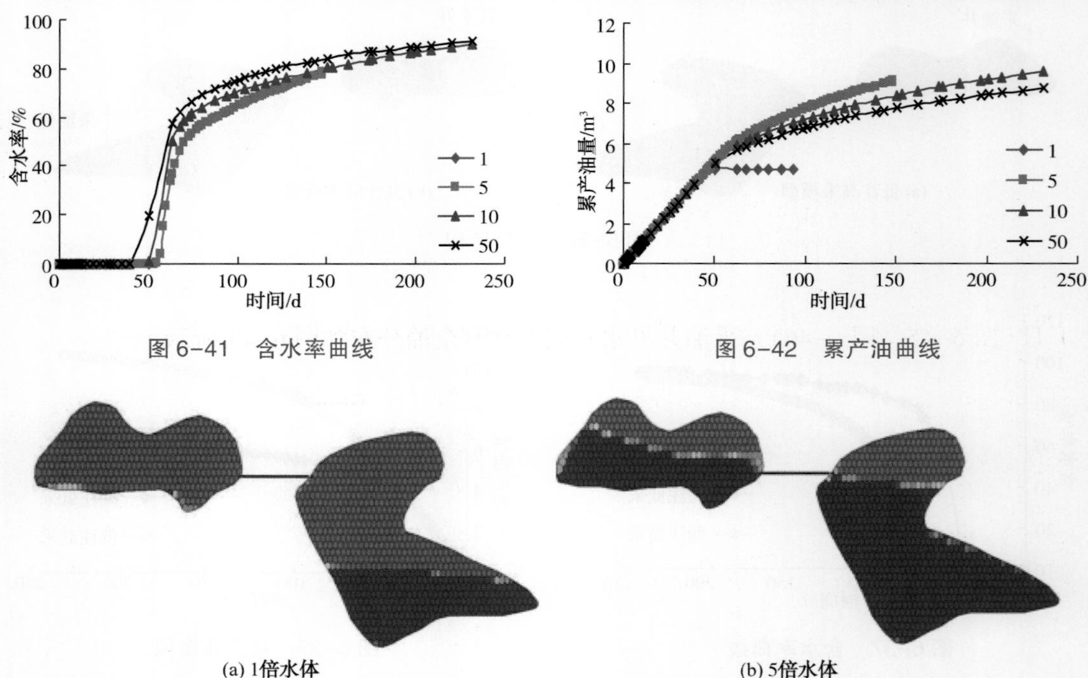

图 6-41　含水率曲线

图 6-42　累产油曲线

图 6-43　模型剩余油分布

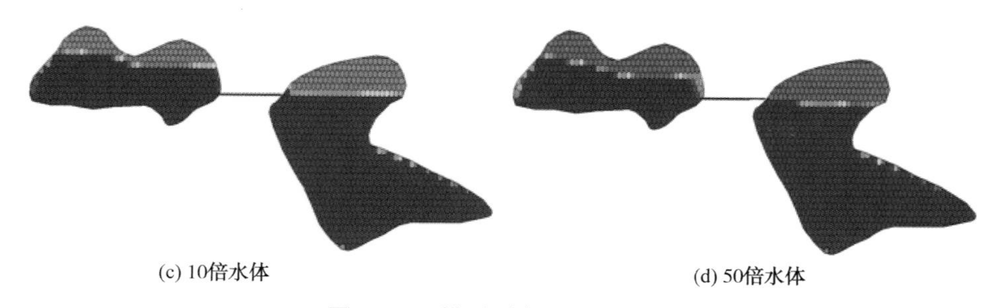

图 6-43　模型剩余油分布(续)

四、底水位置离采油井远驱油效果好

面临的开采问题：底水位置是否影响采油效果。

模型设计：两溶洞通过裂缝沟通，采油井钻遇高部位溶洞。溶洞间裂缝渗透率设置为 $1000\times10^{-3}\mu m^2$，设计不同位置沟通底水(图 6-44)，5 倍底水条件下对比采油井生产特征，模型初始时充满油。

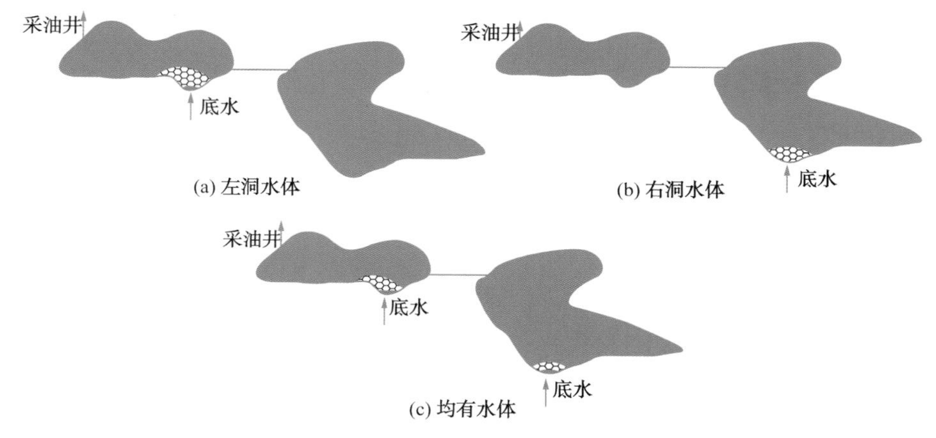

图 6-44　模型结构

开采规律：左侧溶洞底部沟通底水时无水稳产期短、累产油量低，开发效果最差。右侧溶洞底部沟通底水时无水稳产期长、累产油量高，开发效果最好。两个洞均有水体时，产油量呈台阶状，第一次含水率上升是近水体底水到达井底，第二次含水率上升是远水体底水到达井底(图 6-45、图 6-46)，采油井见水时刻模型剩余油分布如图 6-47 所示。

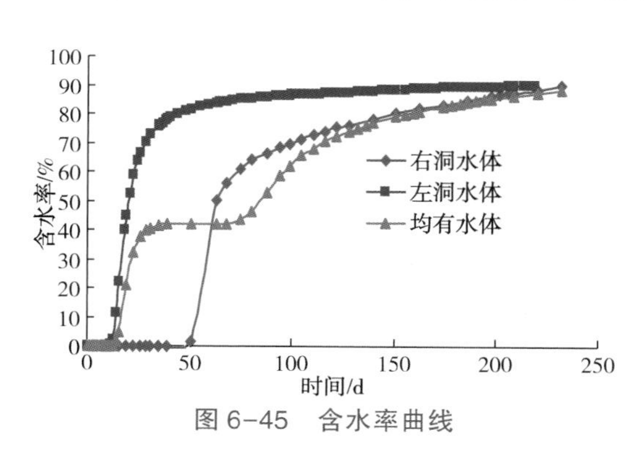

图 6-45　含水率曲线

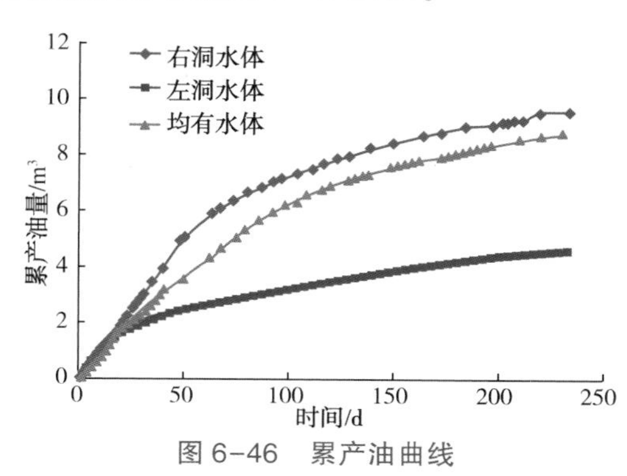

图 6-46　累产油曲线

开发对策：含水率曲线呈台阶状说明有多个底水沟通通道，无驱动能量的边洞内原油无法动用，底水沟通位置远离采油井采收率高。剩余油需要根据不同的缝洞组合关系及底水位置采取不同的动用方式。

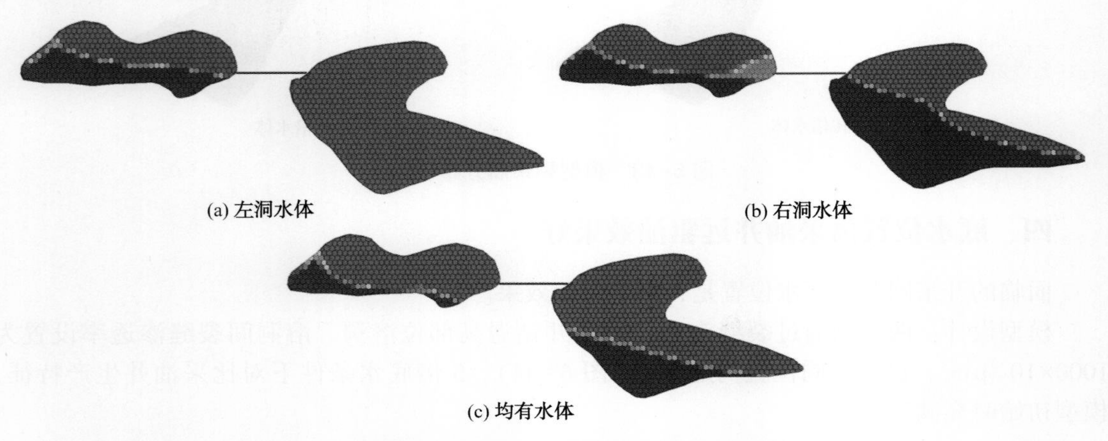

图 6-47　采油井见水时刻剩余油分布

五、利用底水能量、低注高采效果好

面临的开采问题：不同底水位置如何注采提高采收率。

模型设计：两溶洞通过裂缝沟通，采油井钻遇高部位溶洞，溶洞间裂缝渗透率设置为 $1000\times10^{-3}\mu m^2$，分析不同底水位置时高注低采和低注高采模型（图 6-48）的采油井生产特征，模型初始时充满油。

开采规律：低注高采时，底水与注水井不在一个洞的模型开发效最果好；高注低采时，底水与注水井在一个洞的模型开发效果较好。高注低采开发效果与底水位置关系不大（图 6-49、图 6-50）。采油井见水时刻模型剩余油分布如图 6-51 所示。

开发对策：低注高采条件下，能更好地利用底水，开采效果好。

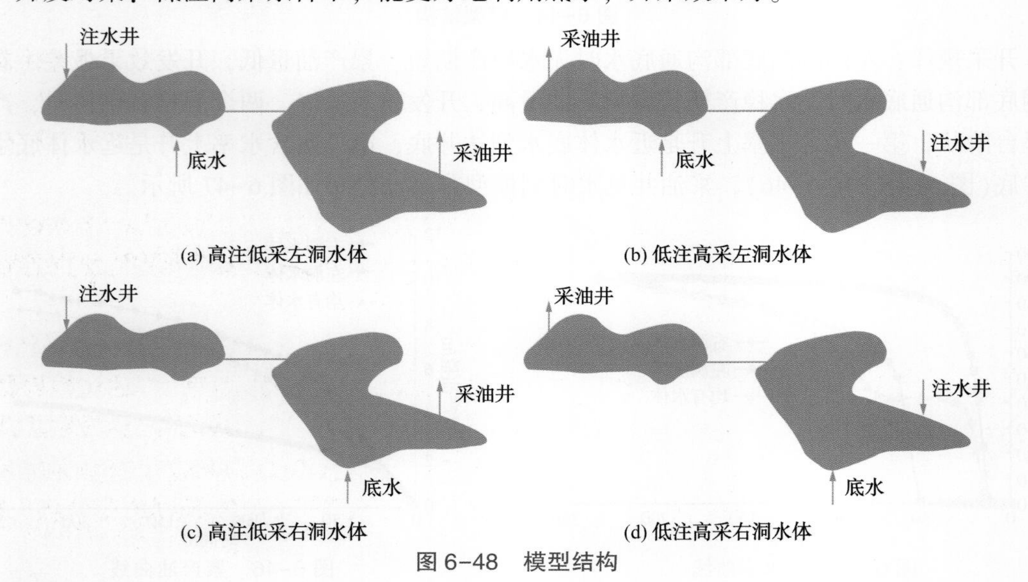

图 6-48　模型结构

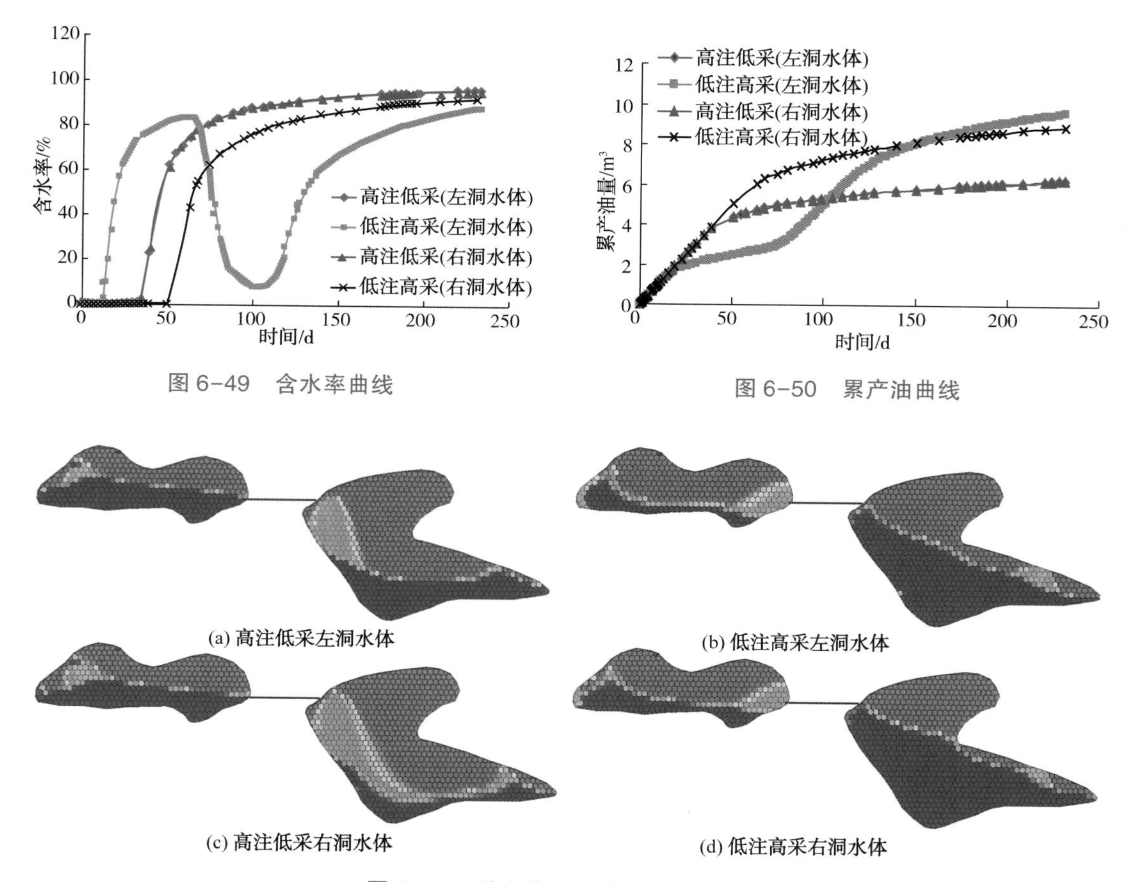

图 6-49　含水率曲线

图 6-50　累产油曲线

图 6-51　采油井见水时刻剩余油分布

六、沟通溶洞渗透率是提高采收率关键

面临的开采问题：溶洞间裂缝渗透率对采收率的影响。

模型设计：两溶洞通过裂缝沟通，采油井钻遇高部位溶洞，低部位溶洞底部沟通底水，相同开采制度、底水能量条件下，裂缝分别设计 $1\times10^{-3}\mu m^2$、$10\times10^{-3}\mu m^2$、$100\times10^{-3}\mu m^2$、$1000\times10^{-3}\mu m^2$ 的渗透率，对比采油井生产特征，模型初始时充满油。

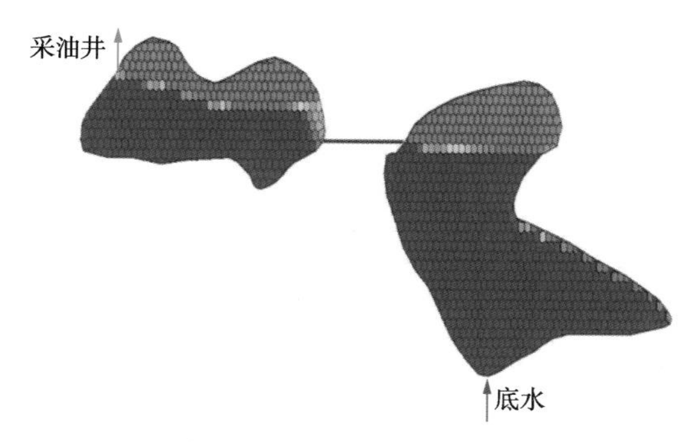

图 6-52　裂缝渗透率为 $100\times10^{-3}\mu m^2$ 时的剩余油分布

开采规律：裂缝渗透率高，累产油量高。裂缝渗透率为 $100\times10^{-3}\mu m^2$（模型剩余油分布如图 6-52 所示）与 $1000\times10^{-3}\mu m^2$ 采油井含水率、累产油量差别很小（图 6-53、图 6-54）。

开发对策：溶洞间裂缝渗透率对采收率影响很大，开采过程中保持裂缝渗透性、保持溶洞间的连通是高效开发关键。

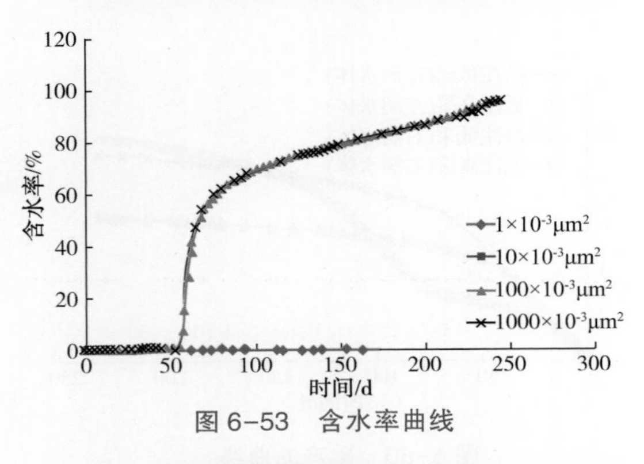

图 6-53　含水率曲线

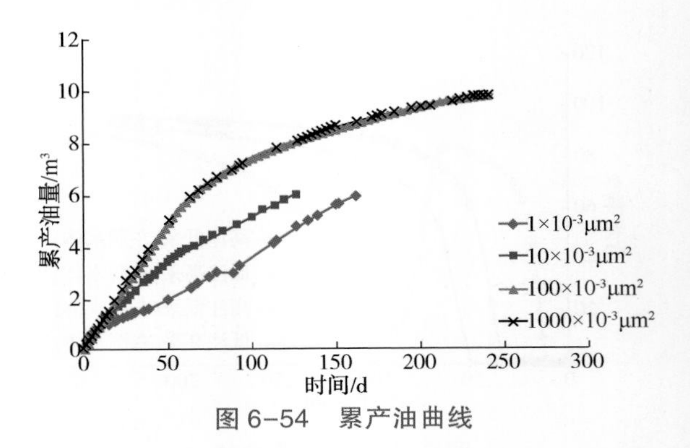

图 6-54　累产油曲线

七、条带缝洞体注采后存在大量剩余油

面临的开采问题：条带缝洞体注采后的剩余形式与分布特征。

模型设计：溶洞呈现条带分布，溶洞之间通过裂缝相连。注水井直接位于中心溶洞上(图 6-55)，四口生产井分别位于模型的四个角上。注水井定注水量，注水流速 $v=0.2$cm/s，生产井采用定压求产。

开采规律：①综合含水表现出台阶状上升(图 6-56)；②四口井见水不均衡，#4 井与注水井之间连通性最强，最早见水；③#4 井与#2 井见水后，#3 井与#1 井周剩余大量剩余油(图 6-57、图 6-58)。

开发对策：通过生产优化采油量，实现均衡驱替，提高采收率。

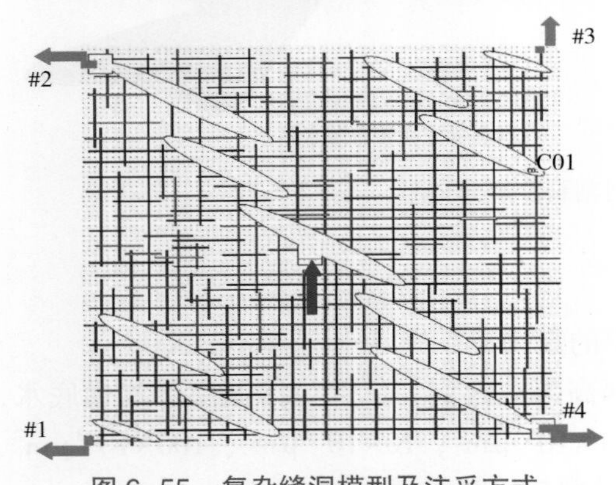

图 6-55　复杂缝洞模型及注采方式

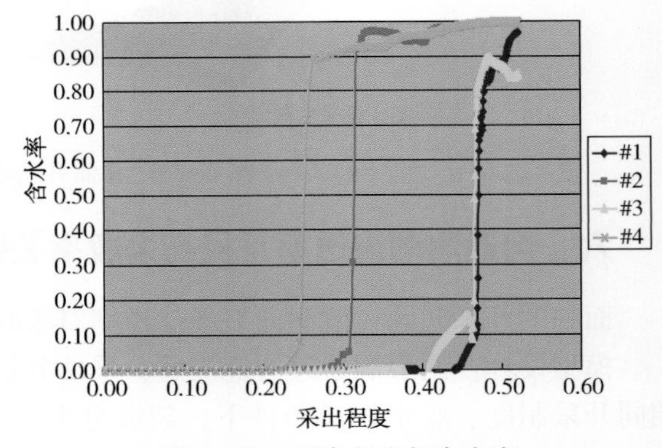

图 6-56　采出程度与含水率

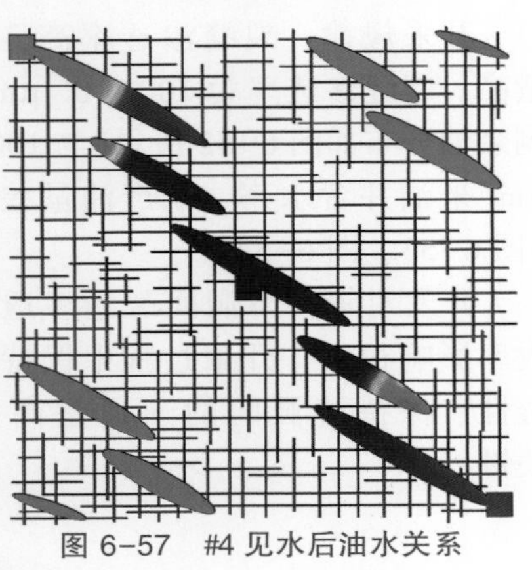
图 6-57　#4 见水后油水关系

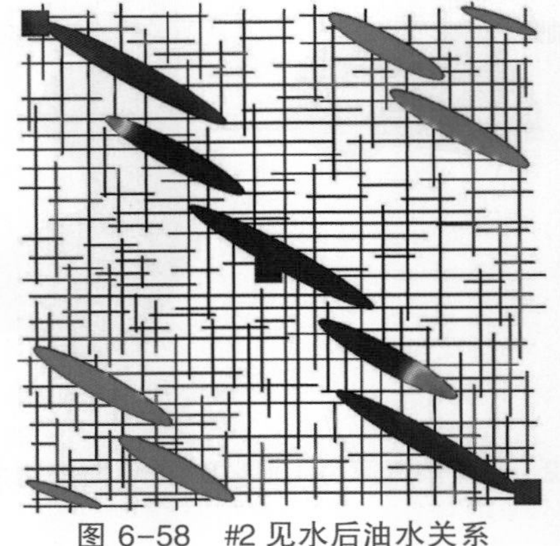
图 6-58　#2 见水后油水关系

八、复合缝洞体剩余类型多样

面临的开采问题：复合缝洞组合体的剩余形式与分布特征。

模型设计：利用野外露头的照片，进行缝洞体的刻画(图 6-59)，反映自然界缝洞组合特征，模拟顶部采油，底水驱的过程，模型初始时充满油。

开采规律：油井开采过程中，底水沿缝洞向上驱油，驱油路径为最小阻力方向，采油井见水后，剩余油形式多样，包括阁楼油、洞顶油、底层油、边角油、裂缝端部油、绕流油等体流动及剩余油特征(图 6-60)。

开发对策：复合缝洞体油井见水后，仍存在大量剩余油。部署新井建立井网，实现横向驱替，可以对剩余油有效驱动。

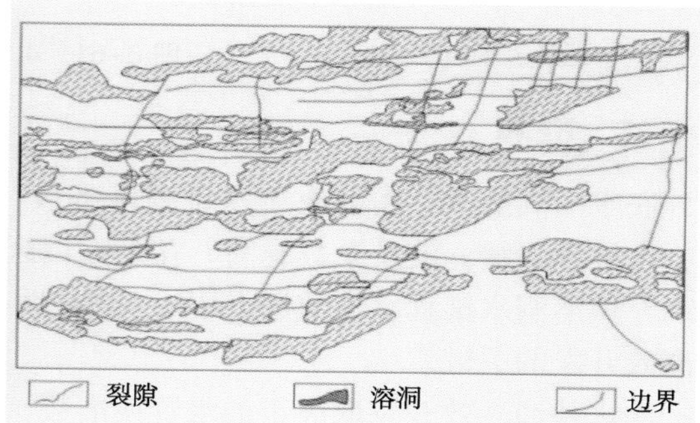

图 6-59 复合缝洞体野外照片与雕刻体

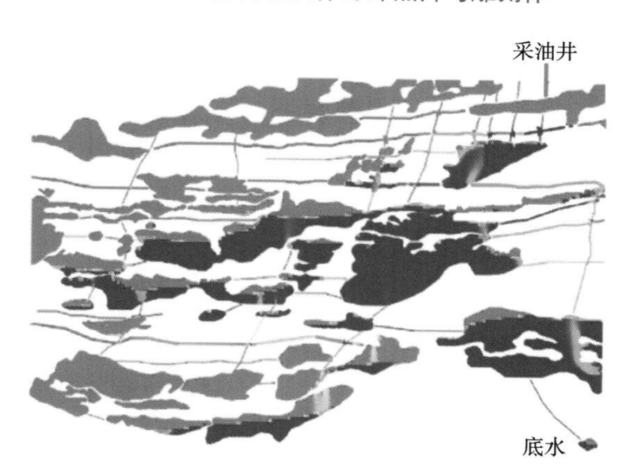

图 6-60 复合缝洞体剩余油分布

第三节 基于无因次准数的力学机制分析

结合物模与数模结果，建立了 4 个无因次准数(图 6-61)，反应开采过程中各因素之间的定量关系，用于揭示溶洞、裂缝、缝洞体组合体的开采机理。

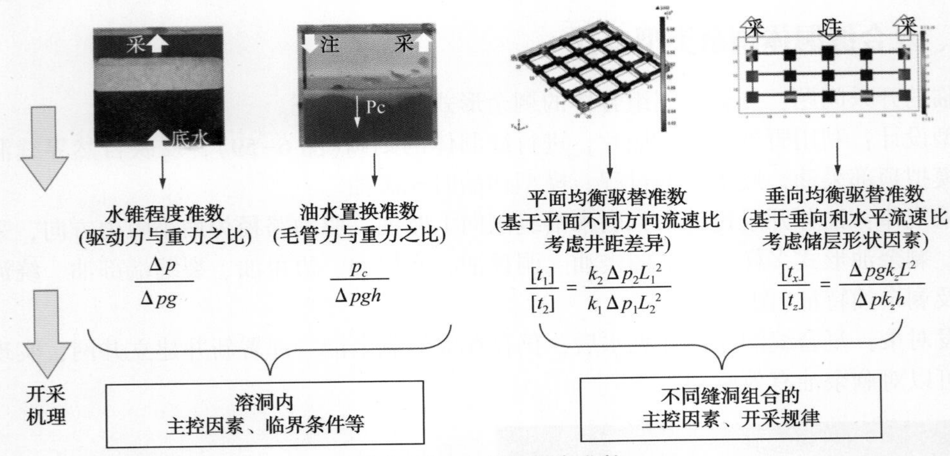

图 6-61　4 个无因次准数

一、溶洞

底水溶洞高效开发取决于水锥程度准数，水锥程度准数为驱动力与重力之比，准数越小，水锥越平缓，波及系数越高。在未充填区域，水锥程度准数趋于 0，重力占主导，无水锥。充填溶洞水锥程度准数远大于 1，水锥明显，驱动力(生产压差)占主导，合理控制水锥是高效开发的关键。

注水替油高效开发取决于油水置换准数，油水置换准数为毛管力与重力之比，亲油介质内的临界油水置换准数为 1；准数越小，重力作用越明显，置换效率越高；亲水介质内准数小于 0，毛管力与重力均为油水置换的动力。

1. 未充填溶洞

未充填洞为 NS 流动，黏滞力小，压力梯度小，等势线形状平缓，水锥形状平缓，表现为油水界面近似均匀抬升，油水完全受重力分异作用控制(图 6-62)，未充填溶洞水锥压力等势线见图 6-63。

水锥程度准数 Nc 为生产压差与重力差之比：$\frac{\Delta p}{\Delta \rho g}$(或$\frac{\mu v}{\Delta \rho g K}$)。

对 10cm 以上溶洞，油藏条件下的油水物性(表 6-1)，$K_c=\frac{d^2}{36}$，近似的等效渗透率大于 $2.7\times10^8\mu m^2$，相当于无穷大。黏滞力趋近于 0，$\frac{\Delta p}{\Delta \rho g}$也趋近于 0，因此完全受重力作用控制，基本不需要考虑水淹问题。

(a) 数值试验不同时刻　　(b) 物理模拟实验

图 6-62　未充填溶洞水锥

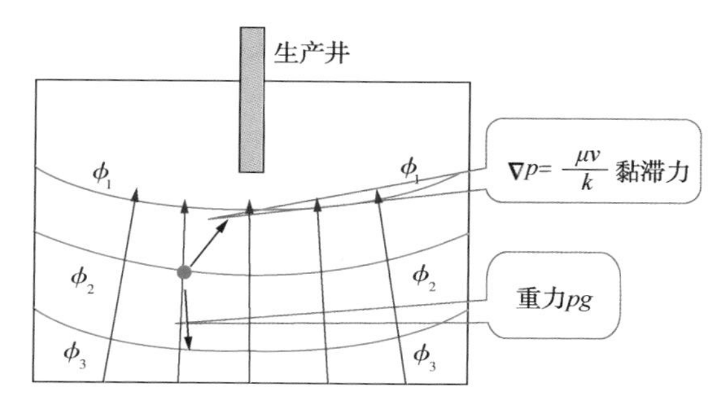

图 6-63　未充填溶洞水锥压力等势线

表 6-1　油藏条件下的油水物性

参数	数值
水黏度/mPa·s	0.5
油黏度/mPa·s	20
水相对密度	1.02
油相对密度	0.9
流速(未充填)/(m/s)	<0.1

2. 充填溶洞

设充填溶洞介质渗透率$(10\sim1000)\times10^{-3}\mu m^2$，油水受重力与毛管力作用控制，充填溶洞水锥压力等势线见图 6-64。

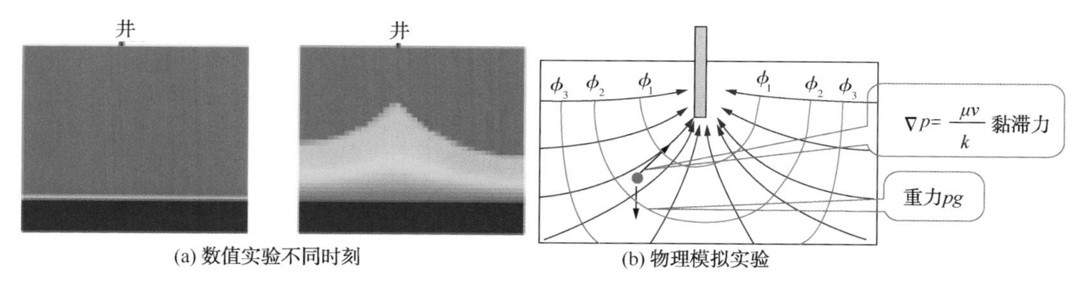

(a) 数值实验不同时刻　(b) 物理模拟实验

图 6-64　充填溶洞水锥

仍采用上述准则和油水物性，流速小于 1cm/d。充填渗透率介于$(10\sim1000)\times10^{-3}\mu m^2$。$\nabla p=\frac{\mu v}{K}$，水相流动压力梯度大致介于(0.55~50)kPa/m。

重力差异$\nabla\rho g$则一般为 1.2kPa/m。因此较大的产量很容易导致水锥程度准数大于 1，油井过早水淹。应控制生产速度，保证生产压力差小于油水重力差。

3. 半充填溶洞

溶洞下部充填，上部未充填，分为边底水和注水替油两种开采方式。

对于有边底水：由于上部存在未充填区域(图 6-65)，流动的黏滞阻力几乎为 0，水锥程度准数$\frac{\Delta p}{\Delta\rho g}$几乎为 0。

对于注水替油开采：无边底水，注水补充缝洞单元能量，开采机理为油水的重力分异作用。前面分析可知未充填区域完全由重力主导，流动阻力主要集中在充填介质(图 6-66、图 6-67)。

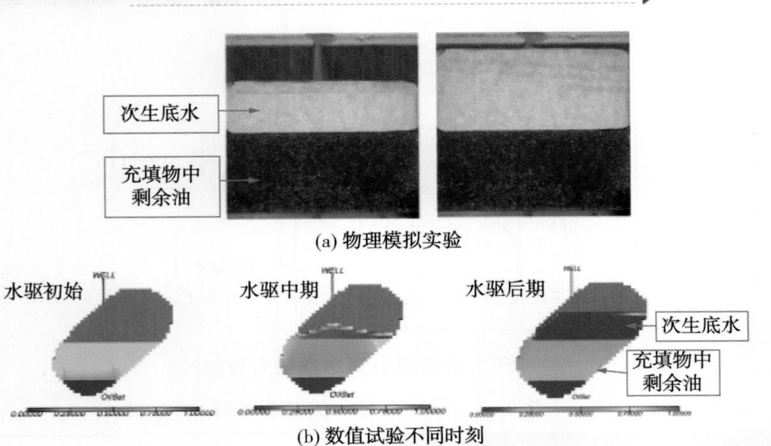

(a) 物理模拟实验

(b) 数值试验不同时刻

图 6-65　半充填溶洞底水开采

(a) 弱亲油充填介质注水替油初期

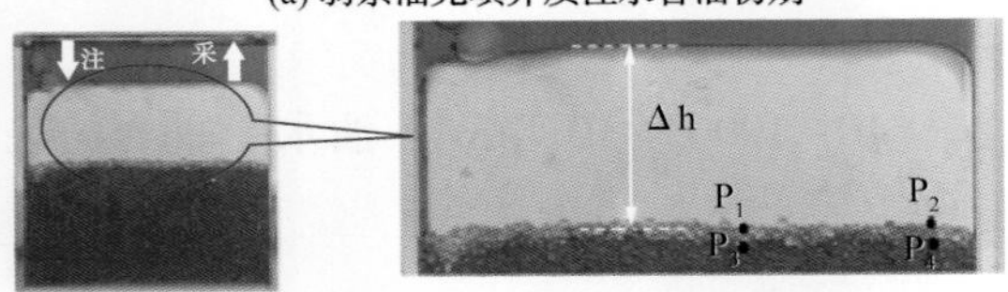

(b) 弱亲油充填介质注水替油初期

(c) 弱亲油充填介质注水替油结束(静置48h)

图 6-66　弱亲油充填介质注水替油过程

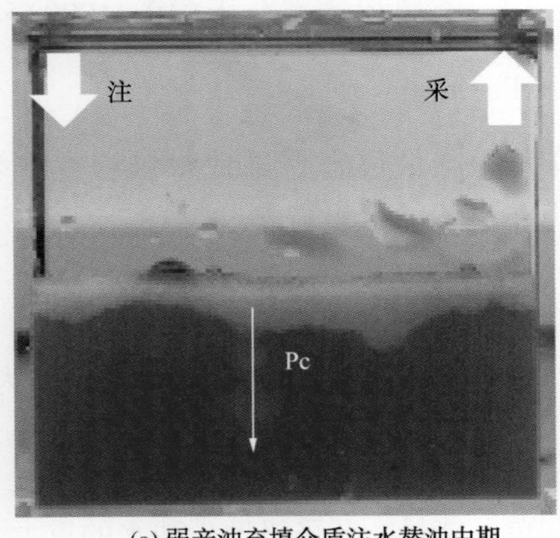

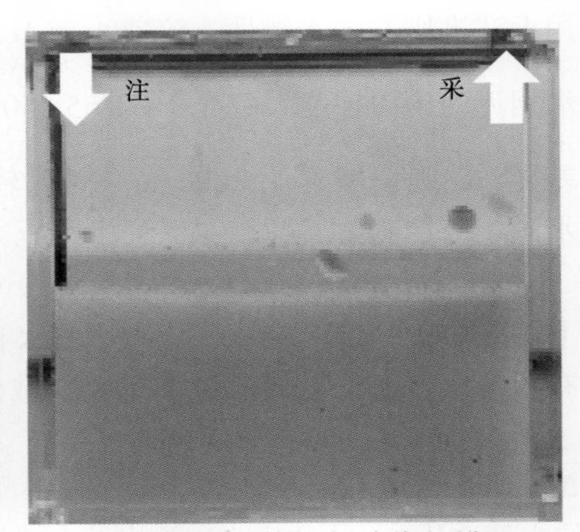

(a) 弱亲油充填介质注水替油中期　　(b) 弱亲油充填介质注水替油后期

图 6-67　弱亲水充填介质注水替油过程

主要作用力是重力和毛管力，定义油水置换准数：毛管力与重力(油水重力差)之比为$\frac{p_c}{\Delta\rho gh}$。

只有当毛管力小于油水重力差<1时，充填介质才会有油水置换。实验中的弱亲油介质Pc=77.3Pa，$\Delta\rho gh$=19.6Pa，因此油水置换准数>1，油水无法置换。

由毛管力公式可得：$\Delta\rho gh=\Delta\rho ghr$。

油水密度差和充填介质物性无法改变。因此可以通过降低油水界面张力σ和润湿反转θ，来降低置换准数，提高油水置换效率(图6-68)。

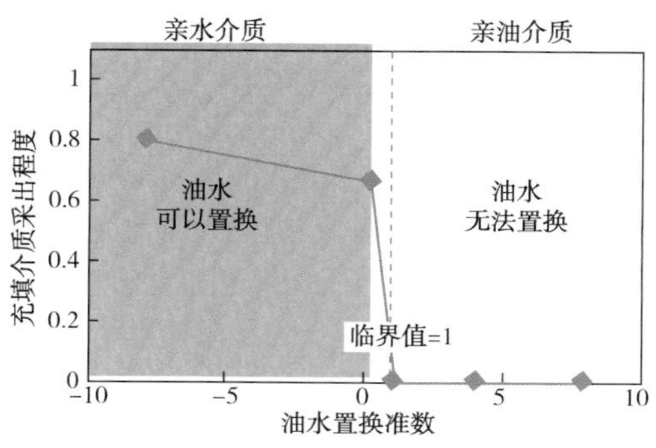

图6-68　亲水与亲油介质气置换准数区间

二、裂缝

裂缝开度较大时，水相才可以进入裂缝(图6-69)。说明裂缝内仍存在毛管力作用，决定水相进入裂缝的作用力是毛管力和油水重力差。

(a)裂缝开度0.5mm水驱(水无法进入裂缝)

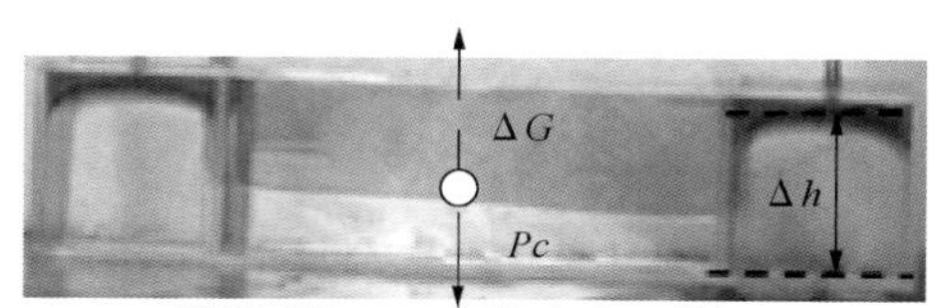

(b)裂缝开度1.2mm水驱(水进入裂缝)

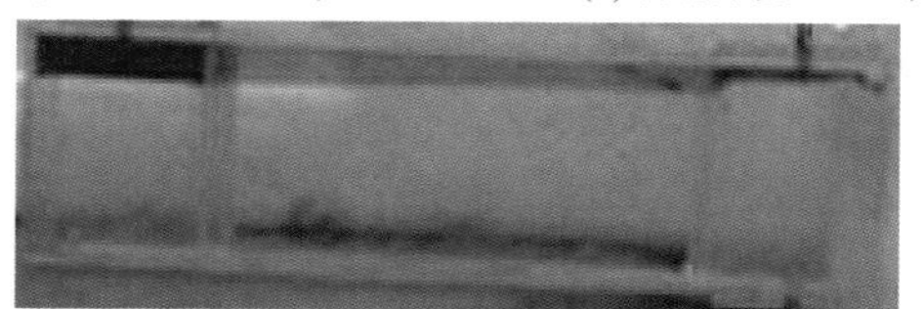

(c)裂缝开度1.2mm表面活性剂驱(油水完全分异)

图6-69　弱亲水充填介质注水替油过程

因此此处也用油水置换准数：毛管力与重力(油水重力差)之比为$\Delta\rho gh$。

只有当毛管力小于油水重力差<1时，注入水才可以进入裂缝，实验模型见表6-2。

表6-2　不同裂缝开度下毛管阻力与油水重力差

裂缝开度/mm	0.1	0.2	0.5	1.0	1.5	2.0
毛管力/Pa	321.4	160.7	64.3	32.1	21.4	16.1
油水重力差异/Pa	56.8					

注：油水相对密度差0.2，界面张力25mN/m。

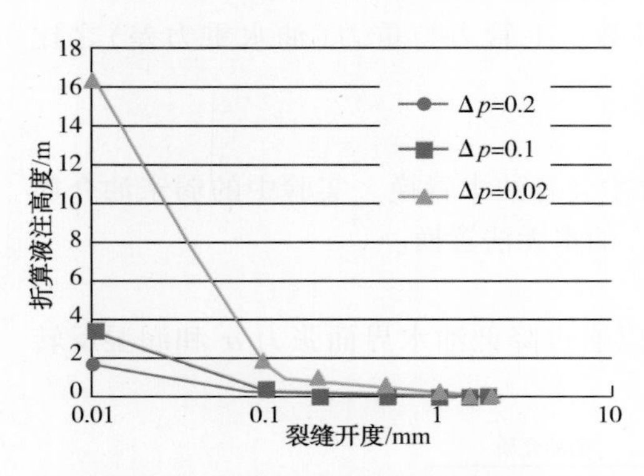

图 6-70 弱亲水充填介质注水替油过程

当原油相对密度接近 1、裂缝为微米级时，油相开始流动所需要的油水高度差会达到几米甚至十几米。当裂缝开度大于 0.1mm，不论油水密度差的大小，对应的临界油水高度都在 2m 以下（图 6-70），在油藏级别相对较小，因此可以忽略裂缝上的毛管力。

三、缝洞网络

平面均衡驱替准数为消除井距差异平面上不同方向流速比。平面均衡驱替准数的取值范围约为 0.75~1.13；其值为 1 时，波及系数最高。

多层缝洞组合的高效开发取决于垂向均衡驱替准数。垂向均衡驱替准数为消除储层厚度和井距影响的水平流速与垂向流速之比。垂向均衡驱替准数的合理范围应大于 1。充分利用重力分异作用，提高垂向均衡驱替准数，防止油井过早水淹。

1. 水平方向

溶洞和裂缝的分均质性，均考虑为等效渗透率的非均质性（图 6-71、图 6-72）。

缝洞组合的平面波及系数取决于平面均衡驱替准数：

$$\frac{k_2 \Delta p_2 L_1^{\ 2}}{k_1 \Delta p_1 L_2^{\ 2}} = 1$$

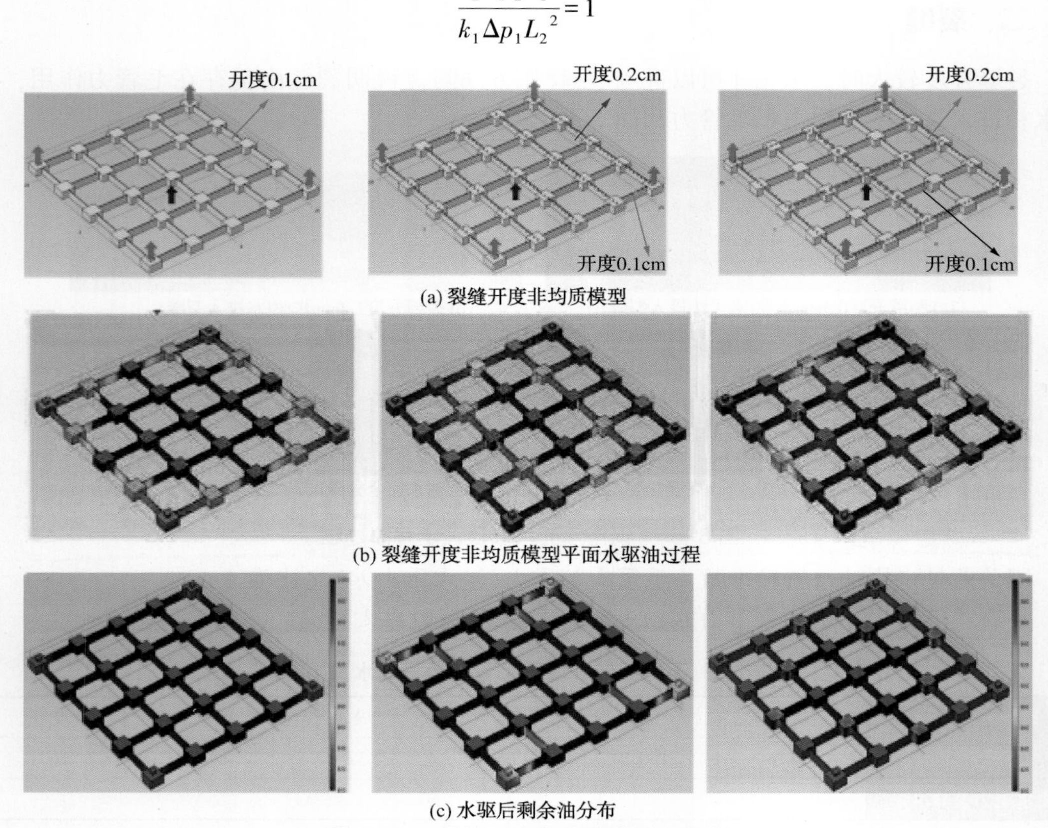

(a) 裂缝开度非均质模型

(b) 裂缝开度非均质模型平面水驱油过程

(c) 水驱后剩余油分布

图 6-71 裂缝开度非均质模型水驱油

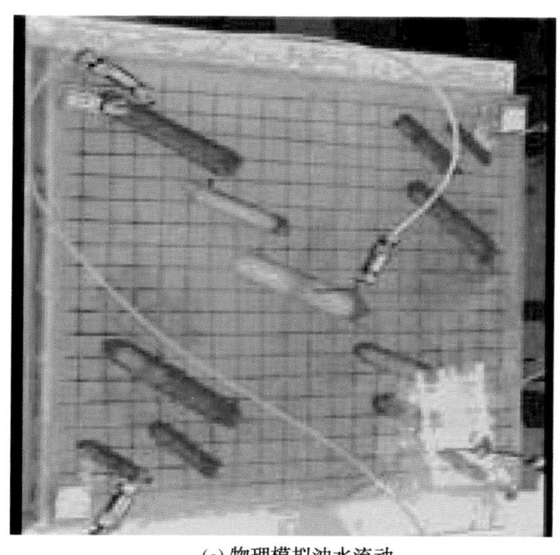

(a) 物理模拟油水流动

(b) 数值模拟油水流动

图 6-72　溶洞分布非均质模型水驱油

缝洞均质的生产井见水时间一致，均衡驱替准数为 1，波及系数最高(图 6-73)。缝洞均质分布时，各向等效渗透率相同，压力分布均匀。因此生产井见水时刻一致，未发生水窜，各缝洞均被有效波及。

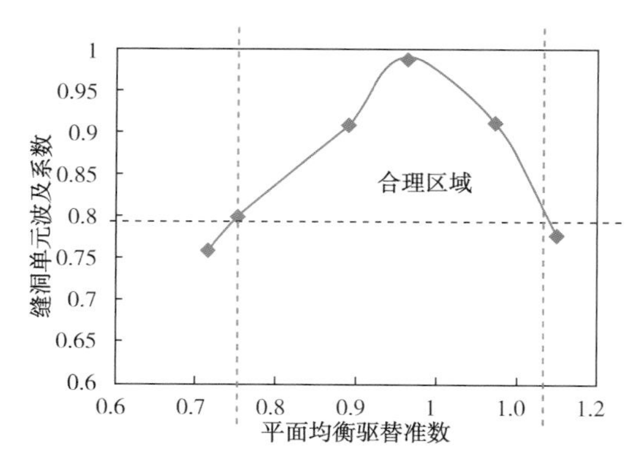

图 6-73　平面均衡驱替准数合理区域

2. 垂直方向

缝洞组合的纵向波及系数取决于纵向均衡驱替准数（水平驱替与纵向沉降时间之比）：$\Delta pk_x h$。

注采强度低，驱动力较小，重力是主要作用力，重力作用导致纵向上油水分异，是缝洞单元注水开采的主要机制。以三维模型顶部注采为例，如图 6-74、图 6-75 所示。

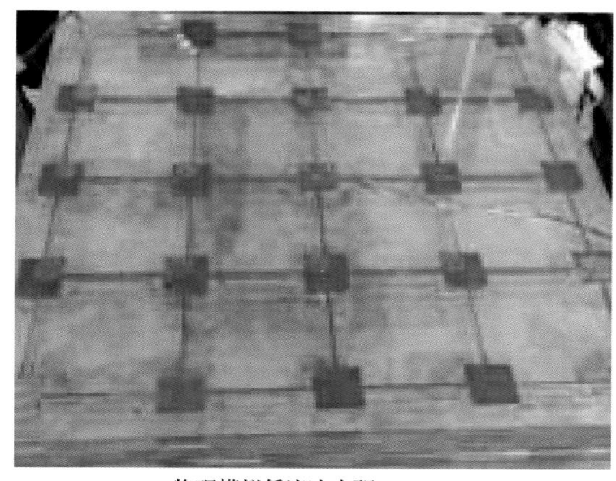

(a) 物理模拟低流速水驱,10mL/min

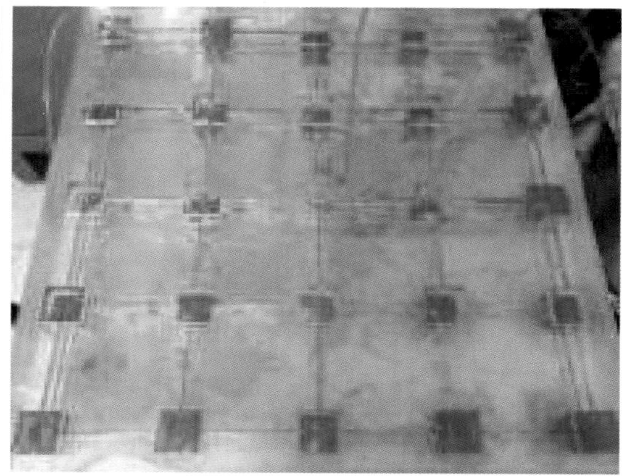

(b) 物理模拟高流速水驱,50mL/min

图 6-74　溶洞分布非均质模型水驱油

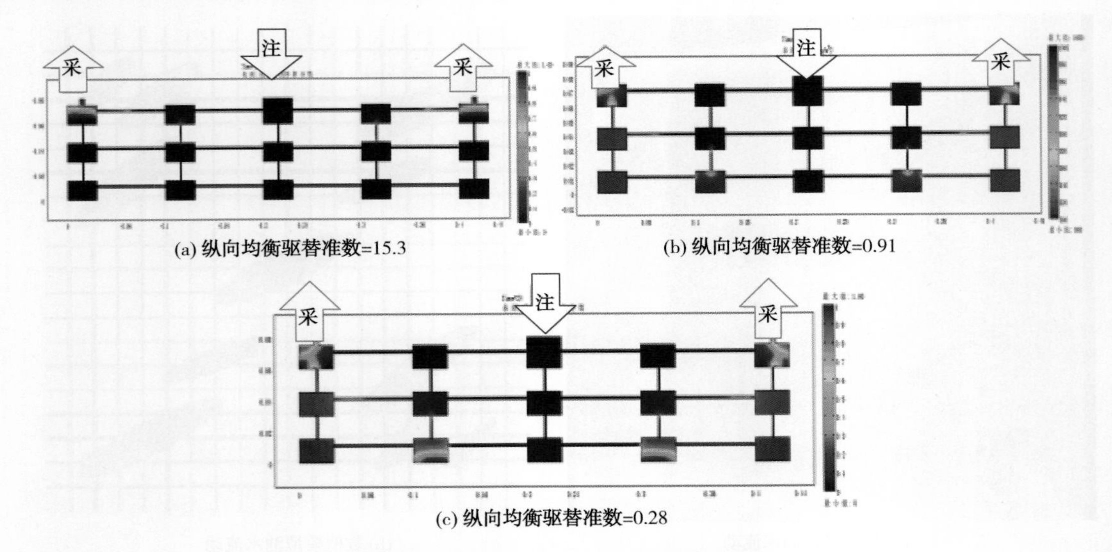

(a) 纵向均衡驱替准数=15.3

(b) 纵向均衡驱替准数=0.91

(c) 纵向均衡驱替准数=0.28

图 6-75 油井顶部见水时含油饱和度

对仅顶部打开的缝洞，应该充分利用重力分异作用，提高纵向均衡驱替准数，防止油井过早水淹。

对所有层段打开的缝洞，控制纵向均衡驱替准数在 1 左右(图 6-76)，保证各层水相推进速度一致。

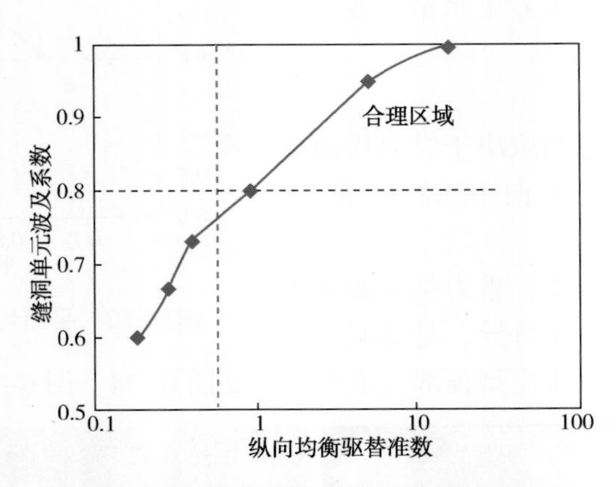

图 6-76 纵向均衡驱替准数合理区域

第七章　基于油藏大系统的实时生产优化

砂岩油藏沉积规律相对清晰，地质建模精度较高，直接进行生产优化效果好，缝洞型油藏地质模型具有强不准确性，不适用。提出静态地质模型、动态流动模型、生产拟合历史拟合融合一体化研究，建立地质模型、流动模型与方案设计优化的大系统优化理论方法(图7-1)，通过交替进行生产自动历史拟合来更新油藏模型，并以更新后的模型进行后期生产优化，油田实施后，再生产拟合，再生产优化，使油藏实时处于最优控制状态，实现不准确油藏的实时最优化开发。

整个研究使地质模型条件符合最优、开发生产设计最优，实现了油藏研究的整体性、系统性、智能性、精细性。第三章、第四章已讲述地质建模与生产历史拟合内容，这里不再论述。

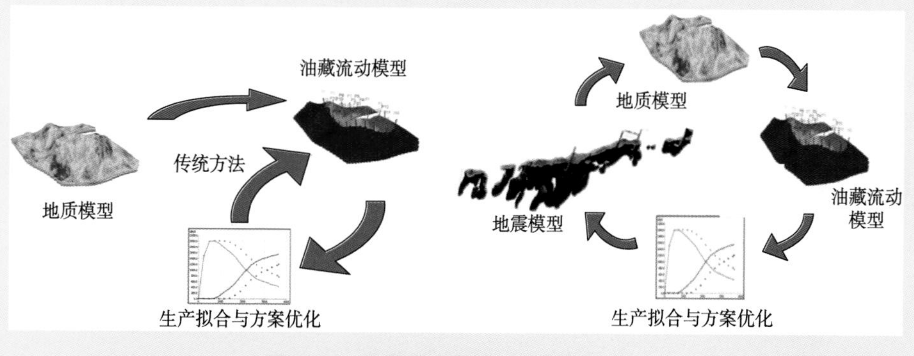

图7-1　传统优化与大系统优化对比

第一节　油藏动态优化最优控制模型

建立最优控制数学模型是进行优化计算和优化设计的基础，油藏生产优化是通过优化油藏区块内油水井的产出和注入参数(如井底流压、油水井流量等)来实现开发效益的最大化。要优化该问题，需要针对实际情况提出最优控制的性能指标函数，不同的性能指标会得到不同的最优控制结果，随着油田进入注入量加大，油井产水越来越大，成本日益增高，效益相对越来越少，就需要对开发过程中的生产方案进行优化，在尽可能减少生产成本的前提下，延缓水的指进，增加原油的采出，提高油藏生产区块的采收率。在实际中，通常采用净现值(NPV，net present value)的方法来评估注水开发的经济效益。净现值法是项目动态经济评价中最重要的方法之一，一个建设项目的净现值是指：在整个建设和生产服务年限内各时间段的净现金流量按照设定的折现率折成现值后求和所得到的值。这里考虑以三维三相油藏模拟器来描述油藏开发生产系统，建立经济净现值的表达式如下：

$$J(u)=\sum_{n=1}^{L}\left[\sum_{j=1}^{N_P}(r_o q_{o,j}^n - r_w q_{w,j}^n) - \sum_{i=1}^{N_I} r_{wi} q_{wi,i}^n\right]\frac{\Delta t^n}{(1+b)^{t^n}} \tag{7-1}$$

式中，J为待优化性能指标函数；L为总控制时间步(control steps)；N_P为总生产井数；N_1为总注水井数；r_o为原油价格，$/STB；$r_w$为产水成本价格，$/STB；r_{wi}为注水价格，$/STB；$q_{o,j}^n$为第$j$口生产井$n$时刻的平均产油速度，STB/d；$q_{w,j}^n$为第$j$口生产井$n$时刻的平均产水速度，STB/d；$q_{wi,j}^n$为第$i$口注水井$n$时刻的平均注水量，STB/d；$b$为平均年利率,%；$\Delta t^n$为$n$时刻模拟计算时间步，d；$t^n$为$n$时刻累积计算时间，年；$u$为$N_u$维控制变量向量，其元素为各井在每个控制时间步上的工作制度(如井底流压、流量等)，显然，N_u为调控井数与总控制时间步L的乘积。

用净现值分析开发方案时，净现值越大，项目的经济效益越好。只有当$NPV \geqslant 0$时，开发方案才是可以接受的。净现值法的主要优点是考虑了资金的时间因素，并且考虑了项目在整个计算期内的经济状况。此外，它直接以金额表示项目的收益情况，比较直观。

在给定地质模型条件下，输入控制变量u经过油藏数值模拟计算即可求得相应的净现值，但在净现值计算中，产油速度和产水速度也同时与油藏的状态变量(如压力、饱和度等)有关。因此，可以被看成是控制变量u和地质模型m的函数：

$$J=J(u,\ y,\ m) \tag{7-2}$$

式中，m是由油藏模型网格地质参数(如孔隙度、渗透率等)组成的向量，y是由模型网格状态参数(如压力、饱和度等)组成的向量。在油藏生产优化中只有与井相关的控制变量u可以改变，而油藏系统中状态变量y不能直接控制，但是控制变量作为外部因素通过状态变量影响油藏生产系统的运行状态，进而影响性能指标J的结果。此外，在实际生产中对井的操作要实施一定的限制，即控制变量要满足一定的约束条件，其主要是线性或非线性的，包括等式、不等式以及边界约束等。典型的等式约束如区块整体产液量或者注入量为一定值；不等式约束通常要求区块的产液量和注入量要受到油田设备的工作能力的限制。边界约束是最常见的约束形式，主要针对单井的生产界限，对于油水井流量控制，其下边界通常设为0，即关井；对于油井井底流压(BHP)控制，压力下边界一般高于泡点压力或者设定某一合适的值来抑制底水的锥进，对于水井井底压力，其上边界一般要低于地层的破裂压力。

于是得到基于动态生产优化的控制数学模型为：

$$J(u,\ y,\ m)=\sum_{n=1}^{L}\left[\sum_{j=1}^{N_P}(r_o q_{o,\ j}^{n}-r_w q_{w,\ j}^{n})-\sum_{i=1}^{N_I} r_{wi} q_{wi,\ i}^{n}\right]\frac{\Delta t^n}{(1+b)^{t^n}} \qquad (7-3)$$

$$e_i(u,\ y,\ m)=0,\quad i=1,\ 2,\ \cdots,\ n_e \qquad (7-4)$$

$$c_j(u,\ y,\ m)\leqslant 0,\ j=1,\ 2\cdots,\ n_c \qquad (7-5)$$

$$u_k^{low}\leqslant u_k\leqslant u_k^{up},\ k=1,\ 2,\ \cdots,\ N_u \qquad (7-6)$$

式中，u_k^{low} 和 u_k^{up} 分别表示第 k 个控制变量 u_k 的上下边界；$e_i(u,\ y,\ m)$ 和 $c_j(u,\ y,\ m)<0$ 分别为等式约束条件和不等式约束条件。

可见，对于油藏生产优化问题而言，就是在控制变量满足各种约束的条件下，求取性能指标 J 的最大值及相应的最优控制变量 u^*。

第二节　模型优化算法

国内外关于油藏优化数学模型求解的算法主要包括两大类，即有梯度和无梯度算法，其中梯度算法包括最速下降法、共轭梯度法、高斯牛顿法、拟牛顿法，这类算法的优点是计算效率高、优化参数多、能保证在每次迭代中目标函数递减的特点；缺点是需要将伴随矩阵嵌入到模拟器中，极其复杂；适应性差、很难在实际开发中进行应用。无梯度算法包括微粒群算法、SID-PSM 算法、NEWUOA 算法、SPSA 算法、EnOpt 算法。无梯度算法。这类算法的优点是不受模拟器的限制，便于应用；缺点是收敛速度慢，局部性算法，这类算法是油藏优化研究的主流和热点。

针对缝洞型油藏对无梯度算法进行了概念模型的试算，结果见图 7-2，从计算结果看，SPAS 算法计算的结果收敛性最好，收敛速度最快，适用于缝洞型油藏优化计算。

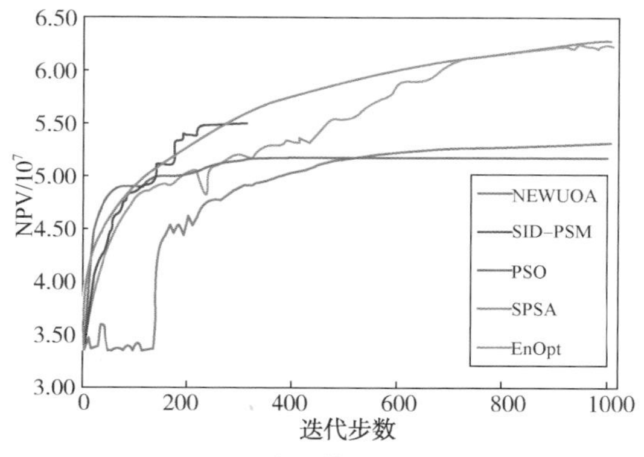

图 7-2　不同优化算法计算结果对比

一、随机扰动近似梯度算法

随机扰动近似梯度算法(SPSA)来估算梯度，该方法主要是通过对所有控制变量进行同步扰动计算来获得梯度，计算过程比较简单，每个迭代步仅涉及目标函数的计算，易于和生产优化问题相结合。针对约束条件则主要采用投影梯度法进行处理。投影梯度法最早由Rosen提出，该方法的最大特点在于其每次迭代更新后的解都是精确可行的，也就是说，每一次迭代的解都是有用的解。

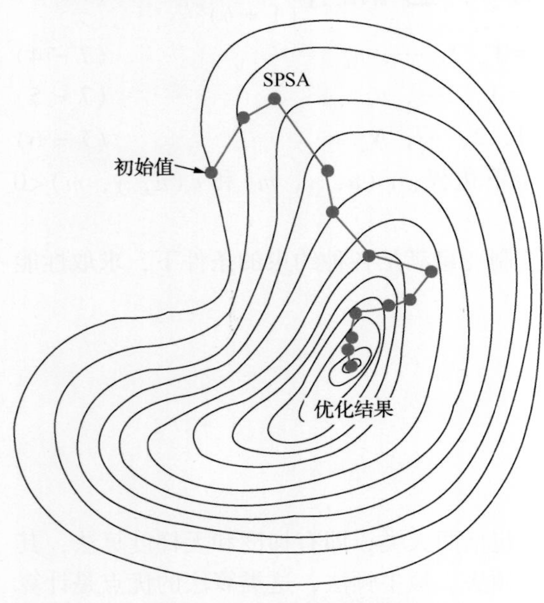

图 7-3　SPSA 算法示意图

随机扰动近似梯度算法（simultaneous perturbation stochastic approximation. SPSA）是一种与有限差分方法近似的扰动方法，SPSA算法是Spall于1987年根据Kiefer-Wolforwitz随机逼近算法改进而成。它通过估计目标函数的梯度信息来逐渐逼近最优解。在每次梯度逼近中只利用了两个目标函数估计值，与优化问题的维数无关，从而大大减少了用于估计梯度信息的目标函数的测量次数，因此SPSA算法常用于解决高维问题以及大规模随机系统的优化。

SPSA算法迭代优化过程如图 7-3 所示，考虑在第 l 个迭代步，目标函数 $O(p)$ 在 p_{opt}^{l} 处的SPSA梯度计算表达式为：

$$\hat{g}^{l}(p_{opt}^{l}) = \begin{bmatrix} \dfrac{O(p_{opt}^{l} + \varepsilon_l \Delta l) - O(p_{opt}^{l})}{\varepsilon_l \Delta_{l,\ 1}} \\ \dfrac{O(p_{opt}^{l} + \varepsilon_l \Delta l) - O(p_{opt}^{l})}{\varepsilon_l \Delta_{l,\ 2}} \\ \vdots \\ \dfrac{O(p_{opt}^{l} + \varepsilon_l \Delta l) - O(p_{opt}^{l})}{\varepsilon_l \Delta_{l,\ N_u}} \end{bmatrix}$$

$$= \frac{O(p_{opt}^{l} + \varepsilon_l \Delta_l) - O(p_{opt}^{l})}{\varepsilon_l} \times \begin{bmatrix} \Delta_{l,\ 1}^{-1} \\ \Delta_{l,\ 1}^{-1} \\ \vdots \\ \Delta_{l,\ N_u}^{-1} \end{bmatrix} \tag{7-7}$$

$$= \frac{O(p_{opt}^{l} + \varepsilon_l \Delta_l) - O(p_{opt}^{l})}{\varepsilon_l} \times \Delta_l^{-1}$$

式中，p_{opt}^{l} 在第 l 个迭代步所获得的最优控制变量；ε_l 为扰动步长；Δ_l 为 N_p 维随机扰动向量，其中所包含元素 $\Delta_{l,i}(i=1,2,\cdots,N_u)$ 为服从参数为±1 的对称 Bernoulli 分布。由于 $\Delta_{l,i}$ 仅仅为+1 或者-1，其概率分别为 50%，所以这里的 $\Delta_l^{-1}=\Delta_l$，此时 SPSA 扰动梯度可进一步表示为：

$$\hat{g}^l(p_{\mathrm{opt}}^l)=\frac{O(p_{\mathrm{opt}}^l+\varepsilon_l\Delta_l)-O(p_{\mathrm{opt}}^l)}{\varepsilon_l}\times\Delta_l \tag{7-8}$$

在获得随机扰动梯度后，即可采用迭代法进行优化求解，在第 $l+1$ 迭代步所获得的控制变量为：

$$p_{\mathrm{opt}}^{i+1}=p_{\mathrm{opt}}^l-\alpha_l\hat{g}^l(p_{\mathrm{opt}}^l) \tag{7-9}$$

式中，α_l 为搜索步长。更新控制变量，为了保证当 $l\to\infty$ 时，p_{opt}^l 能够收敛到局部最优解，Spall 等人证明搜索步长 α_l 和扰动步长 ε_l 均需趋近于 0，且满足条件：

$$\sum_{l=0}^{\infty}\alpha_l=\infty,\quad\sum_{l=0}^{\infty}\left(\frac{\alpha_l}{\varepsilon_l}\right)^2=\infty \tag{7-10}$$

Spall 给出了满足上式的一种常用的选择：

$$\varepsilon_l=\frac{\varepsilon}{(l+1)^{\gamma}} \tag{7-11}$$

$$\alpha_l=\frac{\alpha}{(l+1+A)^{\alpha}} \tag{7-12}$$

式中，ε、γ、α、a、A 等参数必须为正数。对于 a 和 γ 主要选用 Spall 等人的推荐值，即 $a=0.602$，$\gamma=0.101$。其他参数的设置将在后面的具体算例中给出。

在实际应用中为了便于确定初始迭代步长，通常需要对搜索方向进行归一化处理，本文主要采用下式进行迭代求解：

$$p_{\mathrm{opt}}^{l+1}=p_{\mathrm{opt}}^l-\alpha_l\frac{\hat{g}^l(p_{\mathrm{opt}}^l)}{\|\hat{g}^l(p_{\mathrm{opt}}^l)\|_{\infty}} \tag{7-13}$$

式中，$\|\cdot\|_{\infty}$ 表示为无穷范数。

Spall 等人经过推导证明 SPSA 梯度对于目标函数来说搜索方向恒为上山方向，且其期望值为真实梯度，即 $E[\hat{g}^l(p_{opt}^l)]=\nabla O(p_{opt}^l)$。因此，为了更好地获得梯度估计，通常使用梯度的平均值作为搜索方向再应用式(7-14)进行优化：

$$\bar{\hat{g}}^l(p_{\mathrm{opt}}^l)=\frac{1}{N_{\mathrm{g}}}\sum_{j=1}^{N_{\mathrm{g}}}\hat{g}_j^l(p_{\mathrm{opt}}^l) \tag{7-14}$$

式中，N_g 为生成的 SPSA 梯度样本个数。

边界约束处理方法：对于边界约束，采用对数变换法对边界约束进行处理，再通过投影梯度法解决其他约束条件。对于第 k 个控制变量，其进行对数变换的表达式为：

$$s_k=\ln\left(\frac{u_k-u_k^{low}}{u_k^{up}-u_k}\right) \tag{7-15}$$

式中，u_k 为第 k 个控制变量；u_k^{low} 和 u_k^{up} 分别为控制变量 u_k 的上下约束；s_k 为对数域上的第 k 个控制变量(图 7-4)。

通过对数变换，可使边界约束优化转变成无约束优化问题。进行生产优化计算时，每次迭代都是在对数域上进行的，当单步迭代运算之后再通过对数逆变换得到所有的油水井的真实控制变量，形式为：

$$u_k = \frac{\exp(s_k)u_k^{up} + u_k^{low}}{1 + \exp(s_k)} = \frac{\exp(-s_k)u_k^{low} + u_k^{up}}{1 + \exp(-s_k)} \tag{7-16}$$

这里，如果 u_k 对 s_k 进行求导，则有：

$$\frac{du_k}{ds_k} = \frac{(u_k - u_k^{low})(u_k^{up} - u_k)}{u_k^{up} - u_k^{low}} \tag{7-17}$$

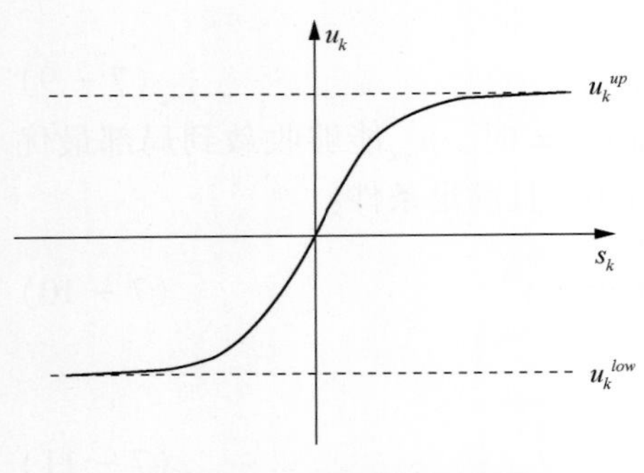

图 7-4　对数变换示意图

SPAS 优化计算的流程：第一步，确定油藏系统当前的评价函数，也就是累计产量、注水量等；第二步，对控制参量如孔隙度、注水量、渗透率等施加扰动，随机生成扰动向量，各扰动向量相互独立；第三步，保持控制参量的扰动状态，计算油藏的评价函数变化；第四步，计算油藏评价函数值的改变量，并按迭代公式对控制参量的取值进行修正，再次循环计算，直到最终的误差最小为止。

SPAS 改进算法：SPAS 优化计算中一般有角度升级和尺度升级对目标函数的优化，目的是加快优化速度，提高优化质量。一般将附加优化策略的优化计算方法称为改进的 SPAS 优化方法。

1. 角度升级

如果近似梯度与真实梯度更接近，则两者的夹角越小，则夹角的余弦值 θ 越小，它的值可以用下式计算：

$$\cos(\theta) = \frac{g^{\mathrm{T}}\hat{g}}{|g||\hat{g}|} \tag{7-18}$$

由于真实梯度 g 是未知的，但是在每个迭代步对 L 进行优化时，g 是不变的，因此可以选择下式作为目标函数 L 的优化函数，使每个迭代步下计算梯度与真实梯度夹角最小：

$$\max F(L) = \frac{g^{\mathrm{T}}\hat{g}}{|\hat{g}|} = \frac{\| L^{\mathrm{T}}\Delta O \|^2}{c_k |\Delta_p LL^{\mathrm{T}}\Delta O|} \tag{7-19}$$

2. 尺度升级

如果单位尺度上目标函数增量越大，则一定程度上优化效果更好。因此，每个迭代步可以优化目标函数 L，使单位步长下增量最大：

$$\max F(L) = \frac{\left\| L^{\mathrm{T}} \dfrac{\Delta O}{c_k} \right\|^2}{\| \hat{g} \|_{\infty}} \frac{\| L^{\mathrm{T}}\Delta O \|^2}{c_k \| \Delta_p LL^{\mathrm{T}}\Delta O \|_{\infty}} \tag{7-20}$$

二、优化算法 SPSA 效果验证

为了验证算法的计算效果，我们设计了 3 类高维数的目标函数，包括维数为 10 和 50 的简单非线性模型和维数为 10 的强非线性模型.

1. 10 维非线性模型

测试函数：

$$O(p) = \sum_{i=1}^{10} [p(i) - i]^2 \tag{7-21}$$

为了测试算法的效果，每个迭代步均取 10 次扰动，并与标准 SPSA 算法扰动 10 次的优化结果进行对比，目标函数迭代优化结果见图 7-5。

对于此函数，改进算法在 60 步左右开始收敛，而标准算法需要 100 步，改进后计算效率有大幅提高，其收敛速度远大于标准 SPSA 算法，效率提高接近一倍。

由于此函数较简单，真实梯度容易求得。图 7-6 是优化过程中近似梯度与真实梯度的夹角余弦值结果。

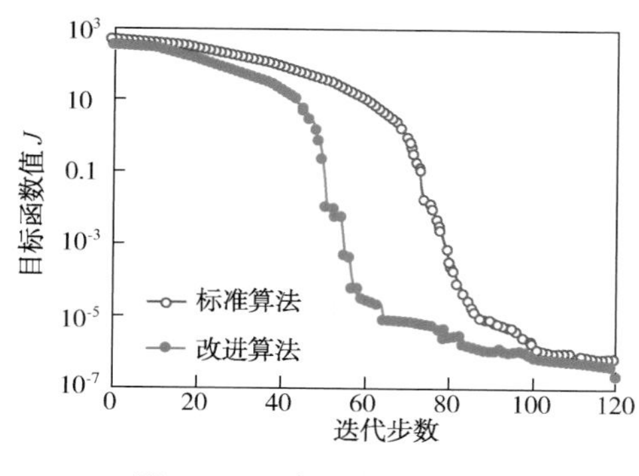

图 7-5　目标函数迭代过程

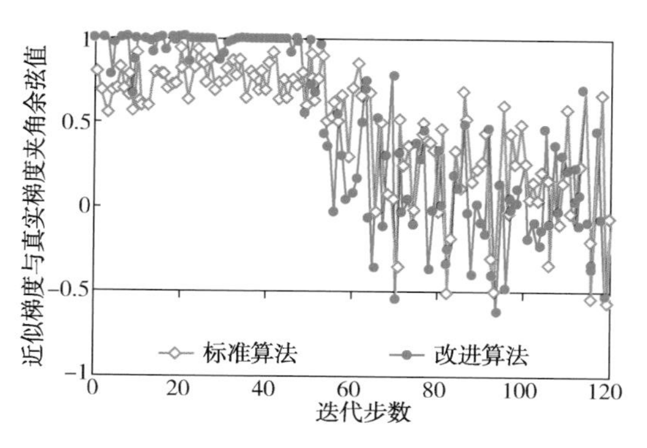

图 7-6　近似梯度与真实梯度夹角余弦值

在迭代前半段，改进梯度较标准的 SPSA 梯度更接近于真实梯度，大部分余弦值等于 1 或极其接近于 1，表明此迭代步梯度几乎与真实梯度相吻合，余弦值的平均值在 0.95 以上，而标准 SPSA 梯度的夹角余弦值在 0.7 左右，说明升级梯度对真实梯度的逼近效果更好；在迭代后半段时，由于接近最优解，函数非线性变强，两种算法夹角余弦均产生波动。

2. 50 维非线性模型

测试函数：

$$O(p) = \sum_{i=1}^{50} [p(i) - i]^2 \tag{7-22}$$

每个迭代步均取 20 次扰动，并与标准 SPSA 算法扰动 20 次的优化结果进行对比，目标函数迭代优化结果见图 7-7。

图 7-7 显示，改进算法比比标准算法收敛速度快，改进算法的计算效率有提高，在相同扰动次数下，升级算法的收敛速度大于标准 SPSA 算法。

3. 强非线性模型

测试函数：

$$O(p) = \sum_{i=1}^{10} (100 \times [p(2i-1) - p(2i)]^2 + [p(2i-1)^2 - 1] \tag{7-23}$$

取 15 次扰动进行优化对比，目标函数迭代优化结果见图 7-8。

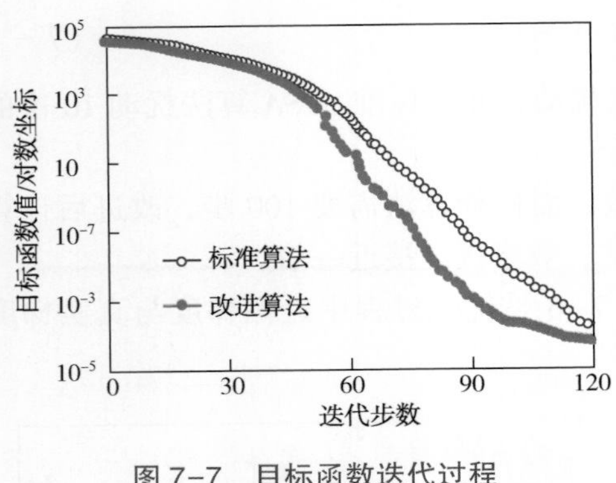

图 7-7　目标函数迭代过程

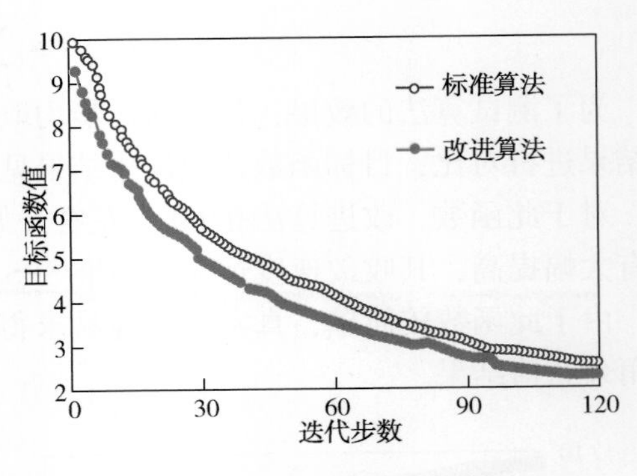

图 7-8　目标函数迭代过程

图 7-8 显示，改进算法比比标准算法收敛速度快，改进算法的计算效率有提高，在相同扰动次数下，升级算法的收敛速度大于标准 SPSA 算法。

说明改进后的 SPSA 算法能够加快目标函数收敛，有效提高计算效率。

第三节　概念模型优化

为了验证优化数学模型的正确性，设计了四类缝洞概念模型，包括一注四采模型、四注一采模型、六注二采模型和多层模型。优化目标函数有两种：经济净现值(NPV)与区块累产油量(FOPT)，优化的参数包括单井注水量、产液量。

一、一注四采模型

二维缝洞型油藏，网格数为 21×21×1，网格步长为 DX = DY = 15m，DZ = 2m；裂缝的渗透率为 $5000\times10^{-3}\mu m^2$、孔隙度为 0.03，溶洞的渗透率为 $500\times10^{-3}\mu m^2$、孔隙度为 0.5，基质的渗透率为 $10\times10^{-3}\mu m^2$、孔隙度为 0.02；中心井 I1 为注水井，角井 P1～P4 为生产井(图 7-9)。

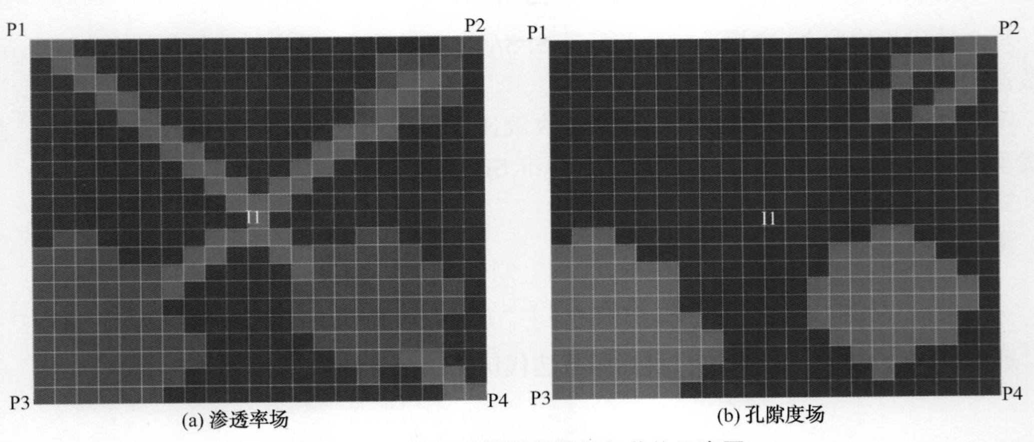

图 7-9　一注四采模型参数场与井位示意图

二、四注一采模型

地质模型与一注四采模型完全相同，中心井 P1 为生产井，角井 I1～I4 为注水井(图 7-10)；

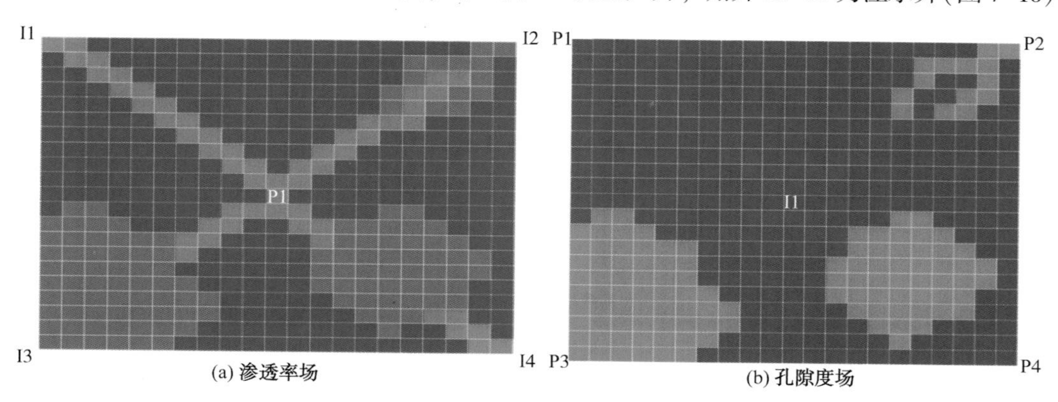

图 7-10　四注一采模型井位示意图

三、六注二采模型

二维缝洞型油藏，网格数为 21×21×1，网格步长为 $D_X = D_Y = 20\text{m}$，$D_Z = 5\text{m}$；裂缝的渗透率约为 $5000 \times 10^{-3} \mu\text{m}^2$、孔隙度约为 0.13，溶洞的渗透率约为 $900 \times 10^{-3} \mu\text{m}^2$、孔隙度为 0.55，基质的渗透率约为 $5 \times 10^{-3} \mu\text{m}^2$、孔隙度约为 0.02；中间井 P1、P2 为生产井，I1～I6 为注水井(图 7-11)。

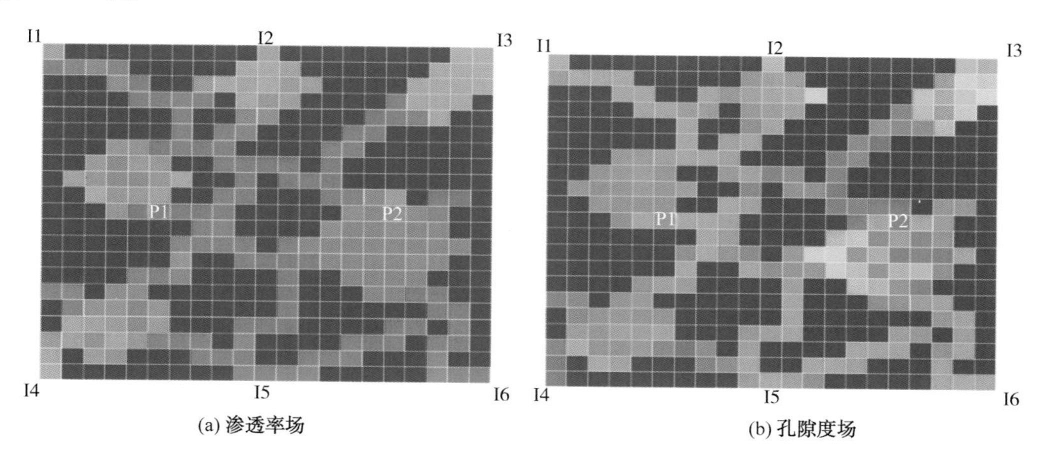

图 7-11　六注二采模型参数场与井位示意图

四、多层模型

模型网格数为 3×50×50，网格步长为 $D_X = 40\text{m}$，$D_Y = D_Z = 10\text{m}$；裂缝的渗透率为 $3500 \times 10^{-3} \mu\text{m}^2$、孔隙度为 0.17，溶洞的渗透率为 $2000 \times 10^{-3} \mu\text{m}^2$、孔隙度为 0.8，基质的渗透率为 $10 \sim 300 \times 10^{-3} \mu\text{m}^2$、孔隙度为 0.04；模型内有一注水井 I，生产井 P，每口井含 3 个控制阀(图 7-12)。

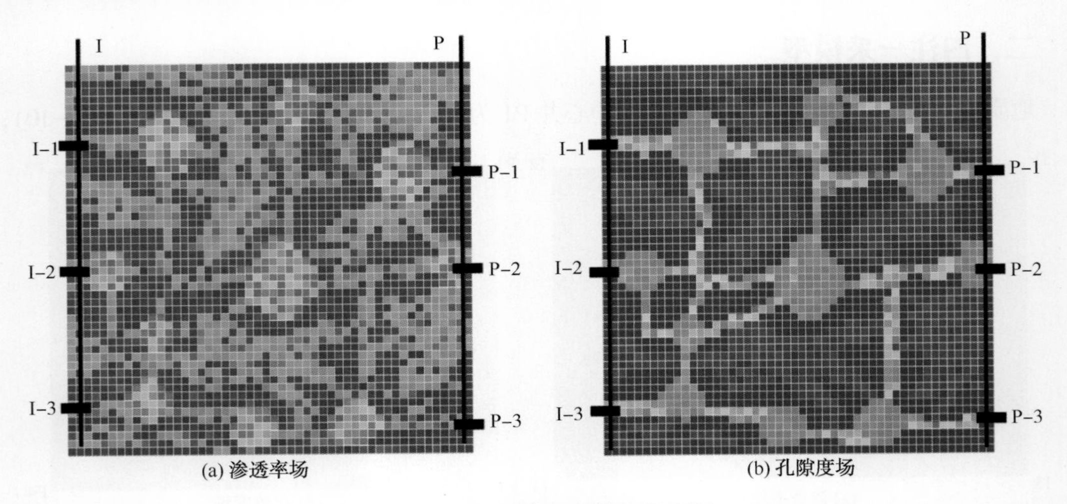

图 7-12 多层模型参数场示意图

五、生产井产液量优化

对一注四采模型中四口生产井进行产液量的优化。优化时间为450d，划分为5个时间步，水井注水量保持不变，为80m³/d，优化各时间步上的单井产液量，设定其初值均为20m³/d；以经济净现值作为目标函数，最大化NPV为优化方式进行优化，设置原油的价格为2000元/m³、产水成本为150元/m³、注水成本为20元/m³。

优化结果见图7-13～图7-16，从优化结果中可以看到，目标函数经过35步收敛，净现值增加了约14%，经过优化后控制储量较大的P3、P4井提液生产，与缝连接的P1、P2井降液生产，区块产油量增加约2000m³，产水量降低约2000m³，剩余油分布有明显改善。

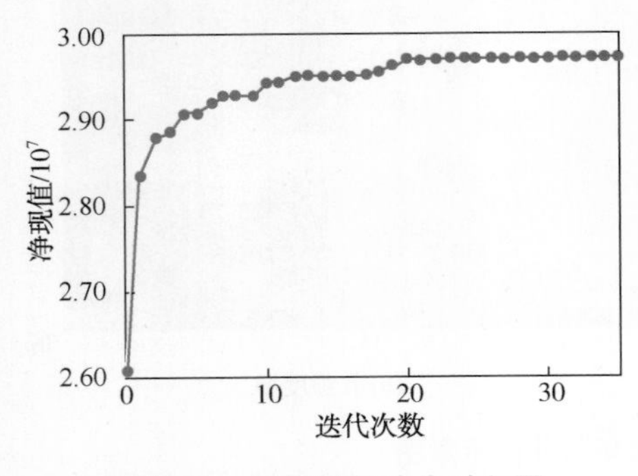

图 7-13 目标函数迭代过程图

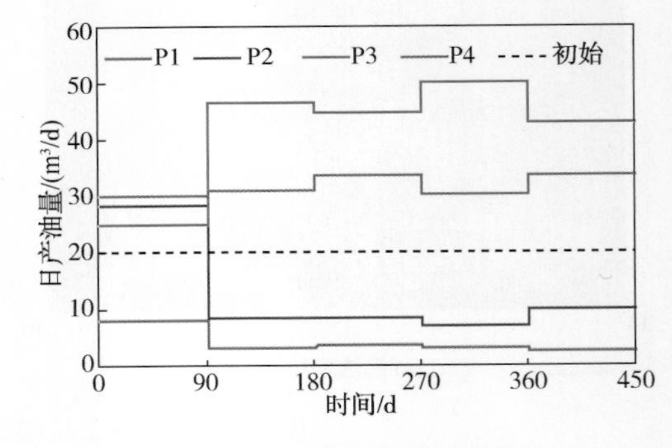

图 7-14 产油量优化结果

六、注水量优化

对四注一采模型中四口生产井进行注水量的优化。优化时间为450d，划分为5个时间步，油井产液量保持不变，为80m³/d，优化各时间步上的单井注入量，设定其初值均为20m³/d；以经济净现值作为目标函数，最大化NPV为优化方式进行优化，设置原油的价格为2000元/m³、产水成本为200元/m³、注水成本为20元/m³。

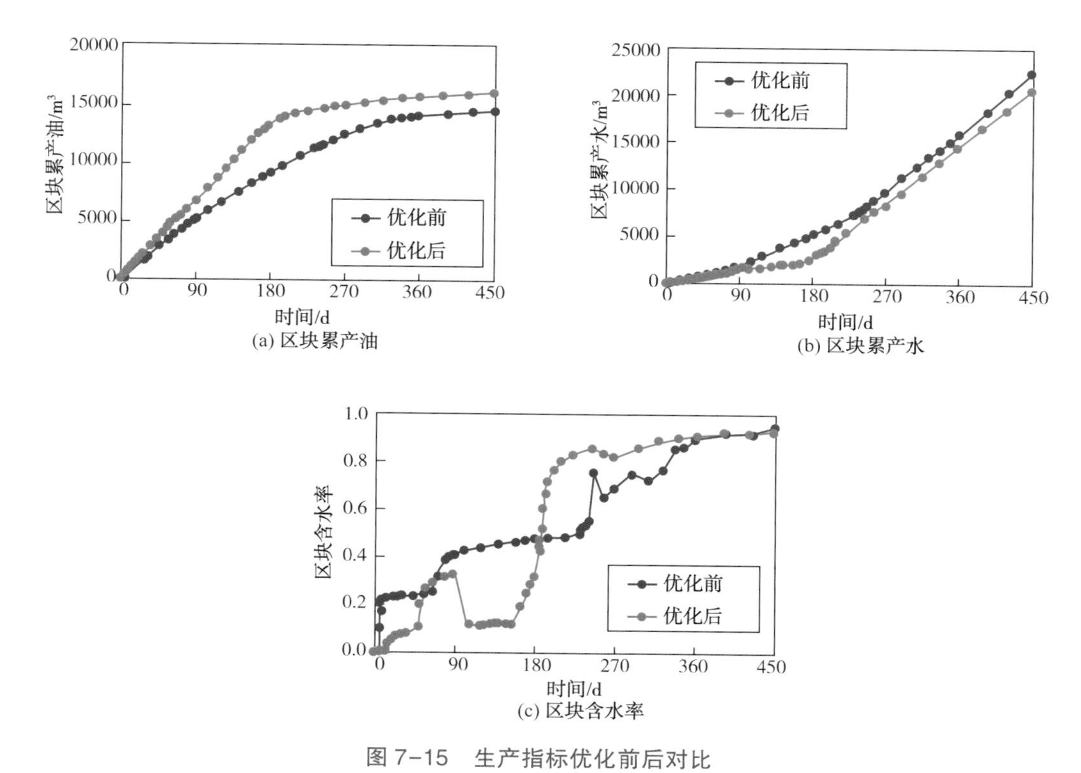

(a) 区块累产油

(b) 区块累产水

(c) 区块含水率

图 7-15　生产指标优化前后对比

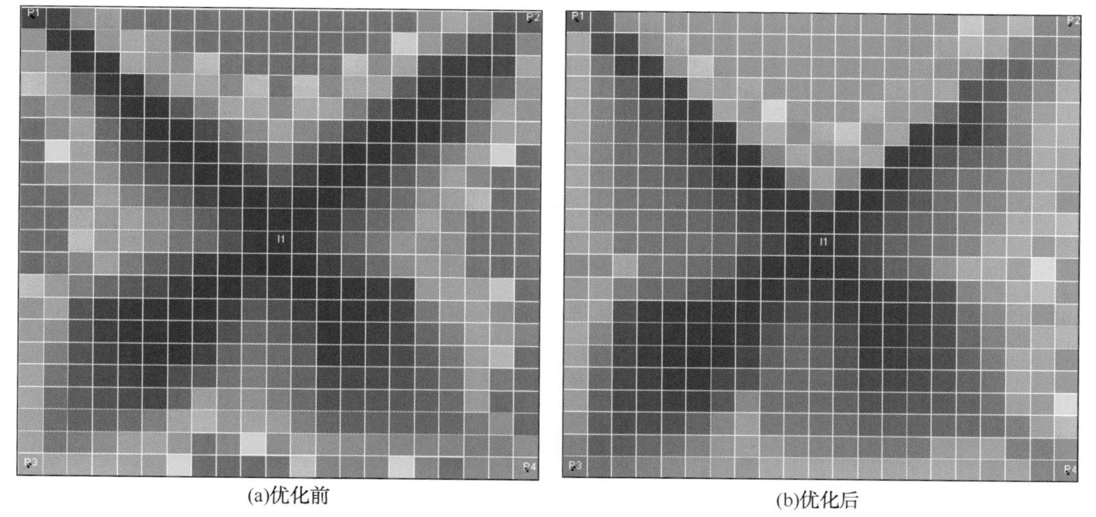

(a)优化前

(b)优化后

图 7-16　剩余油优化前后对比

优化结果见图 7-17、图 7-18，从优化结果中可以看到，目标函数经过 30 步收敛，净现值增加了约 25%，经过优化后控制储量较大的 P3、P4 井提液生产，与缝连接的 P1、P2 井降液生产，区块产油量增加约 3300m³，产水量降低约 4400m³，注水量减少 1000m³，剩余油饱和度整体降低有明显改善。

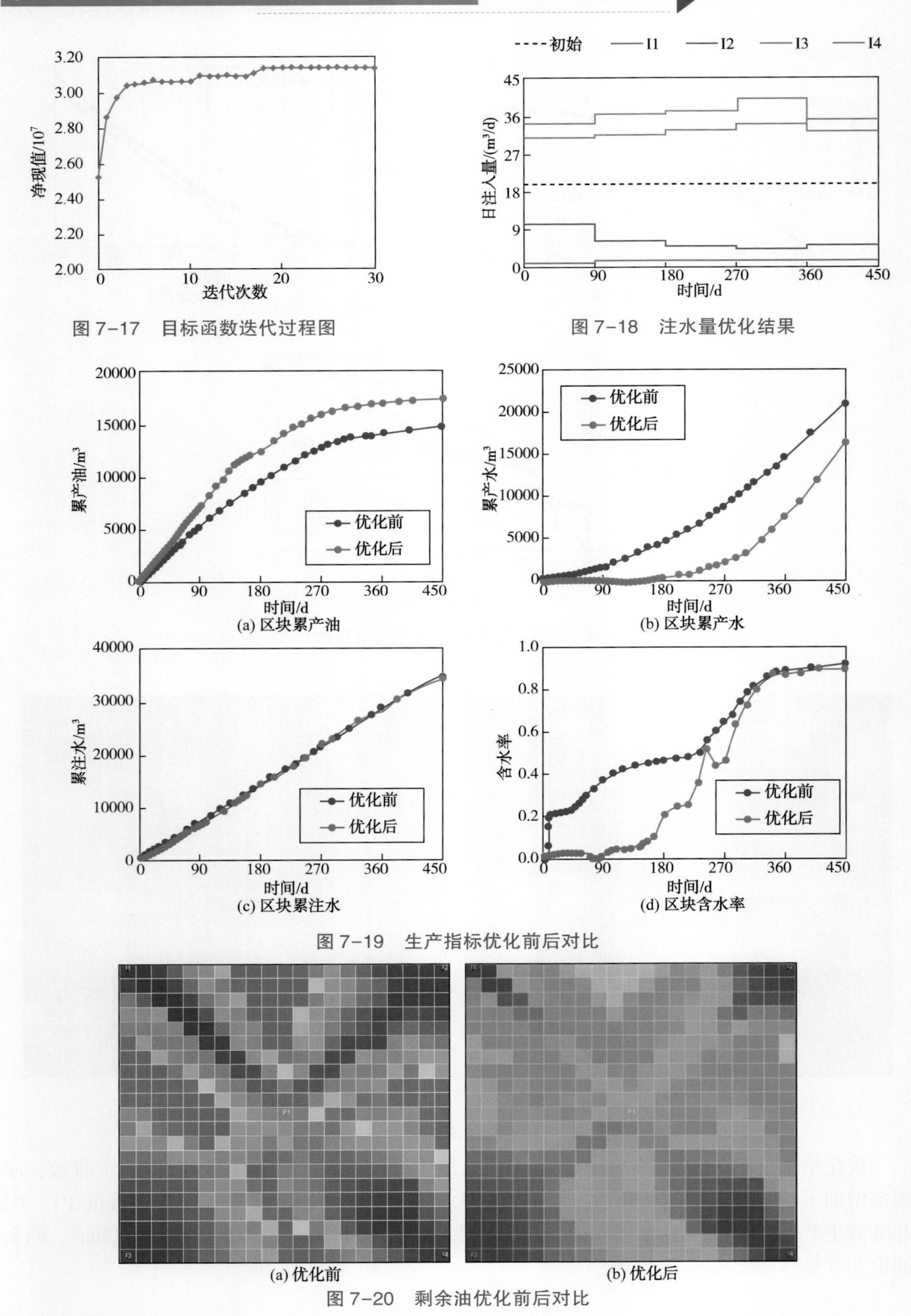

图 7-17　目标函数迭代过程图

图 7-18　注水量优化结果

(a) 区块累产油

(b) 区块累产水

(c) 区块累注水

(d) 区块含水率

图 7-19　生产指标优化前后对比

(a) 优化前

(b) 优化后

图 7-20　剩余油优化前后对比

七、复杂干扰井注采量优化

对六注二采模型进行单井注采的优化。优化时间为1800d，划分为10个时间步，优化各时间步上的油井产液量与水井注入量，设定油井产液量初值为120m³/d，水井注入量初值为40m³/d；以经济净现值作为目标函数，以最大化NPV的优化方式进行优化，设置原油的价格为2000元/m³、产水成本为200元/m³、注水成本为20元/m³。

优化结果见图7-21~图7-24，从优化结果中可以看到，目标函数经过87步收敛，净现值增加了约280%，经过优化后P1井中后期进行提液、P2井始终提液生产，I4与I6井增注、其余井降注，区块产油量增加约1×10^4m³，产水量降低约11×10^4m³，注水量减少18×10^4m³，剩余油饱和度整体降低有明显改善。

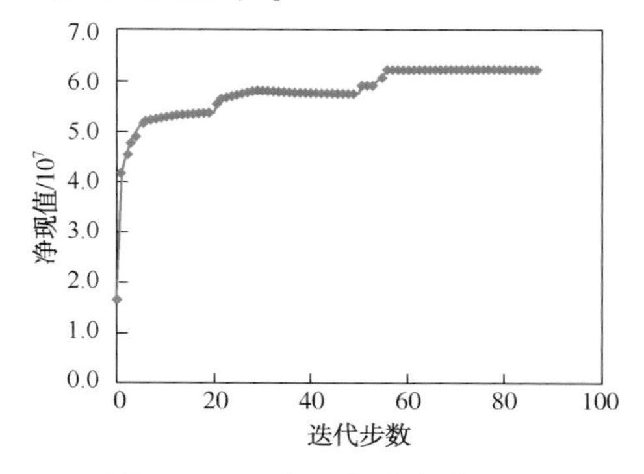

图7-21　目标函数迭代过程图

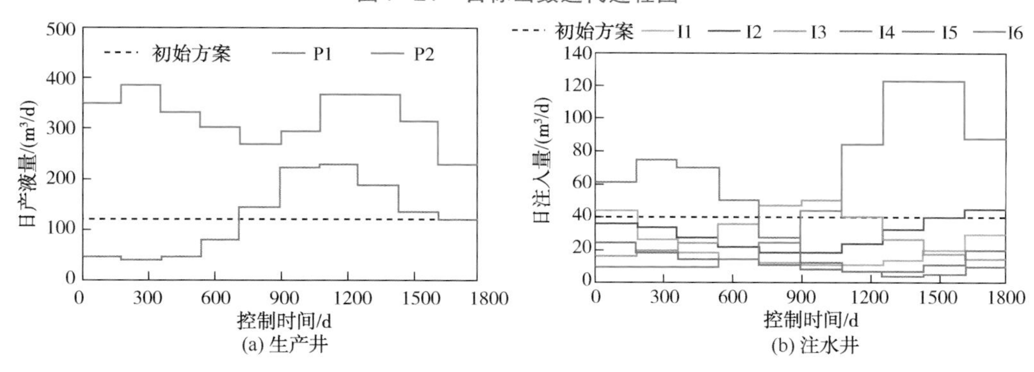

图7-22　注采量优化结果

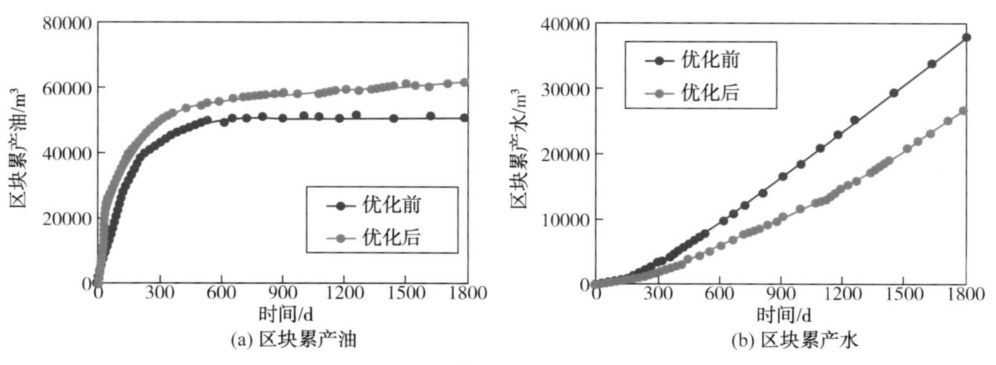

图7-23　生产指标优化前后对比

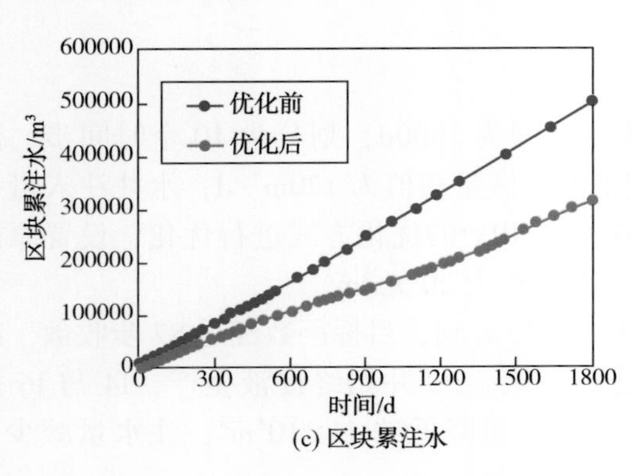

(c) 区块累注水

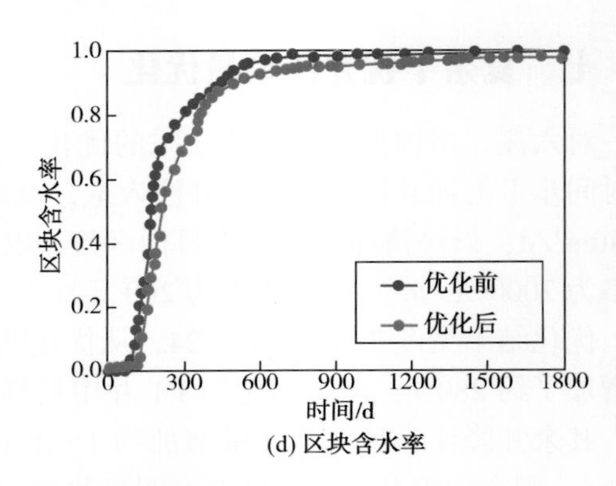

(d) 区块含水率

图 7-23　生产指标优化前后对比(续)

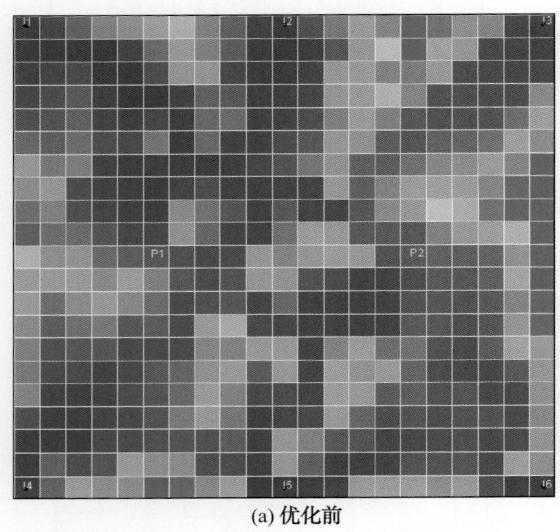
(a) 优化前

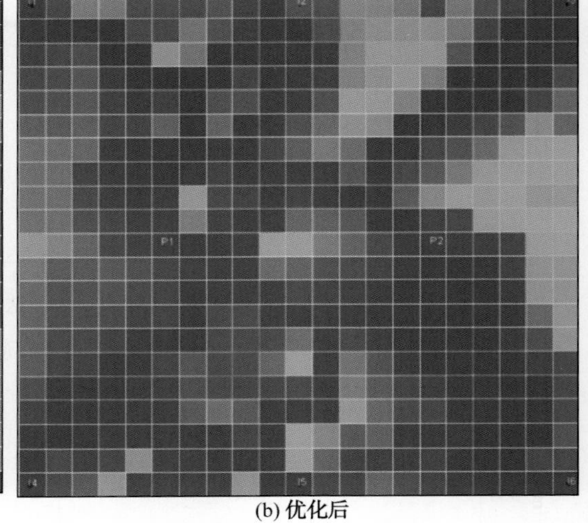
(b) 优化后

图 7-24　剩余油优化前后对比

八、层间干扰注采量优化

对层间干扰模型进行优化。优化时间为 1800d，划分为 10 个时间步，优化各时间步上的油井各层的流压与水井在各层注入量，设定油井流压初值均为 400bar，水井各层注入量初值均为 300m^3/d；以经济净现值作为目标函数，最大化 NPV 为优化方式进行优化，设置原油的价格为 2000 元/m^3、产水成本为 100 元/m^3、注水成本为 200 元/m^3。

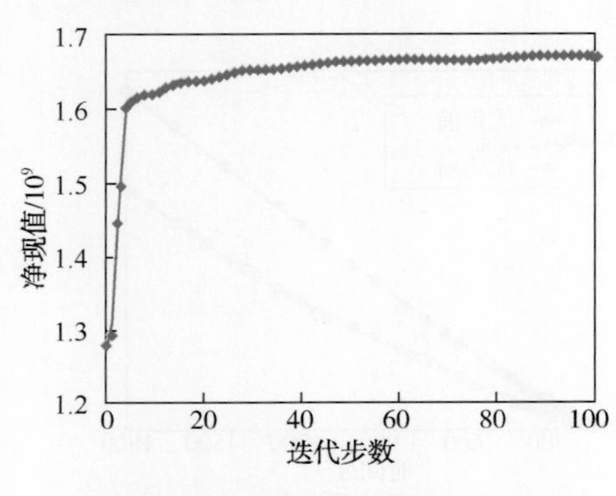

图 7-25　目标函数迭代过程图

优化结果见图 7-25～图 7-28，从优化结果中可以看到，目标函数迭代 100 步后收敛，净现值增加了约 30%，经过优化，区块产油量增加约 12×10^4m^3，产水量降低约 16×10^4m^3，注水量减少约5×10^4m^3，优化后有更多的剩余油被采出。

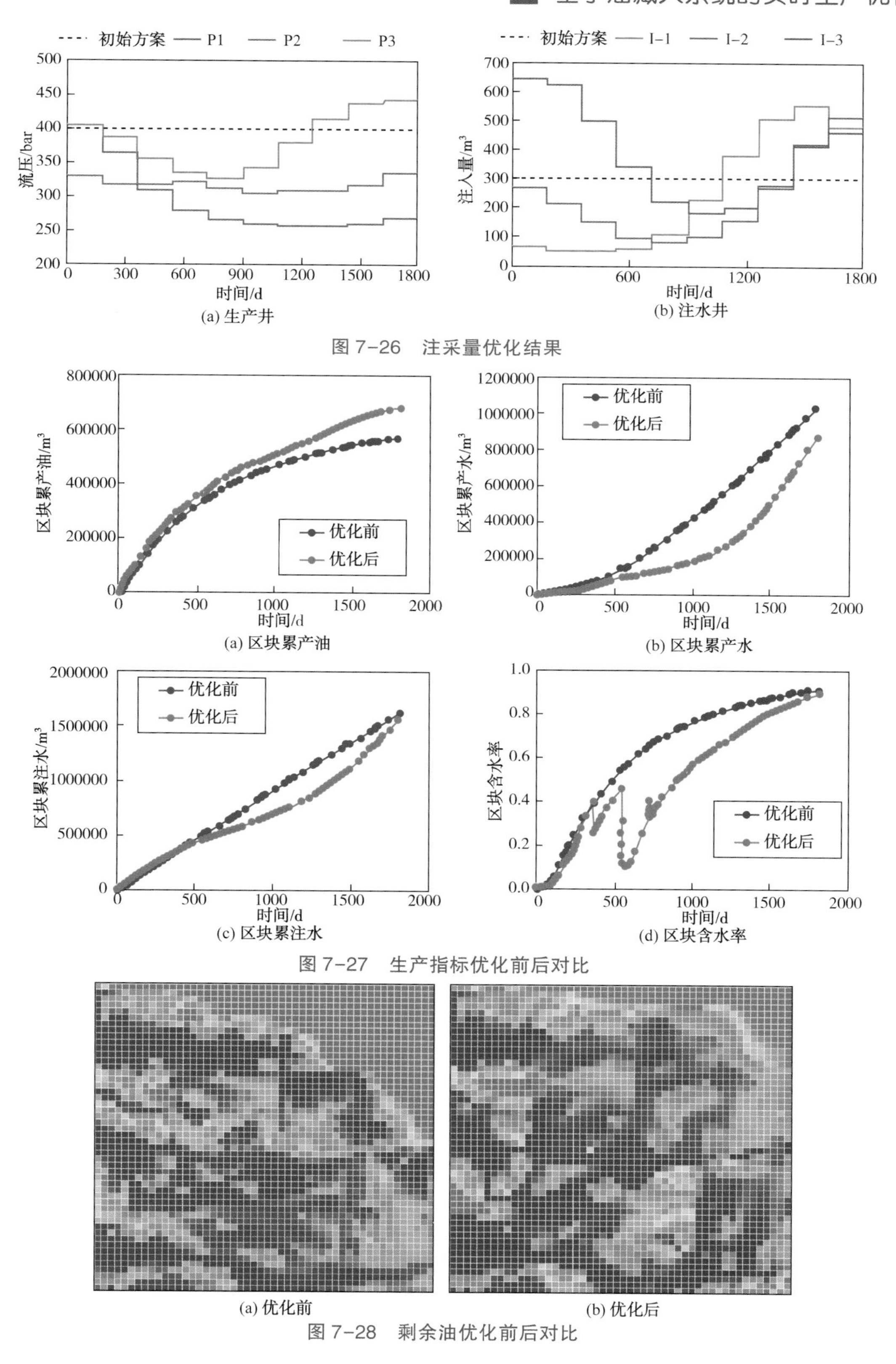

图 7-26 注采量优化结果

图 7-27 生产指标优化前后对比

图 7-28 剩余油优化前后对比

九、目标函数不同的优化

对六注二采模型进行不同目标函数的优化——经济净现值与累产油。

1. 以净现值为目标函数的优化

前面已详述，最大化净现值，优化后的累产油增加 $1\times10^4m^3$，累产水降低 $11\times10^4m^3$，累注水降低 $18\times10^4m^3$。

2. 以累计采油量为目标函数的优化

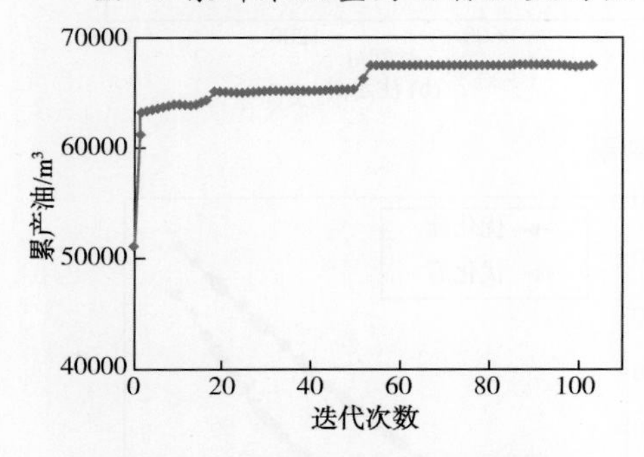

图 7-29　目标函数迭代过程图

设置油价为 1，产水注水成本均为 0，进行以最大化累产油为目标的优化，其余设定同前。

优化结果见图 7-29～图 7-33，经过优化，油井均提液、水井均增注，得到的是强注强采的工作制度。虽然最终的累产油比优化 NPV 为目标的结果增加了 $0.6\times10^4m^3$ 左右，但这是以累产水增加了 $26\times10^4m^3$ 为代价的。

在实际中，处理油田产出水的成本不容忽视，使用 NPV 作为优化目标的方法可以通过调节油水价格因子来对水的产出进行控制，因此，在实际应用中，采用 NPV 作为目标函数是有优势的。

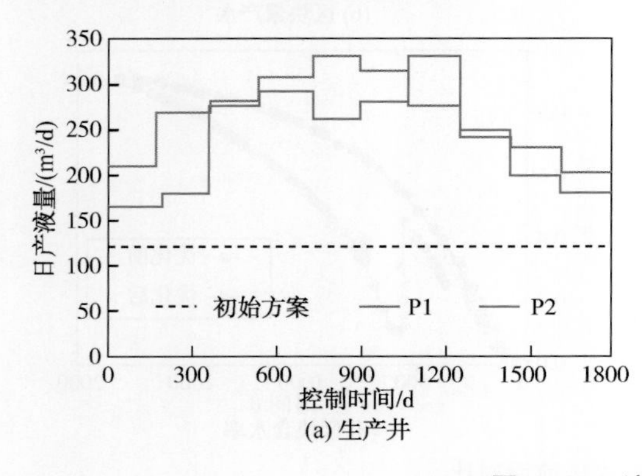

(a) 生产井

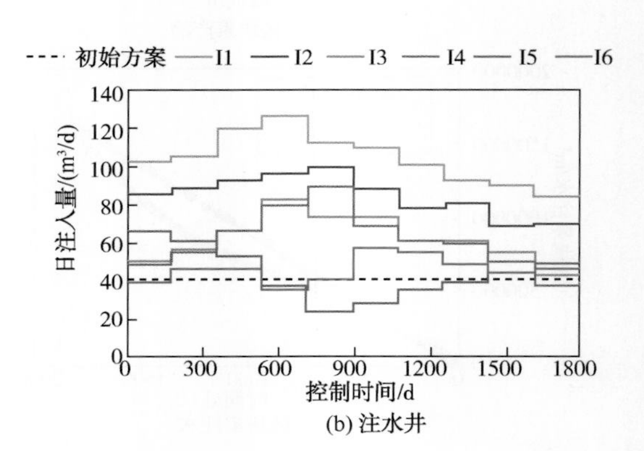

(b) 注水井

图 7-30　注采量优化结果

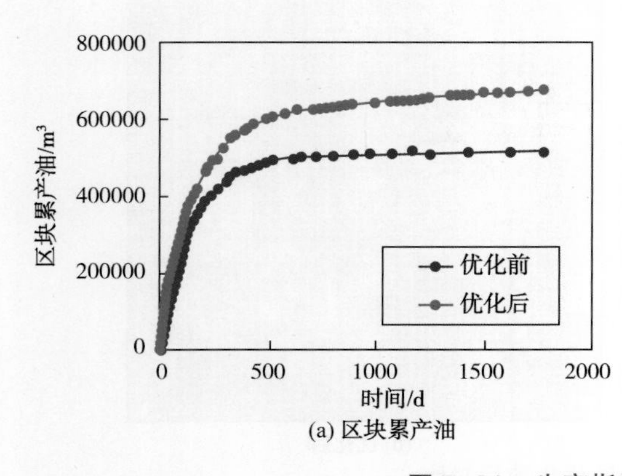

(a) 区块累产油

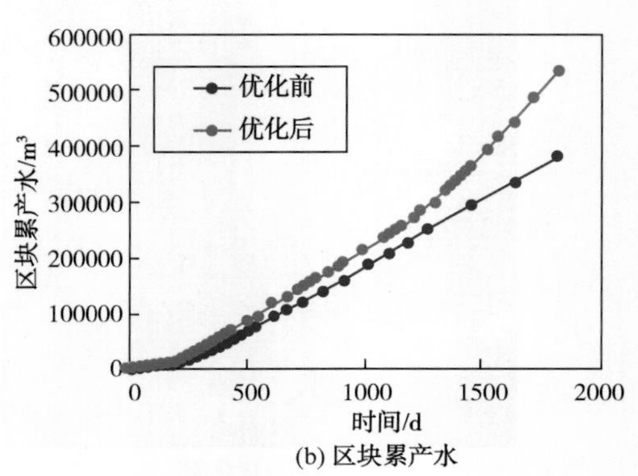

(b) 区块累产水

图 7-31　生产指标优化前后对比

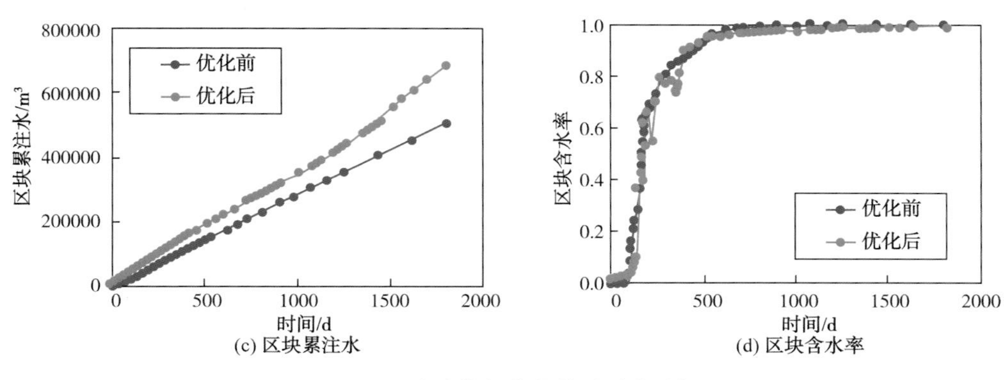

(c) 区块累注水 (d) 区块含水率

图 7-31 生产指标优化前后对比(续)

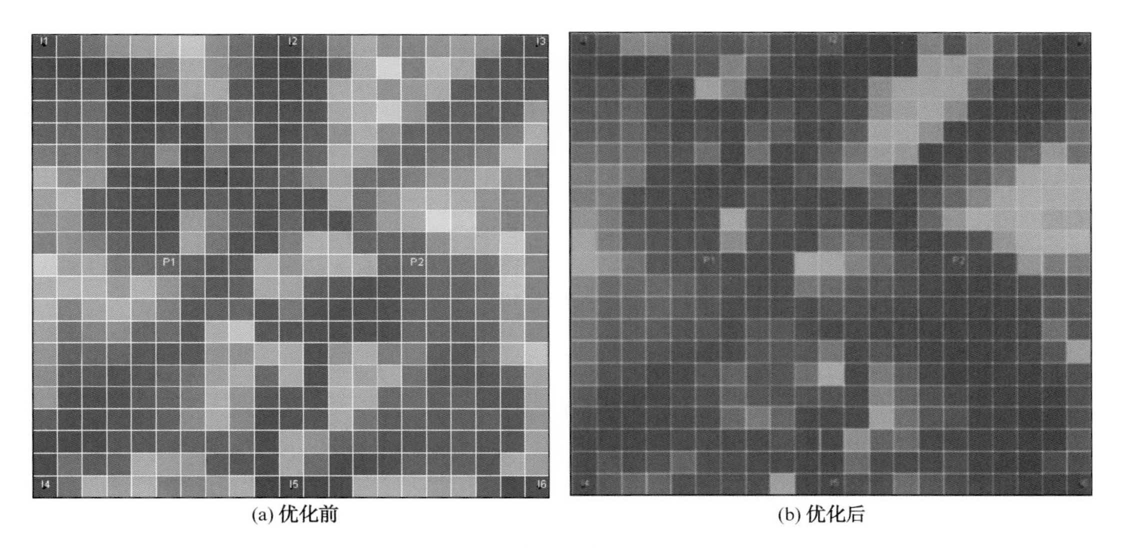

(a) 优化前 (b) 优化后

图 7-32 剩余油优化前后对比

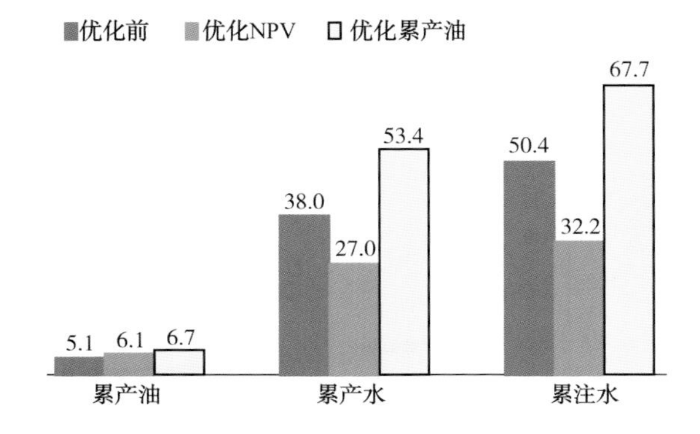

图 7-33 两种优化方式优化前后对比(单位：10^4m^3)

第四节 实际单元应用

油藏数值模拟器选用三维三相变重介质 KarstSim 模拟器。单元容积法地质储量 2790×10^4t，数值模拟拟合后 2697×10^4t，误差 3%。生产历史拟合指标包括区块和单井的压力、含水、生产气油比等指标；拟合原则是先压力后含水；先整体后单井；压力拟合方法是通过调整水体的大小和侵入速度及油藏弹性能量拟合全区的压力；含水拟合方法是通过调整油水界面、水体大小、相渗、井周溶洞孔隙度、井与底水的裂缝及裂缝渗透率。

基于 Karstsim 模拟器，结合 HMOpt 辅助历史拟合对相渗及网格参数进行了自动修改，实现了对油田开发历史的历史拟合。单元的油产量、含水率和压力实现了较好的拟合。单井的油产量、含水率拟合率超过了 82%。图 7-34~图 7-35 为单元的累积油产量、产油速度和含水率。

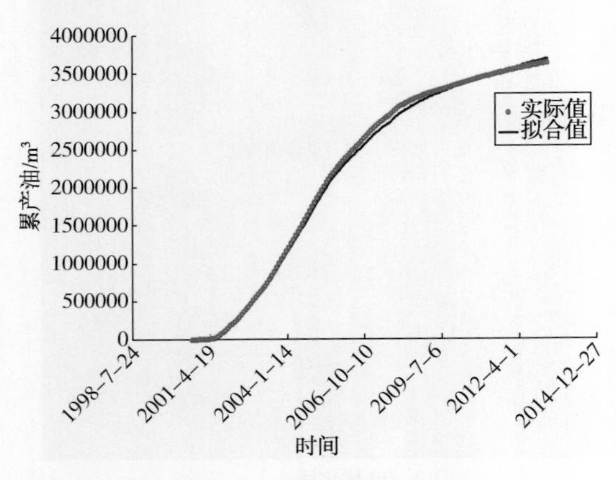

图 7-34 S80 单元累积产油量拟合

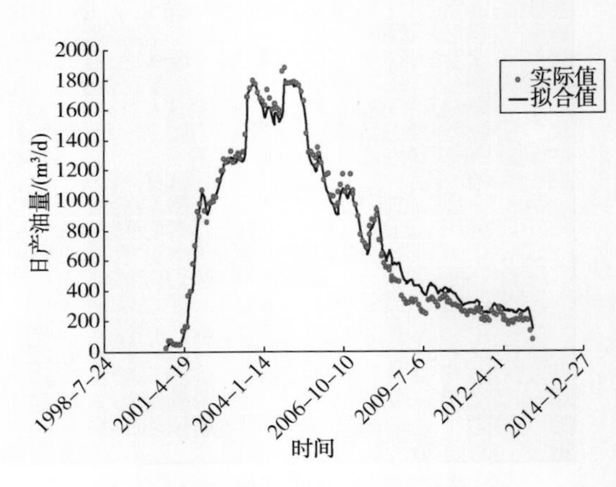

图 7-35 S80 单元日产油量拟合

从图中(图 7-36)可以看出，经过 50 个迭代步以后，目标函数下降了 85%，拟合效果明显。

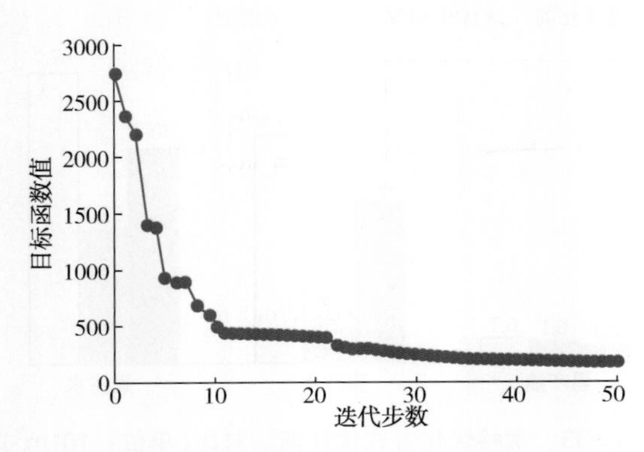

图 7-36 自动历史拟合目标函数下降过程

利用基于辅助历史拟合后的模型，进行了5年的注采参数优化。将9个月内生产数据平均作为优化计算初始条件，优化5年注采量。优化后累增油26.4×10^4t，累产水增加10.6×10^4m^3，累注水增加7.2×10^4m^3。最终目标函数NPV迭代优化计算结果如图7-37所示。优化前后的区块累产油、累产水和累注水量变化如图7-38，优化前后的含水率对比曲线间图7-39。

图7-40是单井注采参数优化结果。

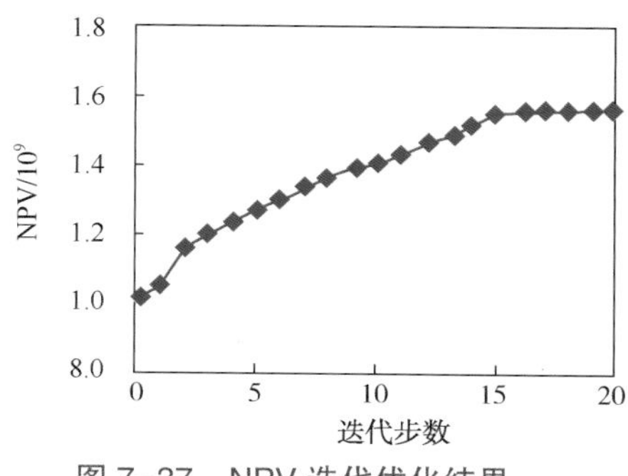

图7-37 NPV迭代优化结果

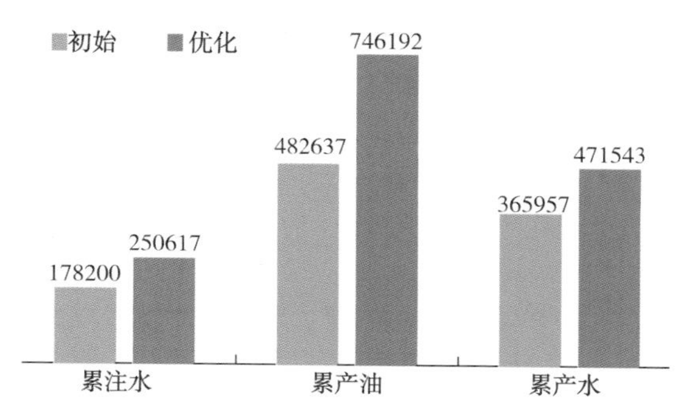

图7-38 区块累产油优化结果(单位：m^3)

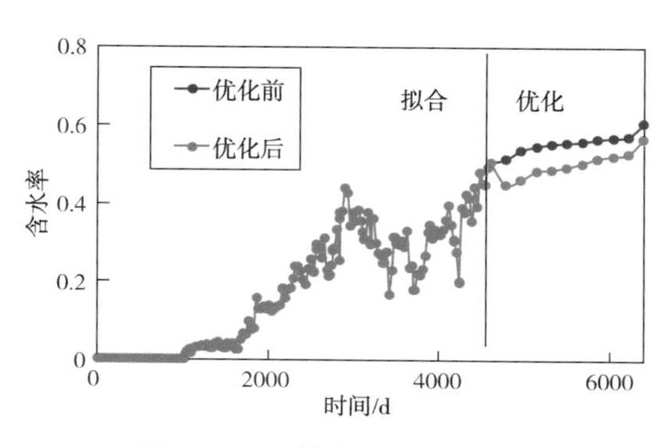

图7-39 区块含水率优化结果

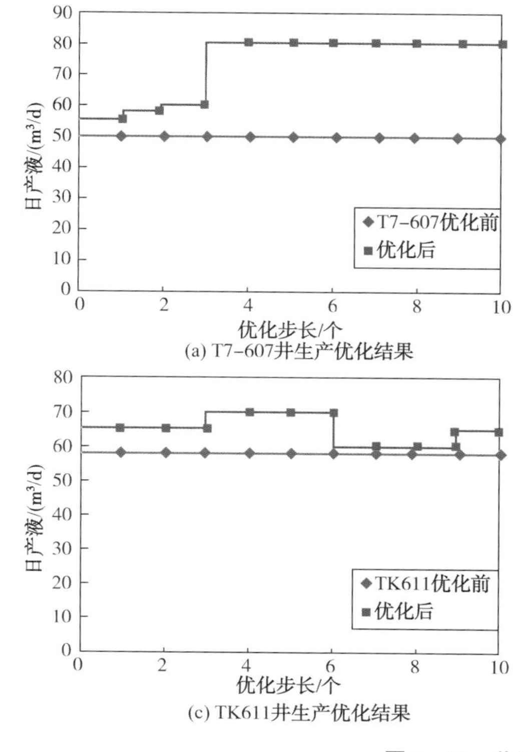

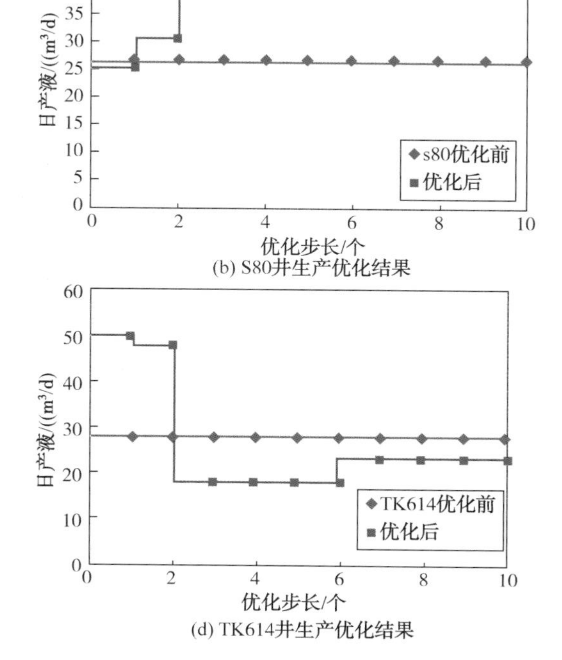

图7-40 井注采参数优化结果

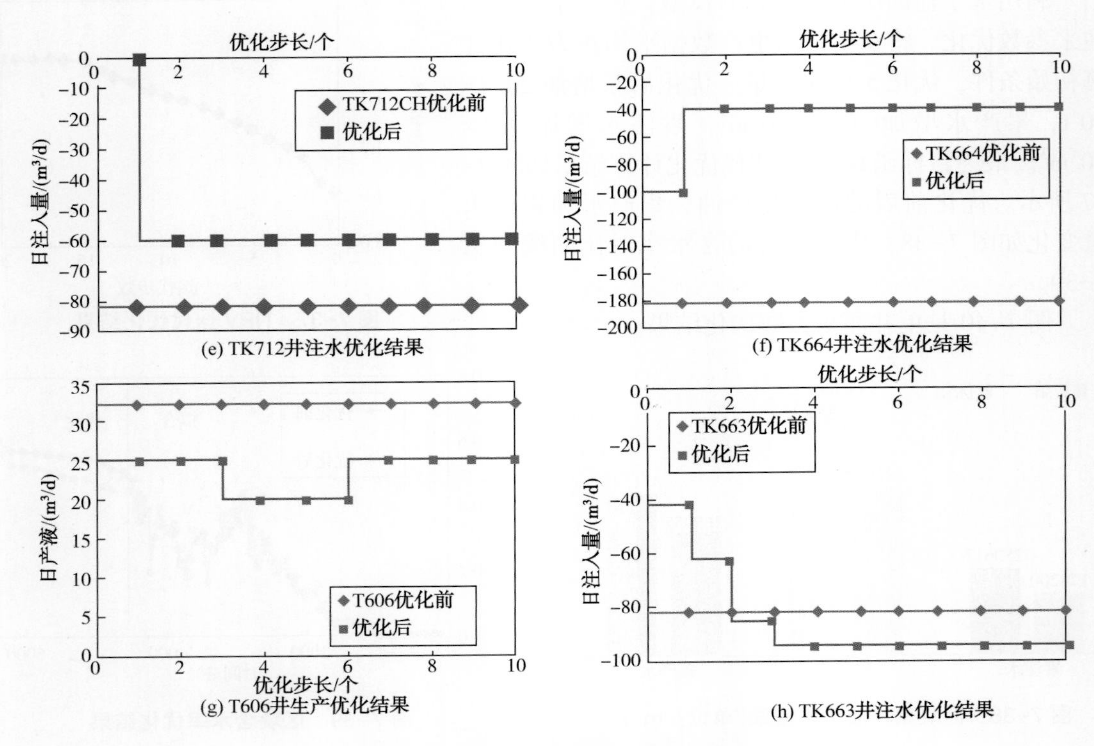

图 7-40　井注采参数优化结果(续)

利用数值模拟计算结果分析了部分油井优化前后的网格内油水饱和度的分布的变化，给出了增油效果的机理(图 7-41)。从含水饱和度分布可以看出优化前后部分层位的含水饱和度分布区域增大，说明水驱波及系数增大，改善了注水的波及程度，增加了水驱油采收率。

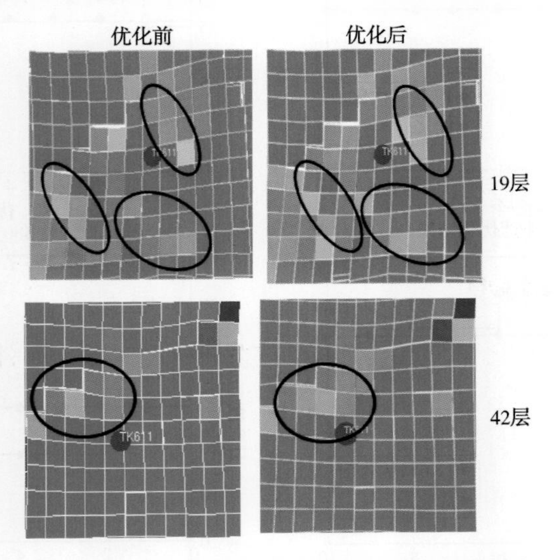

图 7-41　TK611 井底附近优化前后饱和度对比

第八章　多模型鲁棒生产优化

由于对地质模型不准确性，对单一地质模型进行生产优化得到的结果不确定性强、风险性大，提出了基于不确定性模型优化的多模型鲁棒优化方法，与前面的优化方法的区别在于是基于若干个地质模型实现进行鲁棒优化，目的也是获得一个最优方案，但该方案对于任意一个模型都能改善开发效果，因此应用鲁棒优化方法对油藏进行生产优化能够有效降低开发风险。

第一节　鲁棒优化方法与算法

缝洞型油藏具有强非均质性，地下缝洞单元体分布十分复杂，首先建立多个条件符合的地质模型，通过生产动态分析与生产历史拟合，筛选多个不准确动态流动模型，基于多个动态模型开展鲁棒优化，得到一个最优方案，该方案应用于任意模型都能改善开发效果，鲁棒方法优势是方案适应性强、降低方案风险，鲁棒优化方法思路见图 8-1。

①建立多个可能的地质模型

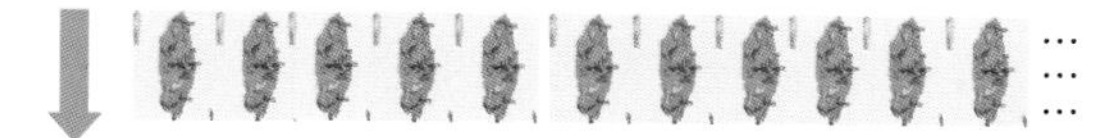

②通过动态筛选与历史拟合后剩余多个不准确模型

③基于多个地质模拟开展鲁棒优化,得到最优方案

图 8-1　鲁棒优化方法思路图

一、鲁棒优化数学模型

对于油藏生产鲁棒优化而言，就是在控制变量满足各种约束条件下，求取目标函数的最大值及相应的最优控制变量。

基于地质统计学方法生成 N_e 个反映油藏特征的模型实现，对于第 k 个油藏模型实现其对应的性能指标为：

$$J_k(u,\ y_k,\ m_k)=\sum_{n=1}^{L}\left[\sum_{j=1}^{N_P}(r_o q_{o,\ j,\ m_k}^{n}-r_w q_{w,\ j,\ m_k}^{n})-\sum_{i=1}^{N_I} r_{wi} q_{wi,\ j,\ m_k}^{n}\right]\frac{\Delta t^n}{(1+b)^{t^n}}\quad(8-1)$$

式中，m_k 为第 k 个油藏动态模型实现，$k=1，2，\cdots，N_e$；J_k 为模型 m_k 所对应的 NPV 值；q_{o,j,m_k}^{n}为模型 m_k 中第 j 口生产井 n 时刻的平均产油速度，STB/d；q_{w,j,m_k}^{n}为模型 m_k 中第 j 口生

产井 n 时刻的平均产水速度，STB/d；q_{wi,j,m_k}^{n}为第 i 口注水井 n 时刻的平均注水量，STB/d；L 为优化时间步数；Δt^n为时间步长；b 为年利率。

对于鲁棒优化问题，这里选择函数 J_k 的数学期望作为优化目标函数求取极大值，结合约束条件其可最终描述为：

$$\mathrm{Max}\ J_{ro} = E[J_k(u,\ y_k,\ m_k)] = \frac{1}{N_e}\sum_{k=1}^{N_e} J_k(u,\ y_k,\ m_k) \tag{8-2}$$

约束条件包括等式、不等式约束和边界约束：

$$e_i(u,\ y_k,\ m_k) = 0,\ i = 1,\ 2,\ \cdots,\ n_e \tag{8-3}$$

$$c_j(u,\ y_k,\ m_k) \leqslant 0,\ j = 1,\ 2,\ \cdots,\ n_c \tag{8-4}$$

$$u^{low} \leqslant u \leqslant u^{up} \tag{8-5}$$

鲁棒优化模型与单油藏优化模型优化的不同之处主要在于目标函数，单模型优化以模型的净现值为目标进行优化，而鲁棒优化以多模型净现值的数学期望值作为目标函数。

二、鲁棒优化算法

对于这个最优化问题，如采用单模型 SPSA 算法进行求解效果欠佳。因为按照单模型的方法思路，生成单个扰动向量带入多个模型实现中求得 NPV 及平均值，再用 NPV 的平均值与扰动向量关系得到梯度，这样没有充分利用各模型实现的信息，求出的梯度不准确，计算量大，提出了多模型改进算法（图 8-2）。每个模型设计一个注采方案，求各自的梯度，将各梯度均值作为梯度，充分利用各模型实现的信息。

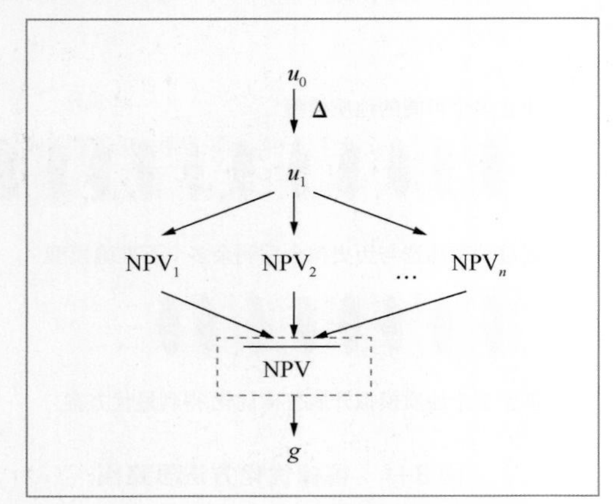

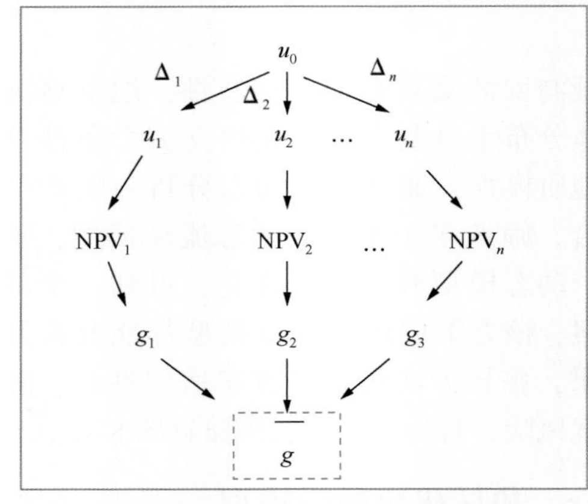

图 8-2 常规梯度计算与多模型计算方法对比

期望值 J_{ro} 与其他性能指标函数 J_k 为线性关系，因此 J_{ro} 对控制变量 u 梯度 $\nabla J_{ro}(u)$ 可表示为：

$$\nabla J_{ro}(u) = \frac{1}{N_e}\sum_{k=1}^{N_e} \nabla J_k(u) \tag{8-6}$$

式中，$\nabla J_k(u)$ 为模型 m_k 所对应性能指标函数 J_k 对控制变量 u 的梯度。由此，在第 l 个迭代步，利用改进后 SPSA 算法所获得梯度估为：

$$\hat{g}_{ro}^{l}(u_{opt}^{l}) = \frac{1}{N_e}\sum_{k=1}^{N_e} \hat{g}_{k}^{l}(u_{opt}^{l}) \tag{8-7}$$

式中，$\hat{g}_k^l(u_{opt}^l)$为模型 m_k 在最优点 u_{opt}^l所对应 SPSA 梯度，其表达式为：

$$\hat{g}_k^l(u_{opt}^l)=\frac{J_k(u_{opt}^l+\varepsilon_l\Delta_l^{m_k})-J_k(u_{opt}^l)}{\varepsilon_l}\times\Delta_l^{m_k} \tag{8-8}$$

式中，$\Delta_l^{m_k}$ 为模型 m_k 对应的 N_u 维随机扰动向量。

这样每一个模型实现都求得了梯度，最后得到的梯度采用的是平均值，得到的梯度更加准确，此外，采用此方法计算梯度估计一个优势是每一个模型实现的 SPSA 梯度可以单独计算，因此，这种处理方法特别适合进行并行运算，计算流程见图 8-3。

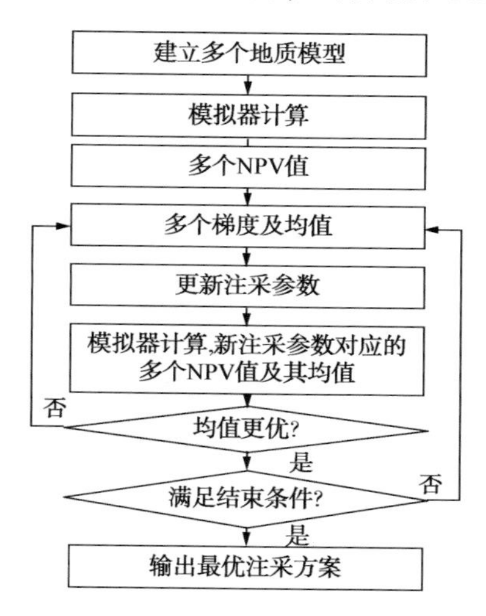

图 8-3 多模型鲁棒优化计算流程

三、鲁棒优化方法验证

随机生成 51 个缝洞地质模型实现，并指定其中一个模型为真实油藏模型(图 8-4、图 8-5)。模型内有五口注水井、四口生产井，优化各井的产油量或注水量。

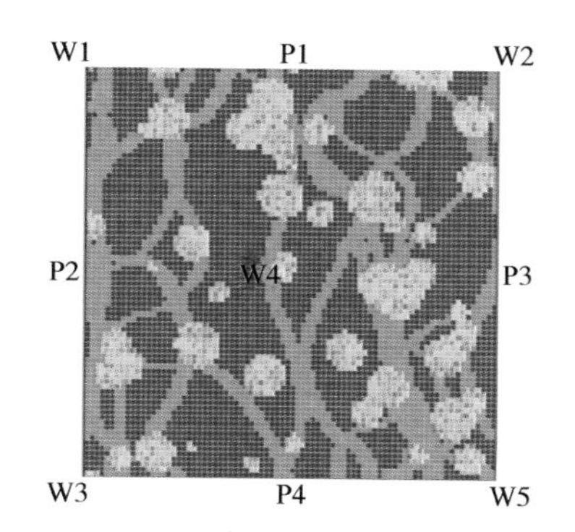

图 8-4 设计的真实缝洞模型与井位分布图

首先进行基于 51 个模型的鲁棒优化与各自模型的单模型优化；然后借助真实模型对 50 个模型实现进行历史拟合，基于拟合后的模型再进行鲁棒优化与各自模型的单模型优化。

未拟合的模型优化：对 51 个模型进行鲁棒优化以及各单模型的常规优化，优化时间为 1800d，划分为 30 个时间步，优化各时间步上的油井产液量与水井注入量，设定油井产液量初值为 $50m^3/d$，水井注入量初值为 $40m^3/d$；以各模型经济净现值期望作为目标函数，设置油价为 2000 元/m^3，产水成本为 10 元/m^3。

鲁棒优化迭代了 22 步获得鲁棒工作制度，优化前各模型的 NPV 约在 431 万元，优化后各模型的 NPV 约为 616 万元，增加了 42.9%；将各单模型的优化制度及鲁棒优化结果带入到各模型实现中可以看到，鲁棒优化的概率分布曲线位于最右端(图 8-6~图 8-10)，说明鲁棒优化相对于其他单模型优化得到的制度能让各模型获得更大的 NPV。剩余油分布图(图 8-11、图 8-12)显示，鲁棒调控方案(图 8-7)应用于油藏，对各个模型改善剩余油分布效果明显。

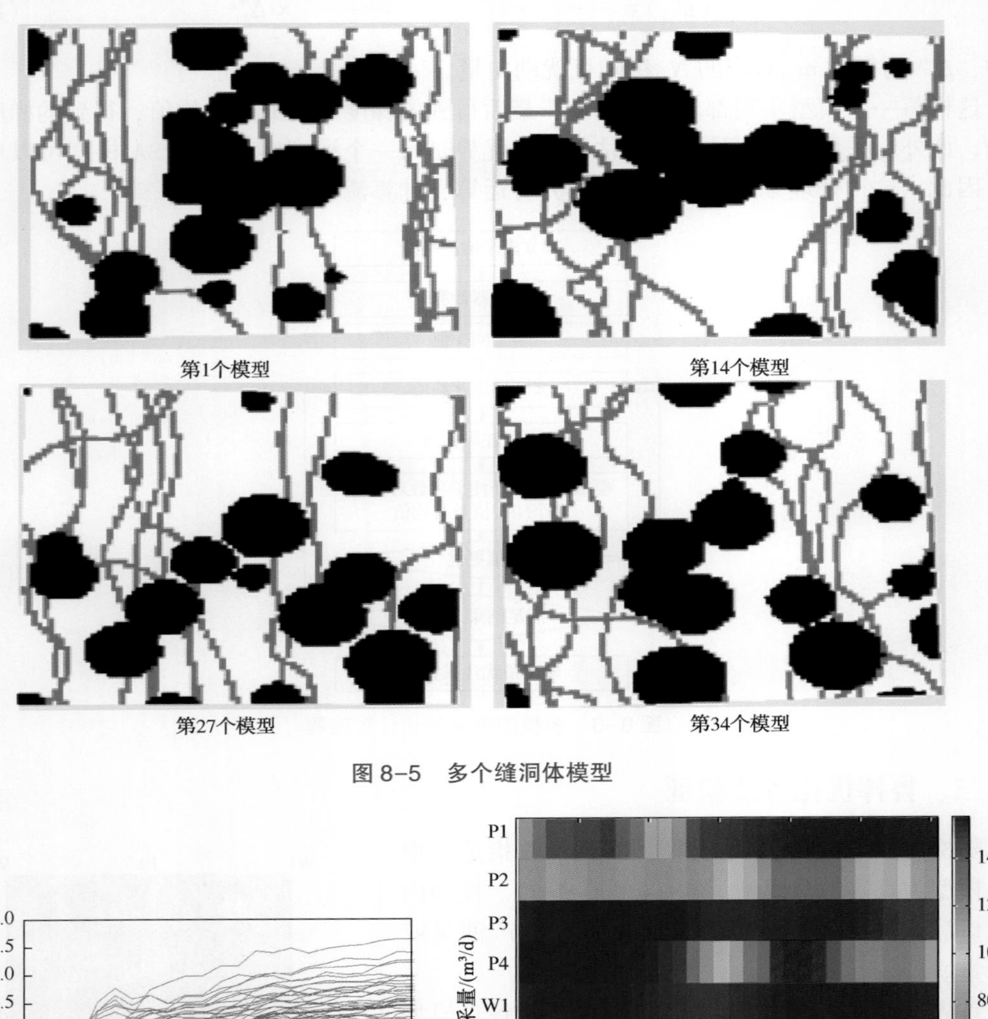

图 8-5　多个缝洞体模型

图 8-6　NPV 迭代过程

图 8-7　鲁棒优化后调整方案图

拟合后的模型优化：对 50 个模型进行历史拟合，对拟合后的模型进行鲁棒优化，相关目标及参数等设置与前面相同。鲁棒优化迭代了 23 步获得鲁棒工作制度，迭代过程中，所有模型的 NPV 均比优化前增加，优化前各模型的 NPV 约在 385 万元，优化后各模型的 NPV 约为 644 万元，增加了 67.2%(图 8-13~图 8-17)；将各单模型的优化制度及鲁棒优化结果带入到各模型实现中可以看到，鲁棒优化的概率分布曲线位于最右端且分布曲线较未拟合时更集中，说明鲁棒优化结果相对于其他单模型优化得到的制度能让各模型获得更大的 NPV，同时历史拟合模型趋于一致，降低了模型的不确定性。剩余油分布图(图 8-18、图 8-19)显示，鲁棒优化后的调整方案(图 8-14)应用于油藏，对各个模型改善剩余油分布效果明显。

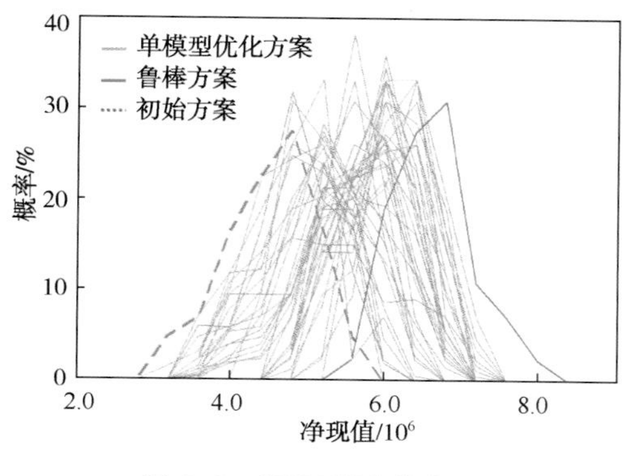

图 8-8　NPV 概率分布图

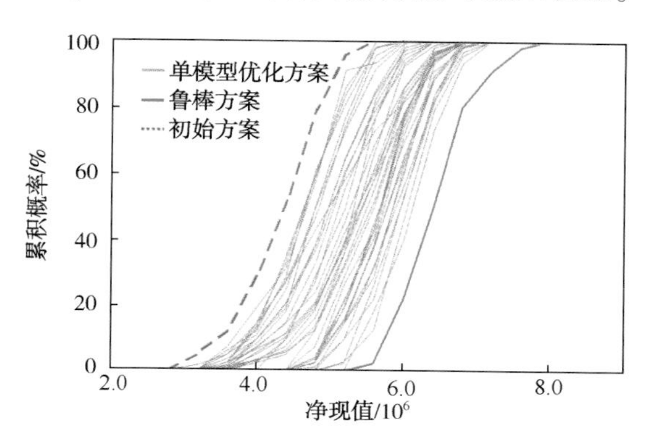

图 8-9　NPV 累积概率分布图

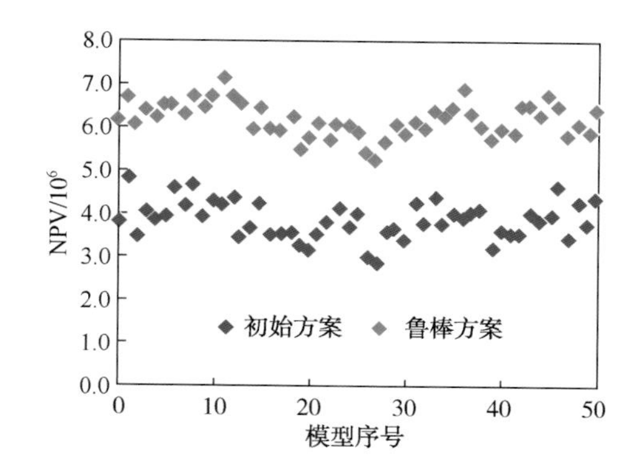

图 8-10　各模型初始与鲁棒优化前后净现值对比

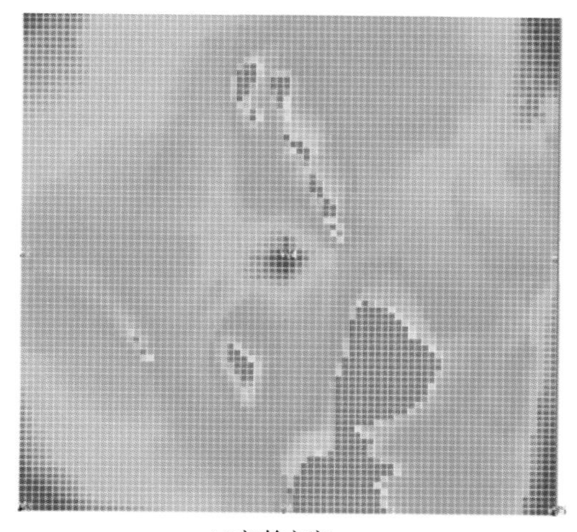

(a) 初始方案

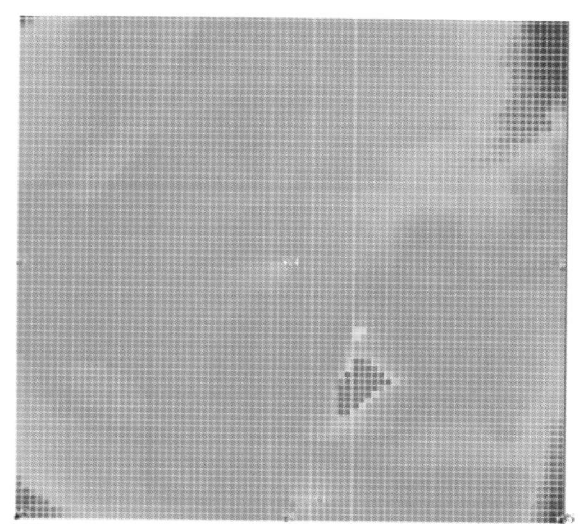

(b) 鲁棒方案

图 8-11　模型 12 的初始与鲁棒优化前后剩余油分布对比

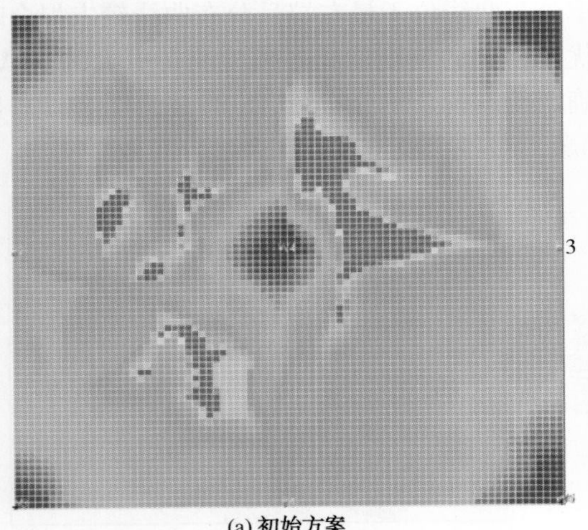

(a) 初始方案

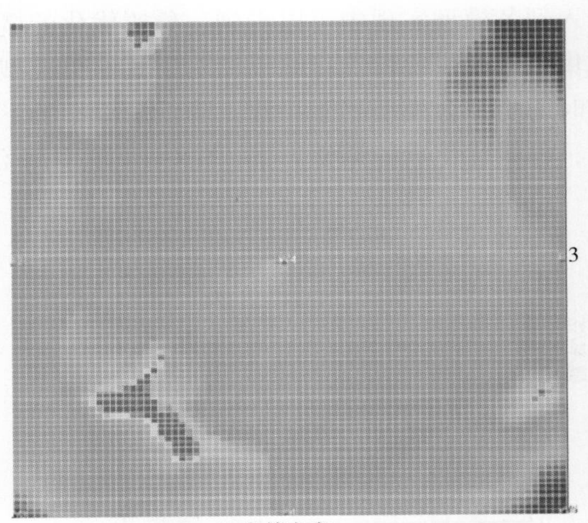

(b) 鲁棒方案

图 8-12 模型 24 的初始与鲁棒优化前后剩余油分布对比

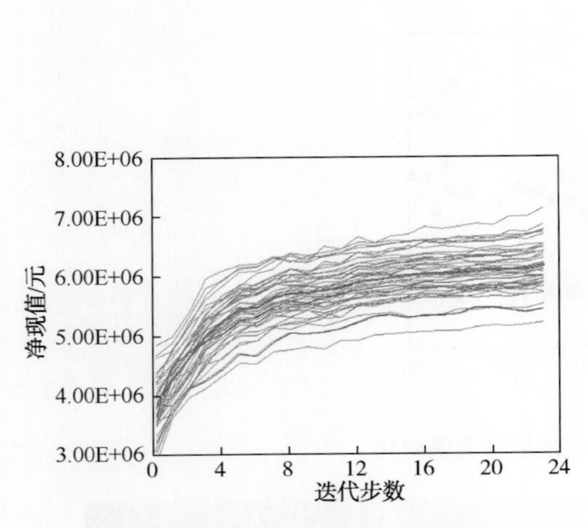

图 8-13 NPV 迭代过程示意图

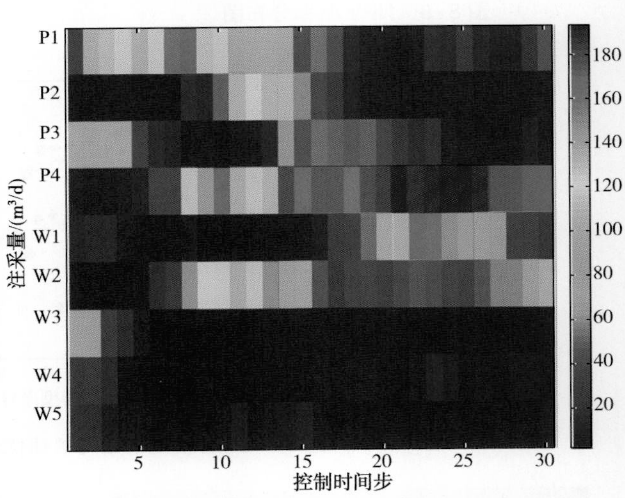

图 8-14 鲁棒优化后的调控方案图

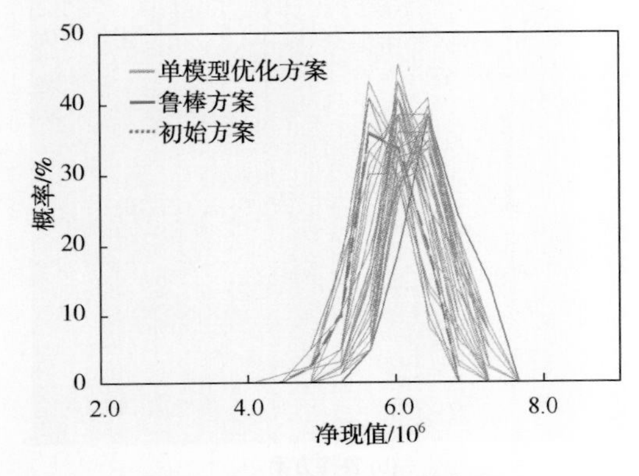

图 8-15 NPV 概率分布图

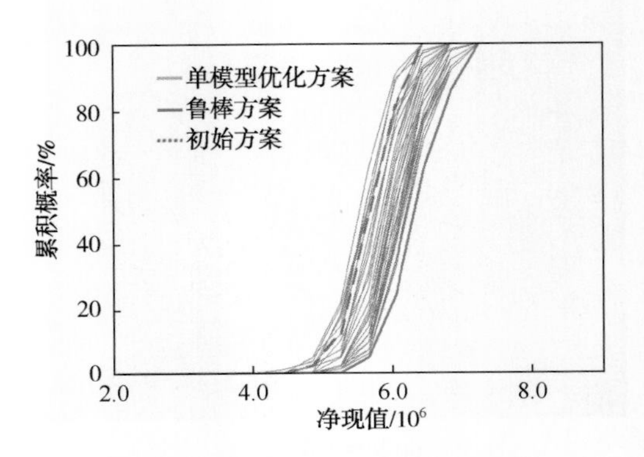

图 8-16 NPV 累积概率分布图

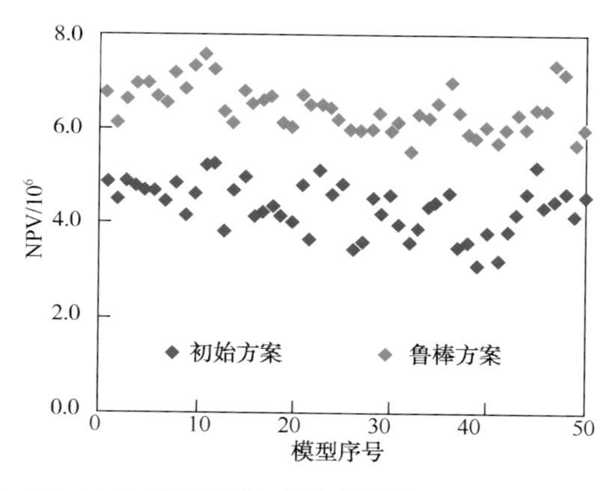

图 8-17　拟合后各模型初始与鲁棒优化前后净现值对比

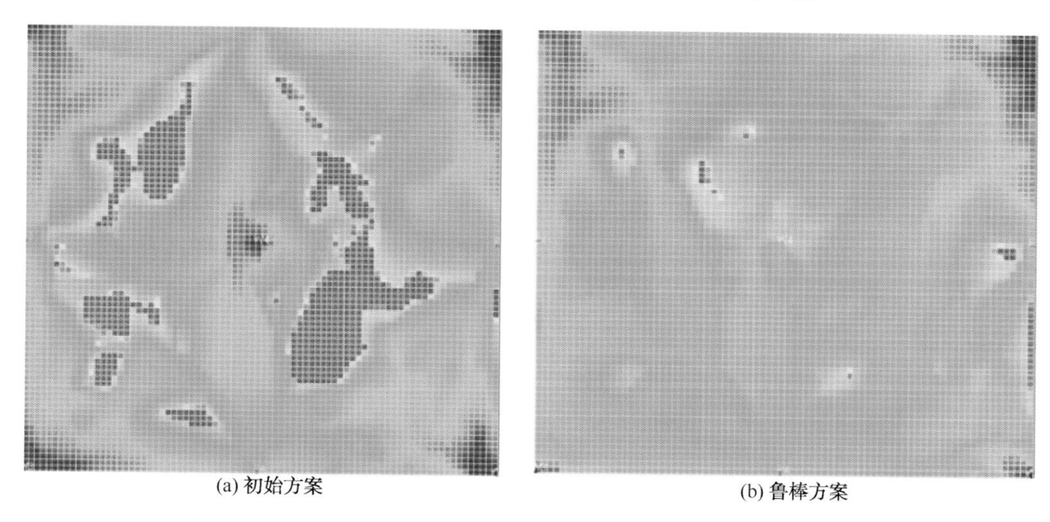

图 8-18　拟合后模型 12 的初始与鲁棒优化前后剩余油分布对比

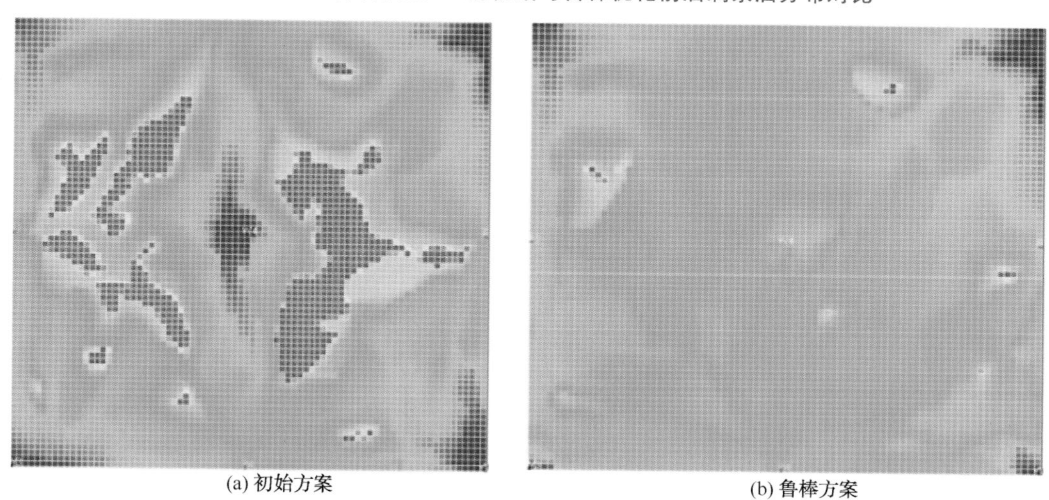

图 8-19　拟合后模型 24 的初始与鲁棒优化前后剩余油分布对比

第二节　实际单元应用

在32个不准确模型建模基础上，利用ESMDA方法进行自动历史拟合。图8-20为区块动态前后对比，可以看出拟合后的模型明显收敛，拟合效果变好，图8-21、图8-22为部分单井产水速度与产油速度的拟合结果。

经过时长5年10步的配产配注优化后得到的鲁棒工作制度使各模型的NPV均上升，所有模型平均NPV从3.84×10^9上升到3.95×10^9，增加2.8%(图8-23)。平均累增油$7\times10^4m^3$，降低含水率4.8%，累产水减少$9696m^3$(图8-24)。优化后的各模型实现均取得降水增油效果(图8-25)，优化效果较好，基于不准确性的鲁棒生产优化方案涵盖了地质模型可能存在的不准确性，且能保证所有模型均能降水增油，能有效降低开发风险，提高油藏预期收益。

部分单井的调控方案结果如图8-26所示，优化后各单井的调控结果验证了优化方案的合理性及可行性。

综上所述，利用基于不准确性模型鲁棒优化方案能涵盖地质模型的不准确性，方案能够保证所有模型累产油增加，含水率下降，开发效果改善，对于缝洞型油藏具有有较好的适用性，既提高了后期开发预期收益，又降低了开发决策风险。

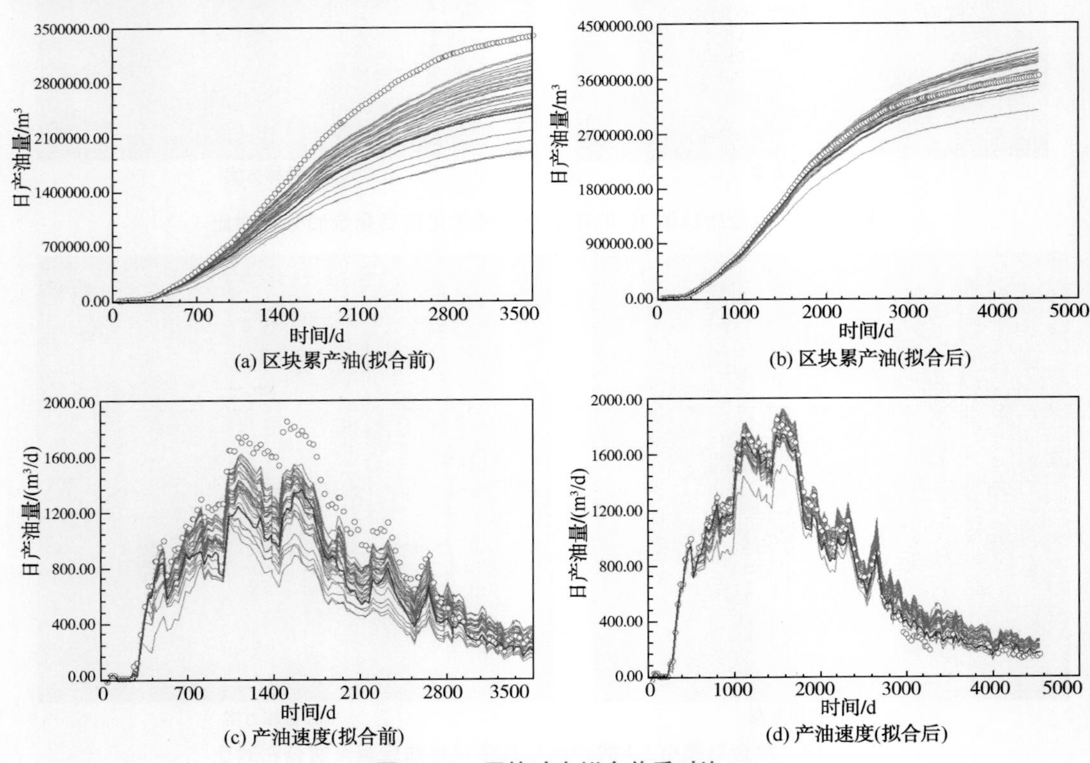

图8-20　区块动态拟合前后对比

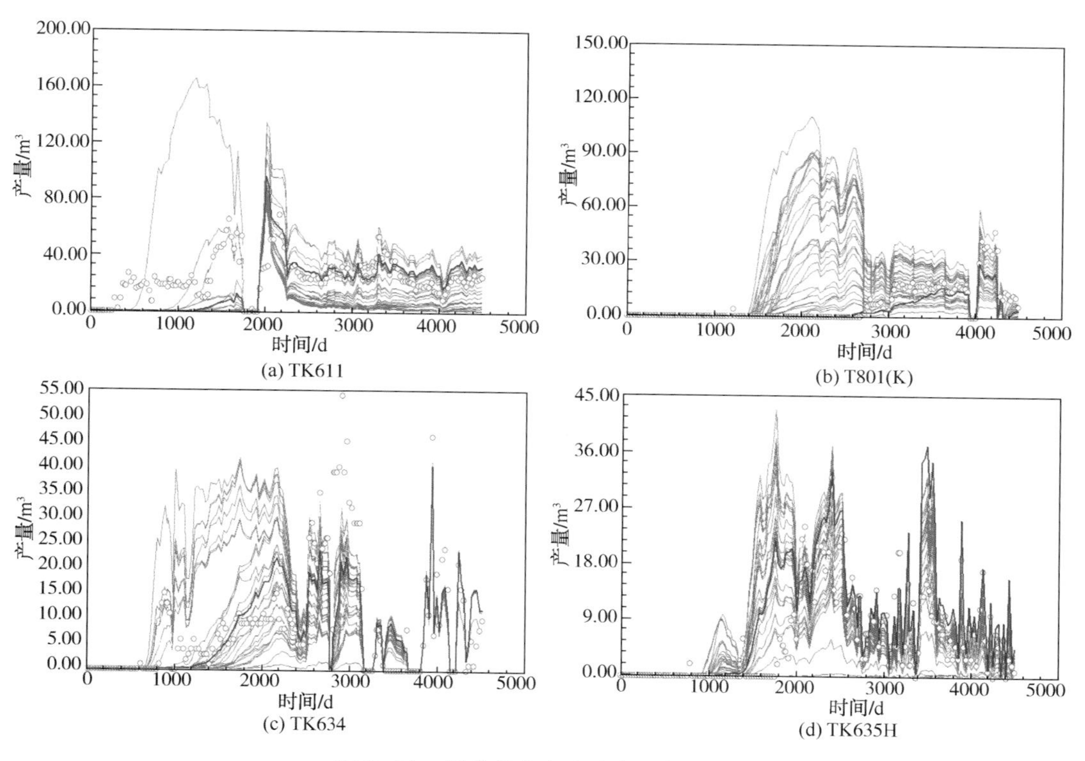

图 8-21 部分单井产水速度拟合结果

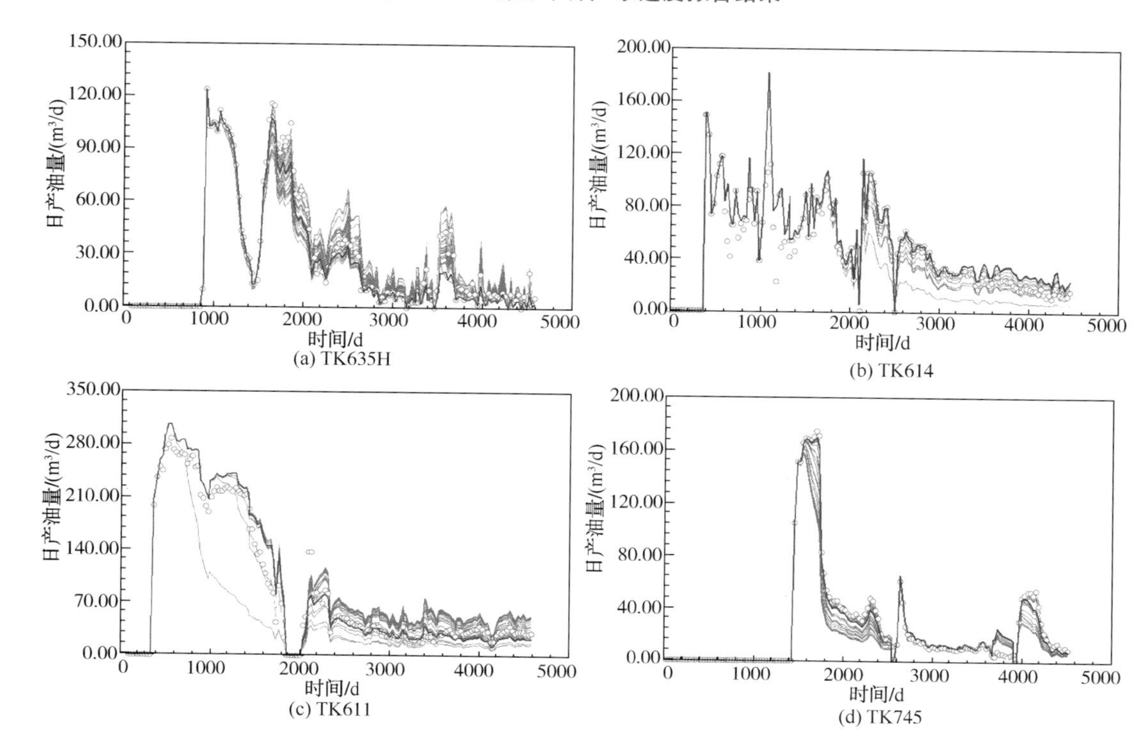

图 8-22 部分单井产油速度拟合结果

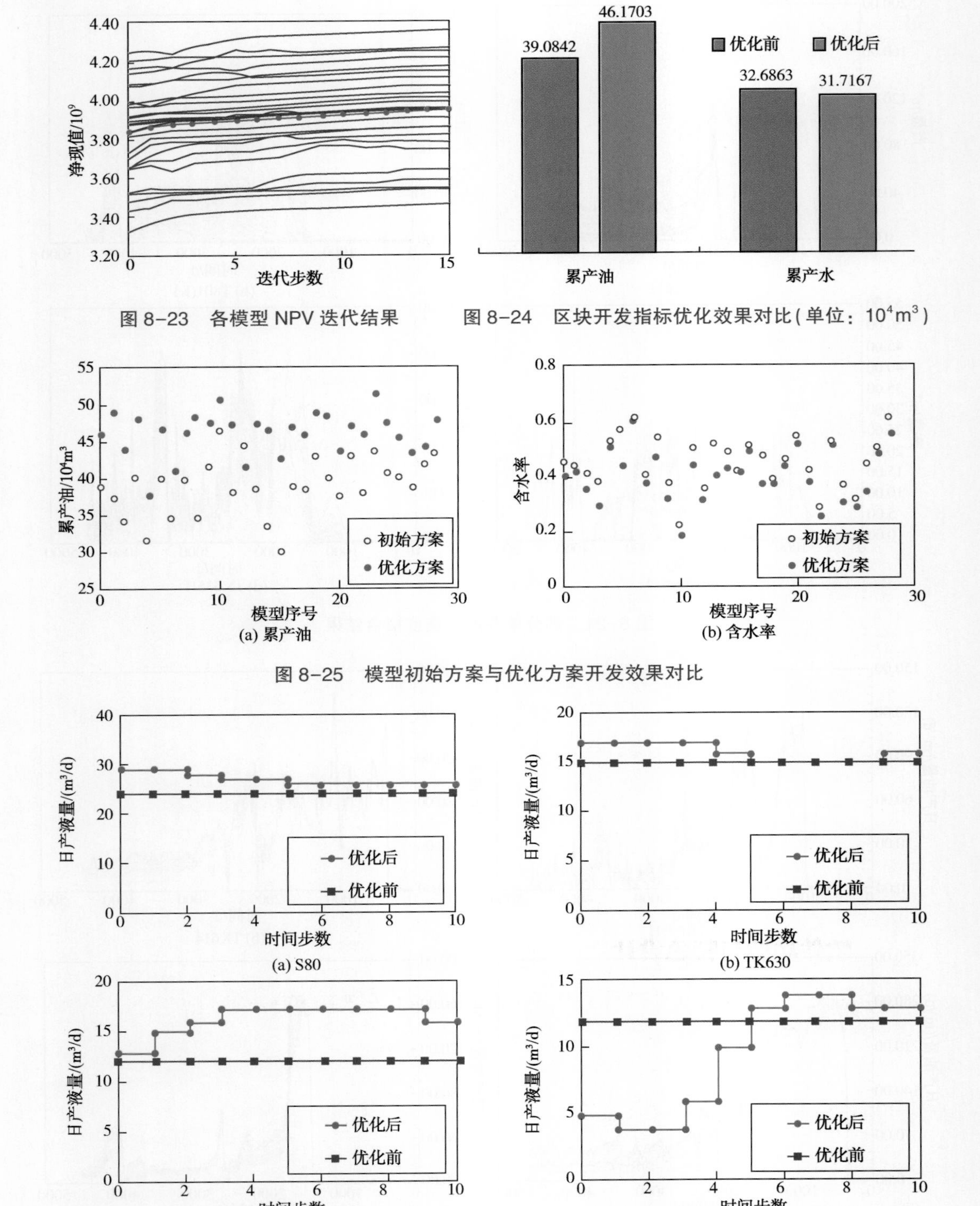

图 8-23　各模型 NPV 迭代结果

图 8-24　区块开发指标优化效果对比（单位：10^4m^3）

(a) 累产油

(b) 含水率

图 8-25　模型初始方案与优化方案开发效果对比

(a) S80

(b) TK630

(c) TK747

(d) TK626CX

图 8-26　不准确性模型优化调控结果

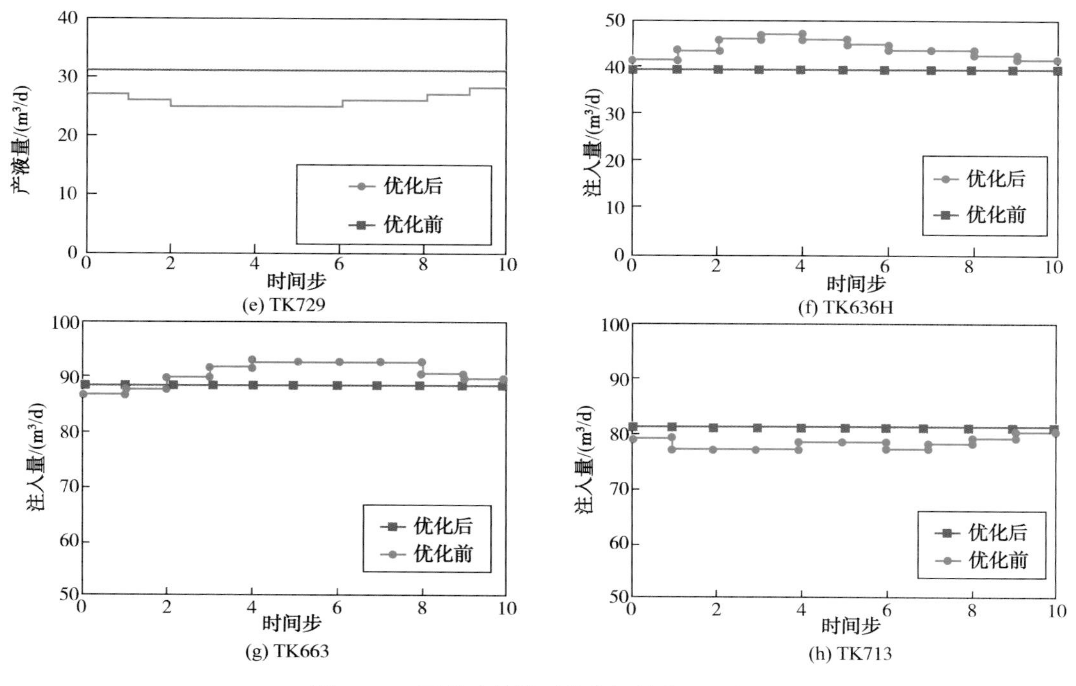

图 8-26　不准确性模型优化调控结果(续)

第三节　缝洞型油藏注采参数优化软件

缝洞型油藏注采优化的内容包括四个方面：注采参数、注采对应关系、注采井网和注水方式等，考虑到油田现场可操作性和经济性，根据目前油田生产需求状况，以注采参数优化为核心开展了缝洞单元注水优化计算。本章介绍了自己编制了缝洞型油藏生产优化计算软件，并以塔河油田 S80 注水单元为例，首先开展了基于确定性和不确定性模型的缝洞单元注采参数优化得到了优化结果，并对两种优化方法的优化结果进行了分析。

一、软件功能与特色设计

HMOpt 生产拟合辅助优化软件是基于 Visual Basic 6.0 视窗编程语言和 Frotran 90 高级计算语言开发的，操作系统为 Windows 98/2000/XP。软件基于油藏数值模拟技术、最优控制和反问题求解理论，通过 EnKF 数据同化法和 SVD 参数降维法对历史拟合问题进行求解；同时结合实际油藏注采参数特点及约束条件，采用随机扰动近似方法和投影梯度法进行油藏注采参数的快速优化；运算输出自动 历史拟合结果对比效果图和生产动态指标优化结果。软件主要用于快速进行油藏模拟历史拟合求解，反演和修正油藏地质模型，并基于修正后的模型对后期油藏不同开发阶段的注采政策参数进行优化，提高油藏开发效果。

HMOpt 主要由包括五个部分组成：历史拟合、生产优化、结果输出、辅助工具和软件帮助。历史拟合模块反演模型参数的类型全面、适合于大规模反问题的求解，并支持多任务并行计算；生产优化模块能够优化包括油水井注采速度、井底压力等各种调控参数，可以施加各种约束条件，使开发方案更符合实际现场需要。软件设计框图见图 8-27。

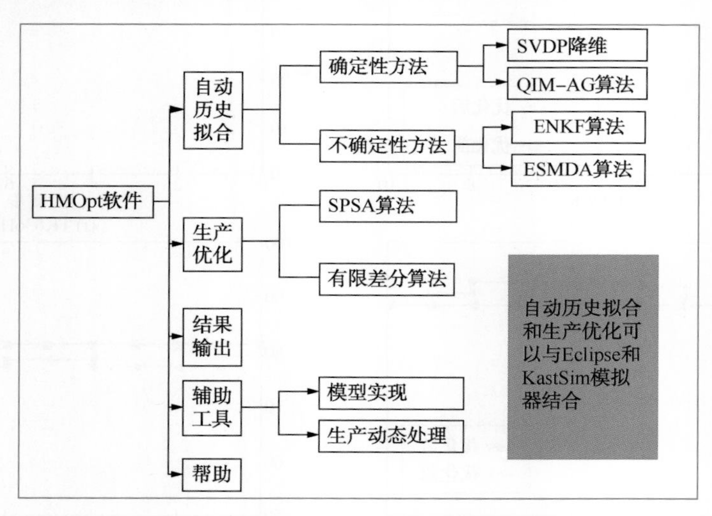

图 8-27 软件设计框图

软件各个部分之间相互独立、互不干扰，最大程度发挥软件的实用性。软件具有如下的功能特点：计算功能强大、界面友好、输入输出文件简单易懂，便于用户掌握；数据准备和输入置于表格或图形方式下实现，自动生成运算数据文件；数据操作功能灵活方便，完全实现软件数据同 Office 办公软件接口；软件运算结果图表数据可方便进行保存、输出至 Excel 软件；充分利用现有的显示器、打印机或屏幕拷贝机等外部设备，输出报告图表，并能对打印功能进行各种设置。

二、历史拟合模块

历史拟合模块主要用于油藏模拟自动历史拟合计算，当前主要的辅助历史拟合软件，其核心算法都是优化算法。为此，我们编制了历史拟合计算模型，该模型基于 Digital Visual Fortran 平台，采用 FORTRAN 语言编制(图 8-28)，支持并行计算。对比当前辅助历史拟合软件，HMOpt 历史拟合模块采用了当前最新的油藏渗流理论反问题求解方法，主要包括参数降维法法和 EnKF 法，可用于大规模油藏模拟历史拟合问题的求解。

历史拟合计算中，用户可根据需要选取需要反演的油藏参数如渗透率、孔隙度，以及油水相渗曲线等。根据不同的决策要求，用户可以灵活地发挥 HMOPT 的能力。根据历史拟合问题所需的计算资源，HMOPT 可以与单个数模协同工作，也可以同时启动多个模拟作业，比如可以同时运行一个，两个，五个或八个数模作业，最大限度地提高拟合效率。同时，拟合后的模型互不相关，可方便地用于下一步动态不确定性预测及风险性评价。历史拟合模块相比其他辅助历史拟合软件，具有以下特点：能够应用于缝洞型油藏数值模拟历史拟合问题；历史拟合计算中使用的方法适合于大规模反问题的求解，可并行、具有更高的计算效率和更好的稳定性；历史拟合优化结果能够保证在较好拟合生产观测数据的同时，又能较好的符合油藏先验地质信息认识，降低油藏模型的不确定性；软件反演模型参数的类型全面，能够自动调整各种地质模型参数以及油水相渗曲线，能考虑不同阶段措施及其对临近井参数影响，最大程度的满足历史拟合效果。

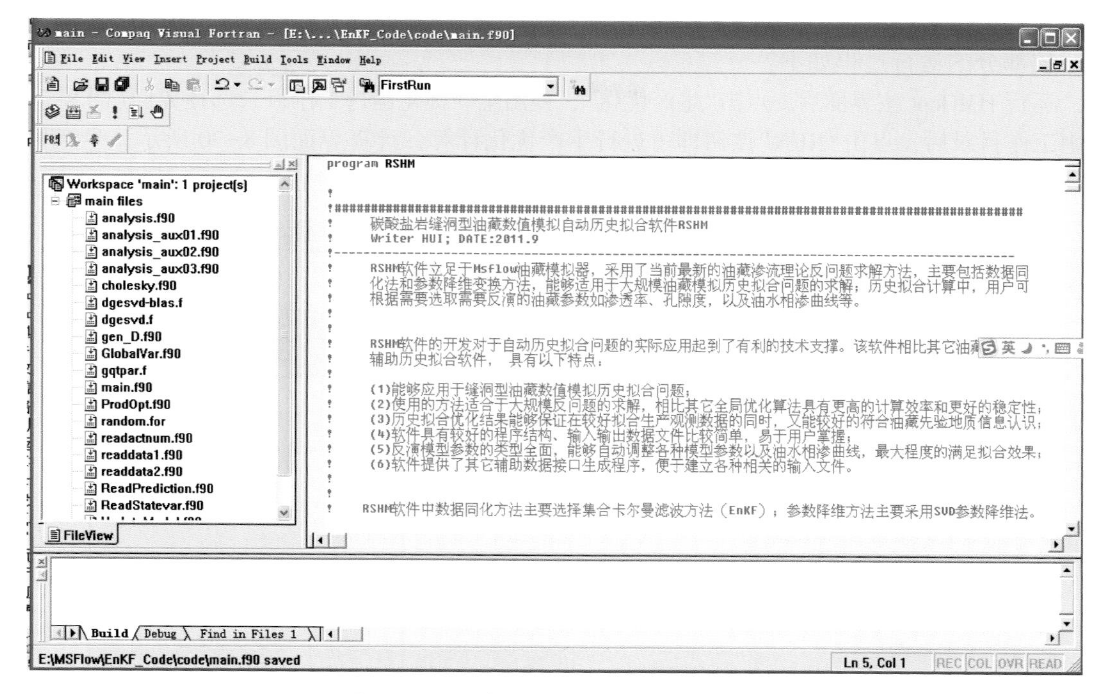

图 8-28 历史拟合模块开发环境示意图

该部分的运行过程如下：

（1）运行 HMOpt 软件后，选择历史拟合模块，弹出“参数降维法”和“集合卡尔曼滤波法”的下拉菜单，单击任一项则进入历史拟合运行的工作目录选择界面，如图 8-29 所示。HMopt 支持 ECLIPSE 和 KARSTSIM 两种模拟器进行自动历史拟合计算，用户在设置运行工作目录后，单击选项按钮，选择支持数值模拟计算的模拟器，如 ECLIPSE，点击“RUN”按钮即可进行自动历史拟合计算。值得说明的是 HMOpt 历史拟合计算所需输入的数据文件必须要保存在所选工作目录“DATA”文件夹下，用户必须首先检查所需的自动历史拟合文件是否正确放置在该文件夹下，否则软件将无法进行正常运算。

（2）点击“RUN”按钮后，弹出运行界面，用户要根据提示输入算法所需的基本参数。“Chose algorithm”项选择“1”为 SPSA 算法，选择“3”为 QIM-AG 算法。“Input the number of SPSA gradients”为输入 SPSA 梯度的个数；“Input the number of CPU threads”为要输入的并行计算的 CPU 个数，默认值为 1，如果大于 1 则表示并行计算；“Input the Delta, maxDelta and minDelta”为输入初始信赖域半径，最大信赖域半径和最小信赖域半径。

（3）输入以上参数后，单击 ENTER 键，正式开始进行自动历史拟合计算。

三、生产优化模块

HMOpt 生产优化模块使用了一种新的方案设计方法，整个运算过程以实现油藏经济效益最大化为目标，把对油藏生产体系的控制描述成一个最优化问题，通过求解该优化问题获得最优控制方案，调控油水井的生产，改善开发效果。

该模块基于随机扰动近似法和投影梯度法进行油藏生产优化求解，能够充分考虑控制参数，包括井底压力、产液速度和注入速度，且能够设置包括单井上下边界、区块产量、区块注入量等指标的约束条件，最大限度地获得和实际油藏相匹配的生产指标。

该部分的运行过程如下：

运行 HMOopt 主界面后，点击“生产优化”，弹出生产优化运行工作目录选择界面(图 8-29)，选中工作目录后，点击“RUN”按钮即可进行生产优化计算，计算界面图 8-30 所示。生产优化运行后，在运算界面上能够清晰看出，每个迭代步优化目标的变化情况。

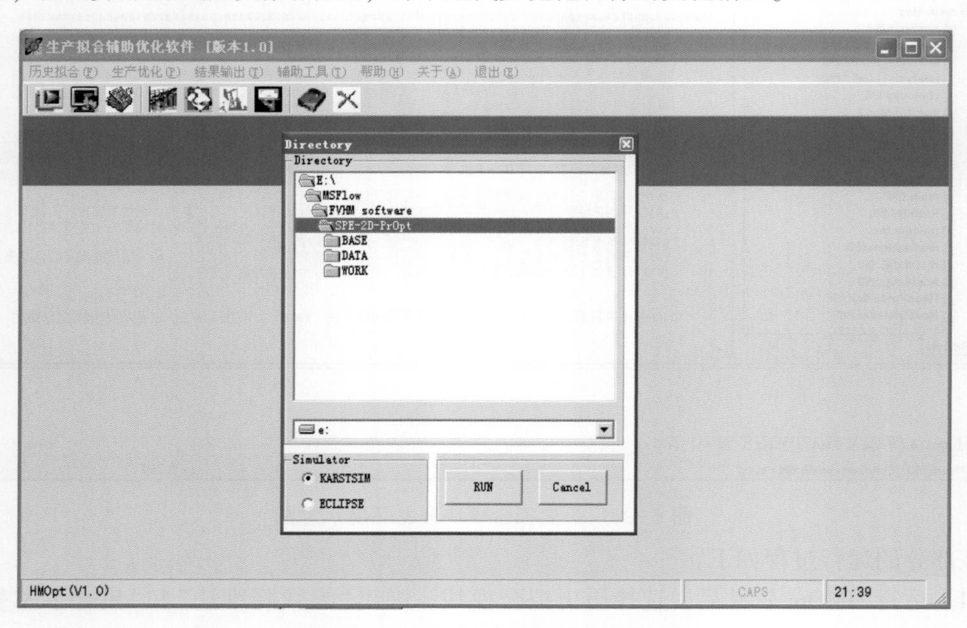

图 8-29　生产优化运行路径选择

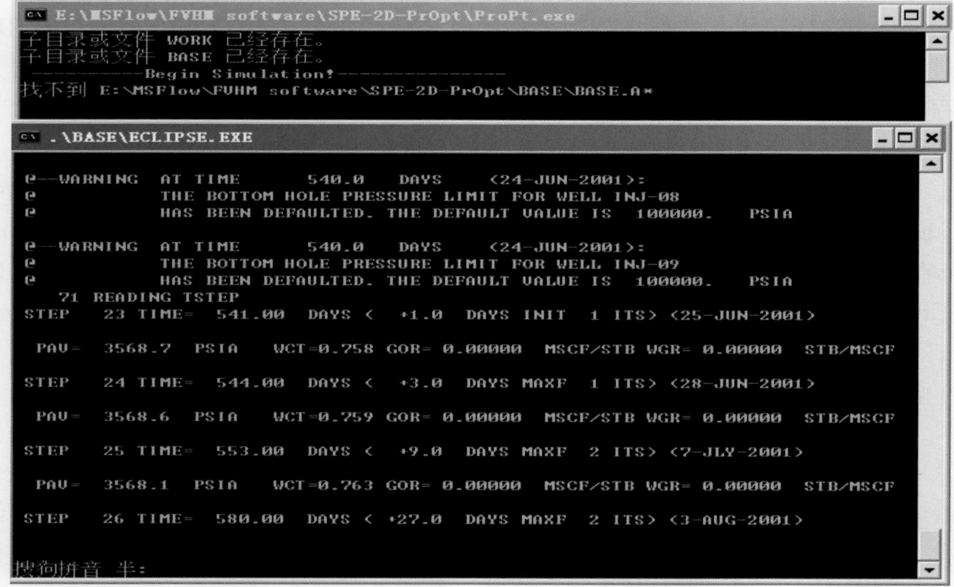

图 8-30　生产优化调用运行 ECLIPSE 界面

四、辅助工具模块

该模块包括模型实现、生产动态、历史拟合设置和生产优化四部分，分别用于建立参数模型实现、生产动态数据、历史拟合和生产优化基本参数的设置等。

模型实现：工作目录选择界面，设定好工作路径后，点击“RUN”按钮弹出模型实现工作界面(图 8-31)。根据岩石类型生成各种实现的物性参数如 PORO、PERMX、PERMY 和 PERMZ 等，相应的结果文件保存在工作目录下的 realization 文件夹。

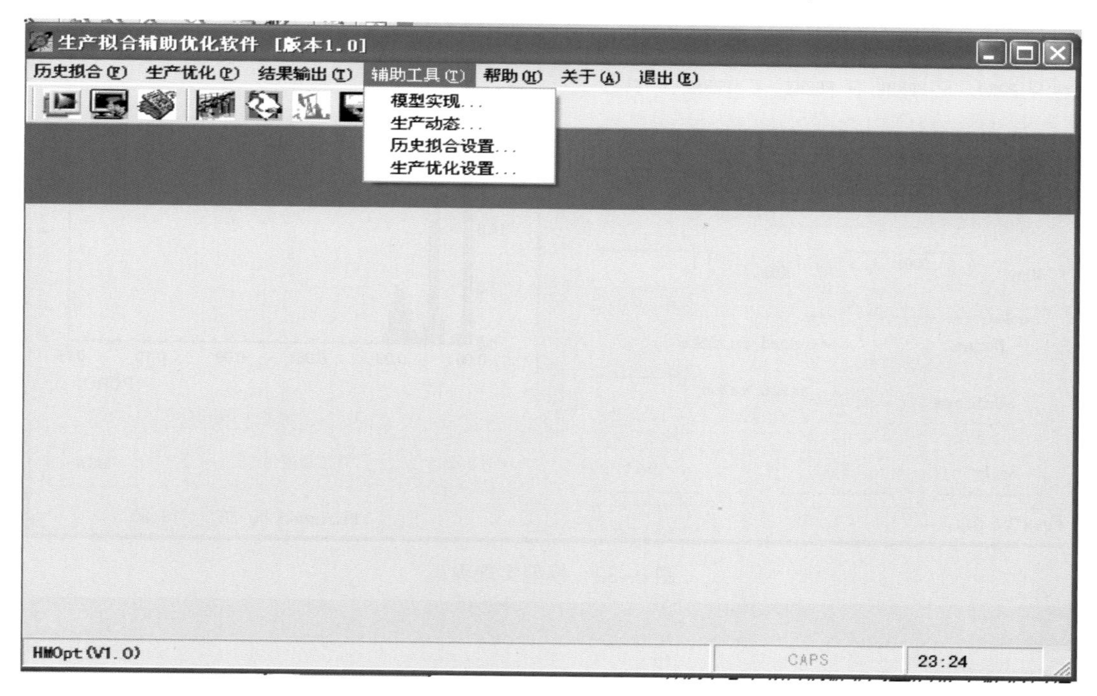

图 8-31　辅助工具选择

在模型实现界面中，输入岩石 rock、模型实现及单元(或网格)的个数，然后通过选择框选择历史拟合要反演的参数。对于每个要反演的参数，如 PERMX，定义该参数的最小值、最大值以及分布类型等信息。点击“Apply”按钮，提交当前设置，点击“RUN”按钮，提交全部设置，调用“GenModel. exe”程序进行计算，生成各模型实现，得到的各模型参数场，该文件保存在工作目录下“realization”文件夹下。

当模型实现计算结束后，用户点击右侧的下拉列表选项，可以查看每个模型实现各地质参数的概率分布曲线(值)，如图 8-32、图 8-33 所示。

生产动态：该功能主要用于生成历史拟合所需的生产动态及观测数据文件，如图 8-34 所示界面，针对所用模拟器的不同进行相应选择。

对于 Karstsim 模拟器，其设置界面如，用户首先需要输入要拟合的井数和时间步数，之后点击“Open”按钮加载“ *. VOL”数据文件(图 8-35)，该文件格式与 ECLIPSE 类似，其包含了各时间步单井的日产油、日产水、日产气、日注水等动态数据。

加载该文件后，软件以树形列表和图表等方式显示井、区块的生产动态数据，如图 8-36 所示。对于历史拟合要拟合的动态数据，软件默认为 WOPT、WLPT、WWIT、FOPT、

FLPT、FWIT，即单井累产油、单井累产液、单井累注水、区块累产油、区块累产液、区块累注水等指标。也可以在“Matched Data Option”中选择其他需要拟合的动态指标，软件提供了22种拟合动态指标。自动生成历史拟合数据输入文件”measurement. dat’。对于Karstsim模拟器，还额外生成GENER. dat文件，如图8-37所示。

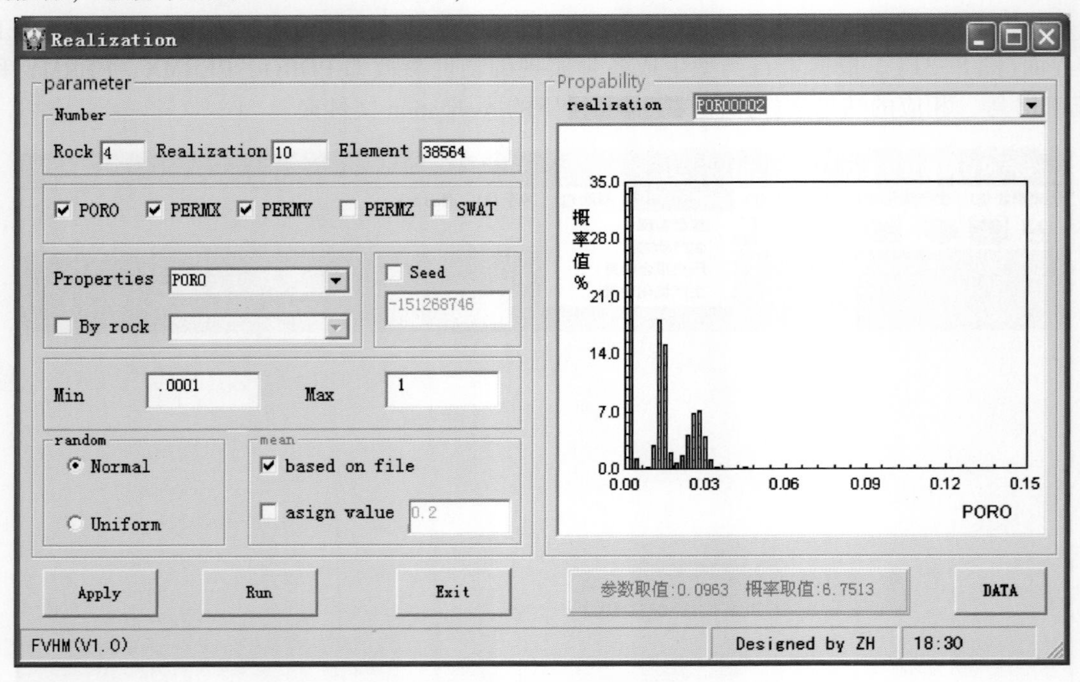

图8-32 模型实现界面

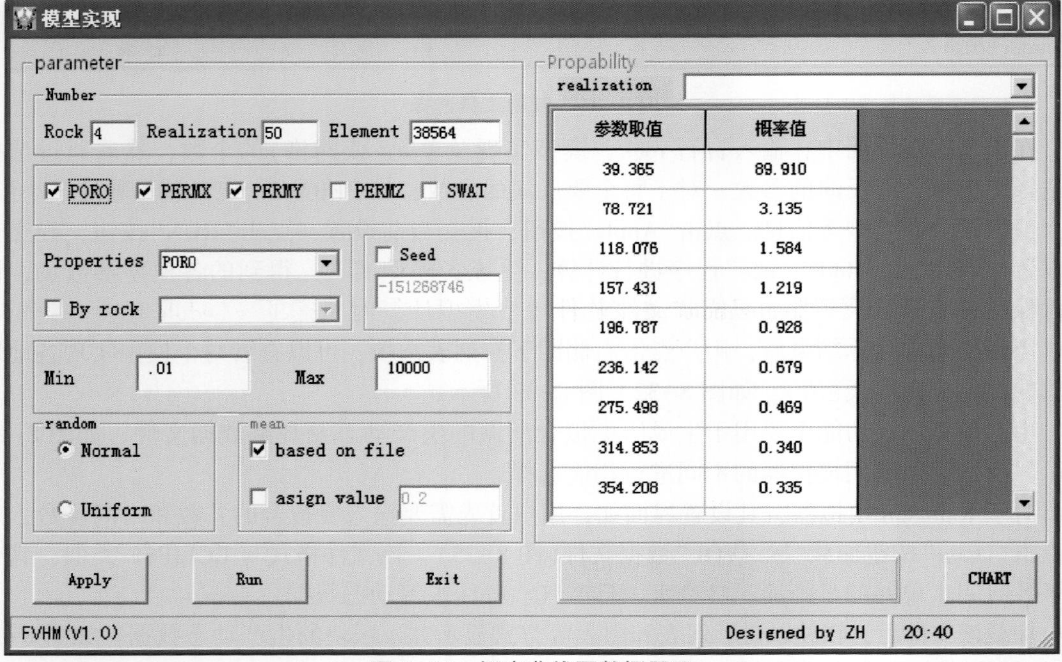

图8-33 概率曲线图数据显示

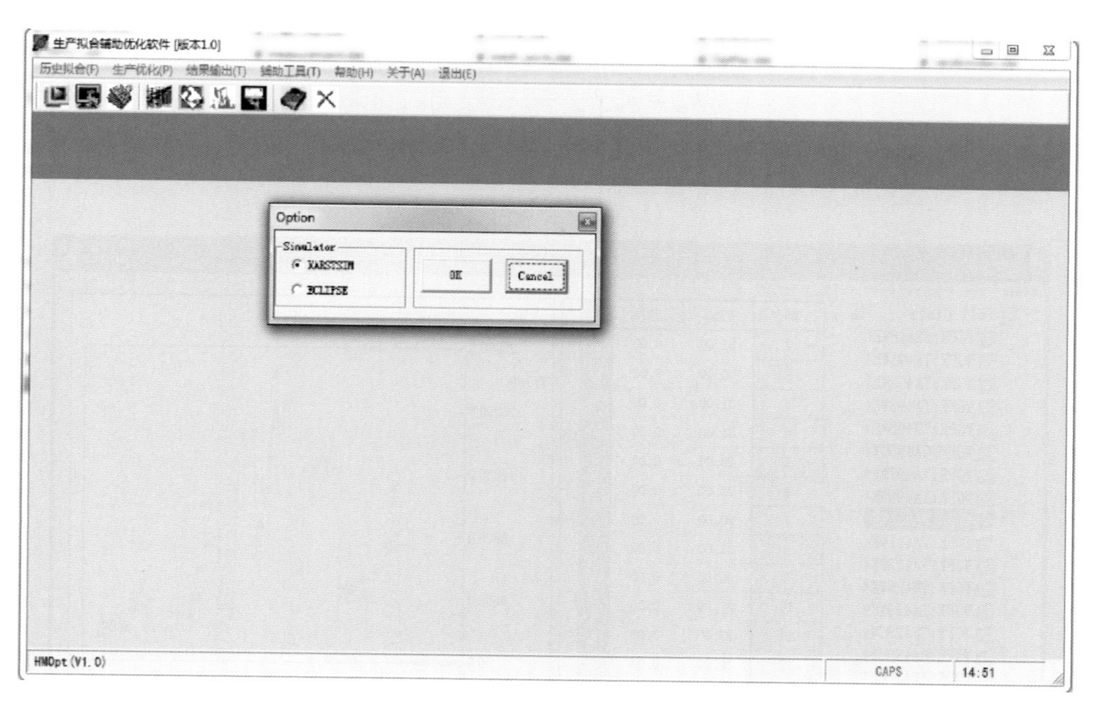

图 8-34　生产动态模拟器选择界面

```
*FIELD
*DAILY
*IGNORE- MISSING
*HRS-IN-DAYS
*DAY*OIL *GAS *WATER *WINJ

*NAME SSA48WE048
31      67.129      2312.903      0.000    0.000
30      373.570     14430.000     0.000    0.000
31      364.135     16753.742     0.000    0.000
31      371.742     16539.129     0.000    0.000
28      370.121     18050.714     0.057    0.000
31      365.881     18509.065     0.281    0.000
```

图 8-35　VOL 文件示意图

对于 ECLIPSE 模拟器，只需加载该软件数值模拟计算时所需的 schedule 部分(生产动态)文件即可，其必须为“＊. sch”文件，加载界面和文件格式(图 8-38)后，对历史拟合要拟合的动态数据类型进行选择，在“Matched Data Option”中选择需要拟合的动态指标，共计了 22 中动态指标类型。确认是否需要生成 measurement 及 summary 文件，点击“是(Y)”后，加载井名文件“＊. name”，该文件需按列方式输入井名，之后软件将生成的“schedule. dat”“measurement. dat”“summary. dat”和“summary_ h. dat”等文件，且这些文件自动保存在和 sch 文件相同的文件夹内。

历史拟合设置：“历史拟合设置”界面的主要功能是建立 Karstsim 模拟器历史拟合计算所需的基本参数设置文件“Input. dat”，反演的地质参数(Geology parameter)和相渗等参数、以及井名和不同 ROCK 类型的相渗曲线特征参数等。

油水相渗曲线采用 Honarpour 等人提出的计算模型，其表达式如下：

$$k_{rw} = a_w \left(\frac{S_w - S_{wc}}{1 - S_{wc} - S_{or}} \right)^{n_w} \tag{8-9}$$

$$k_{ro} = a_o \left(\frac{1 - S_w - S_{or}}{1 - S_{wc} - S_{or}} \right)^{n_o} \tag{8-10}$$

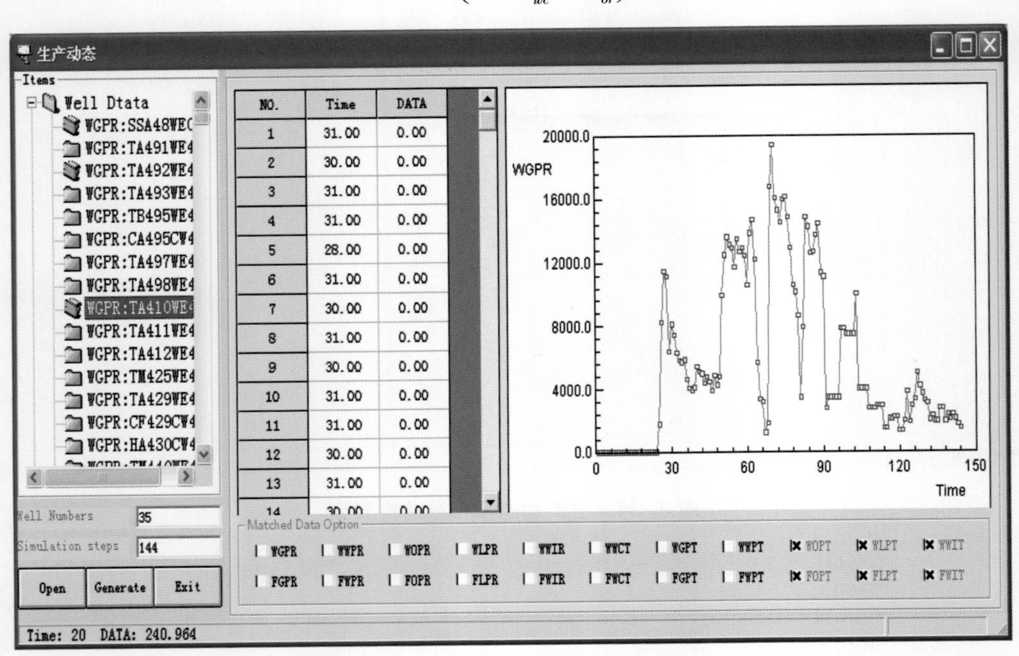

图 8-36　树形显示加载后的动态数据

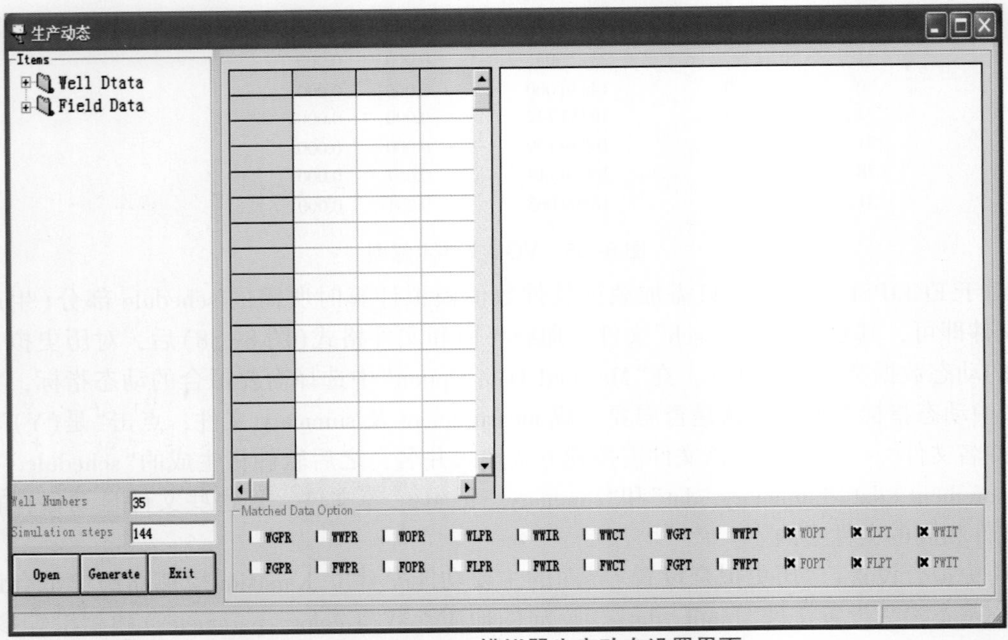

图 8-37　Karstsim 模拟器生产动态设置界面

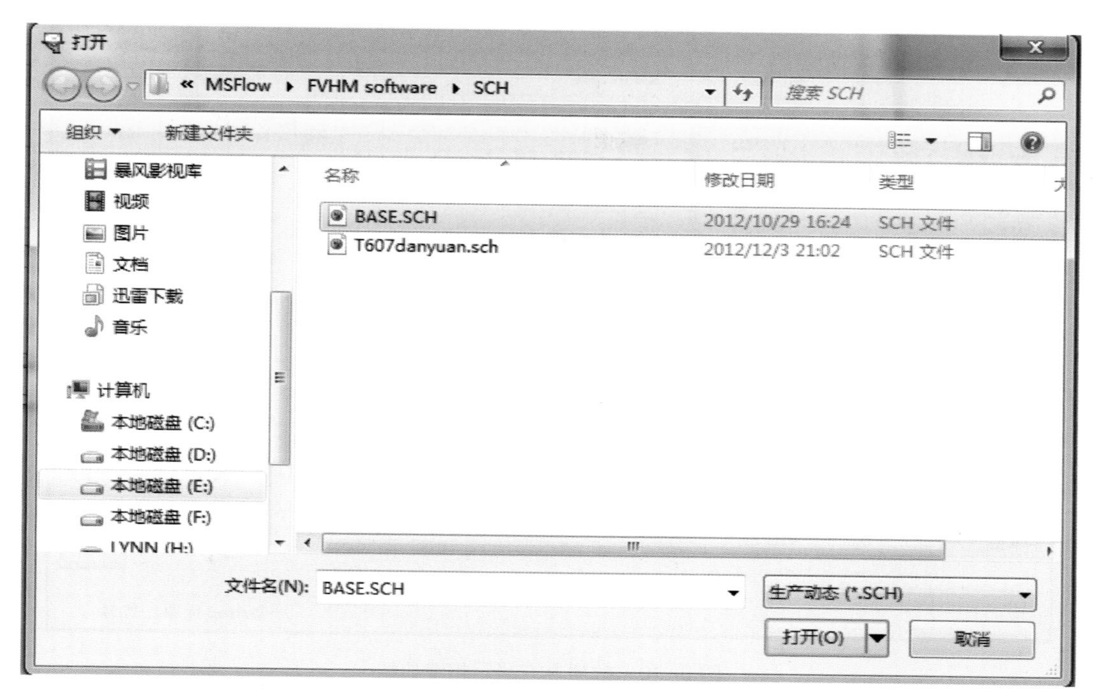

图 8-38　加载 SCH 文件

上述模型中共计 6 个表征油水两相渗透率的参数，用户给定这些参数后，软件将自动生成相渗曲线图及图形数据，用于可以通过下拉列表的方式查看，如图 8-39、图 8-40 所示。

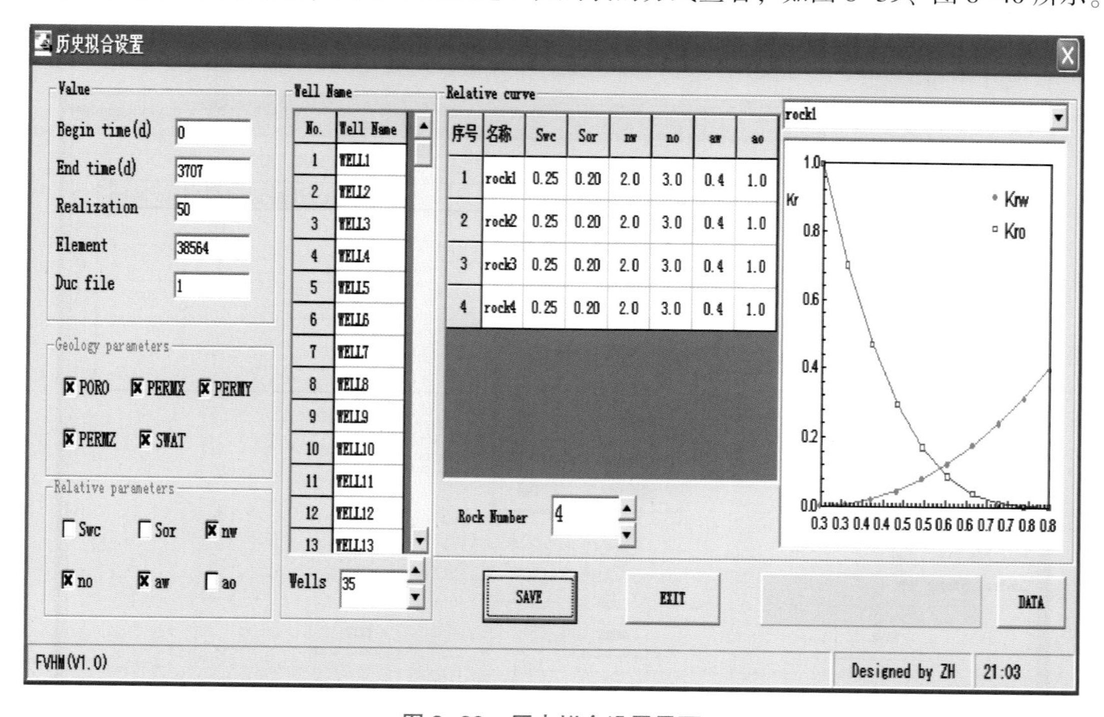

图 8-39　历史拟合设置界面

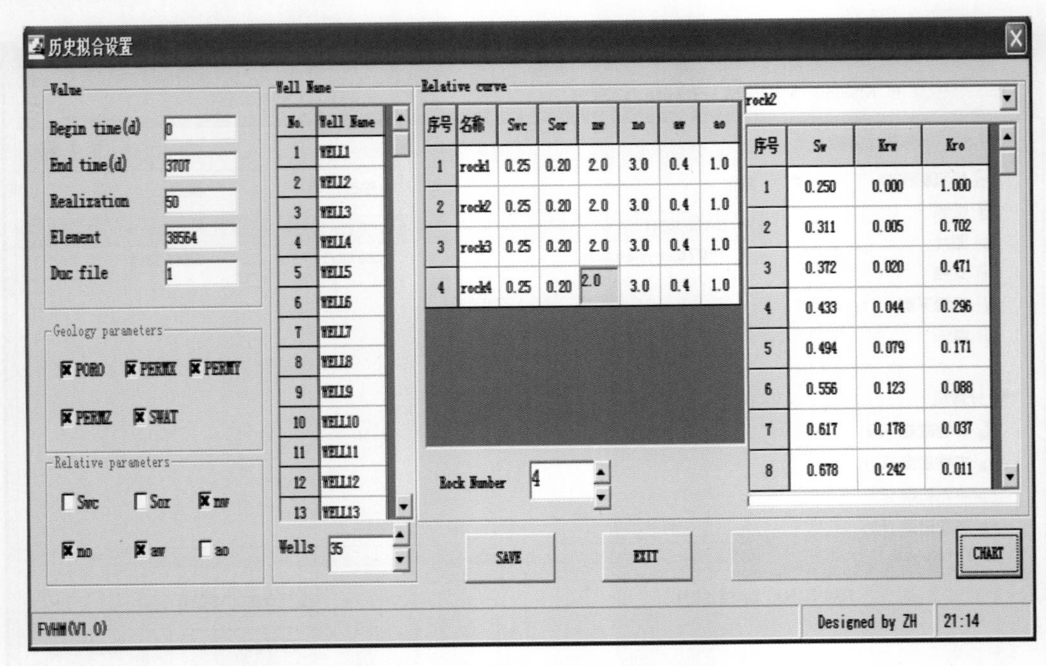

图 8-40　数据方式显示相渗曲线

生产优化设置："生产优化设置"界面主要是用来建立生产优化所需的输入参数文件 CtrlPar. dat 和 OptPar. dat。在该界面中(图 8-41)，用户可以设置优化算法的基本参数，同时可以在数据表框里设置不同时间步(Step No)，对应的生产时刻(Time)、生产方式(Type)、初始控制参数(Init Value)、最小值(Low bound)和最大值(Up bound)，右键还提供了赋值、复制表格和粘贴表格等，方便用户进行数据操作，如图 8-42 所示。

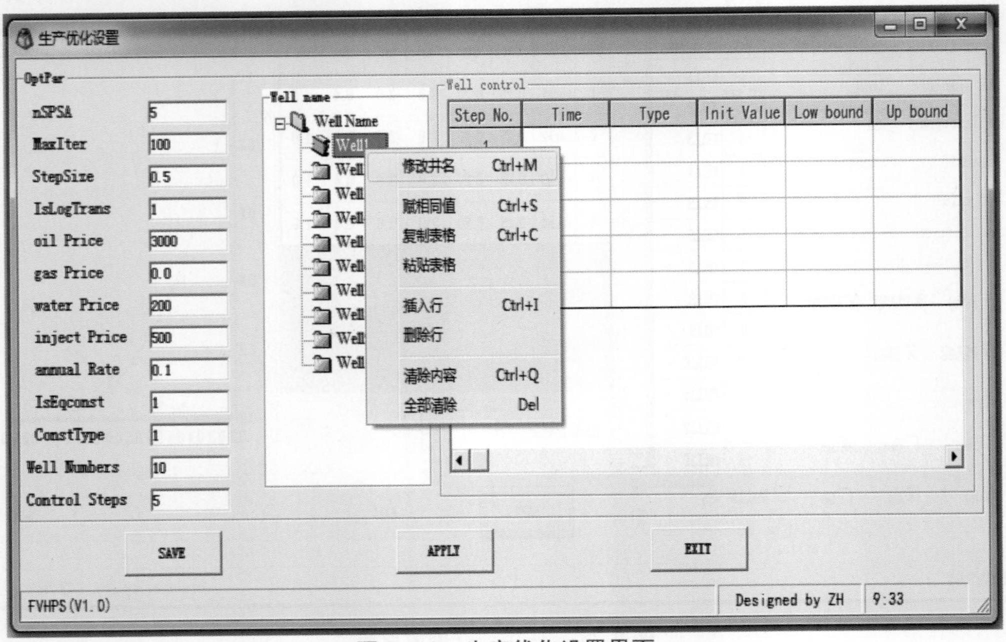

图 8-41　生产优化设置界面

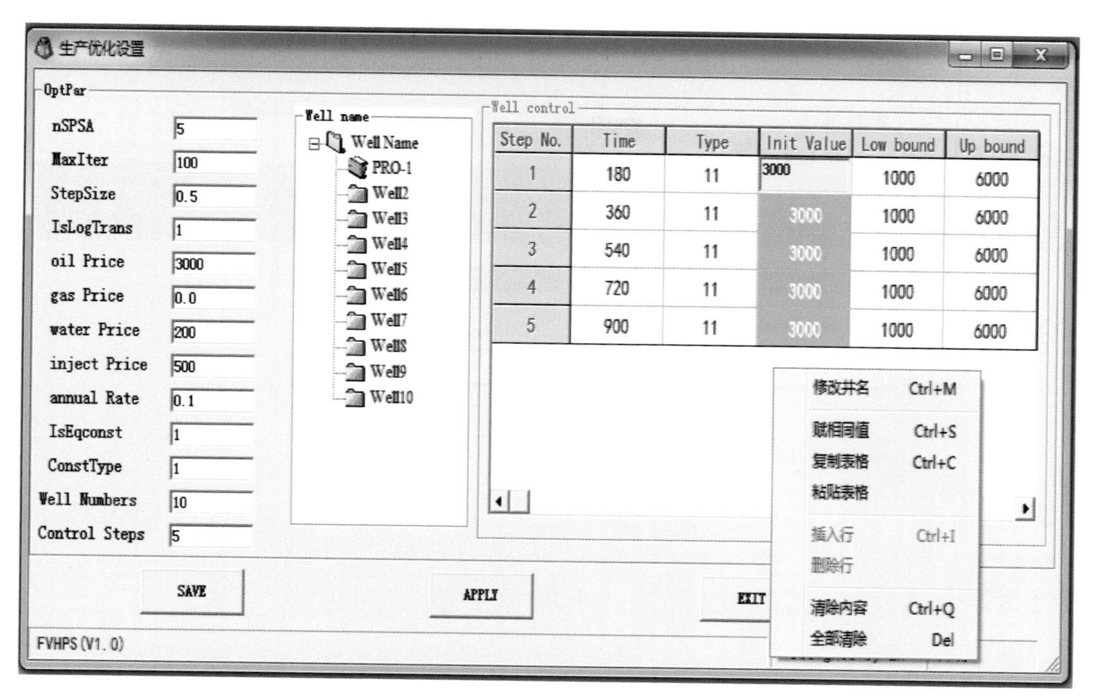

Step No.	Time	Type	Init Value	Low bound	Up bound
1	180	11	3000	1000	6000
2	360	11	3000	1000	6000
3	540	11	3000	1000	6000
4	720	11	3000	1000	6000
5	900	11	3000	1000	6000

图 8-42 油水井生产控制参数设置

五、结果输出模块

具备上述模块后，附加结果输出模块就可以进行油藏生产优化了。结果模块能够以树形列表方式直观显示历史拟合和生产优化的计算结果，支持计算结果曲线和数据的保存，并可将数据输出到 Excel 表格中，便于进一步编辑和应用。

该模块运行过程如下：

（1）点击“结果输出”按钮，弹出图 8-43 所示选项界面，用户可以选择查看历史拟合或生产优化结果，点击“确定”后，弹出相应的结果输出工作路径选择界面。

（2）选择查看历史拟合，对于参数降维法计算结果，弹出如图 8-44、图 8-45 所示界面，软件以树形列表方式分别给出了单井（Well Data）和区块（Field Data）动态拟合结果，包括产油、产水、产气、注水和压力等数据，点击相应的树形按钮即可查看拟合结果。图中红色表示真实动态数据、灰色曲线表示拟合前动态数据，蓝色曲线表示拟合后动态数据。

（3）集合卡尔曼滤波法的计算结果，如图 8-46、图 8-47 所示。点击“DATA”按钮查看当前曲线的对应的数，点击“SAVE”可以将当前的图片或数据文件进行保存，其中图片保存成“bmp”格式，数据可保存成 EXCEL 格式。

（4）生产优化输出结果界面如图 8-48 所示，分别查看 NPV 迭代优化结果、优化前后动态指标结果、优化前后单井控制参数等。该界面同样支持图形、数据表等的保存。

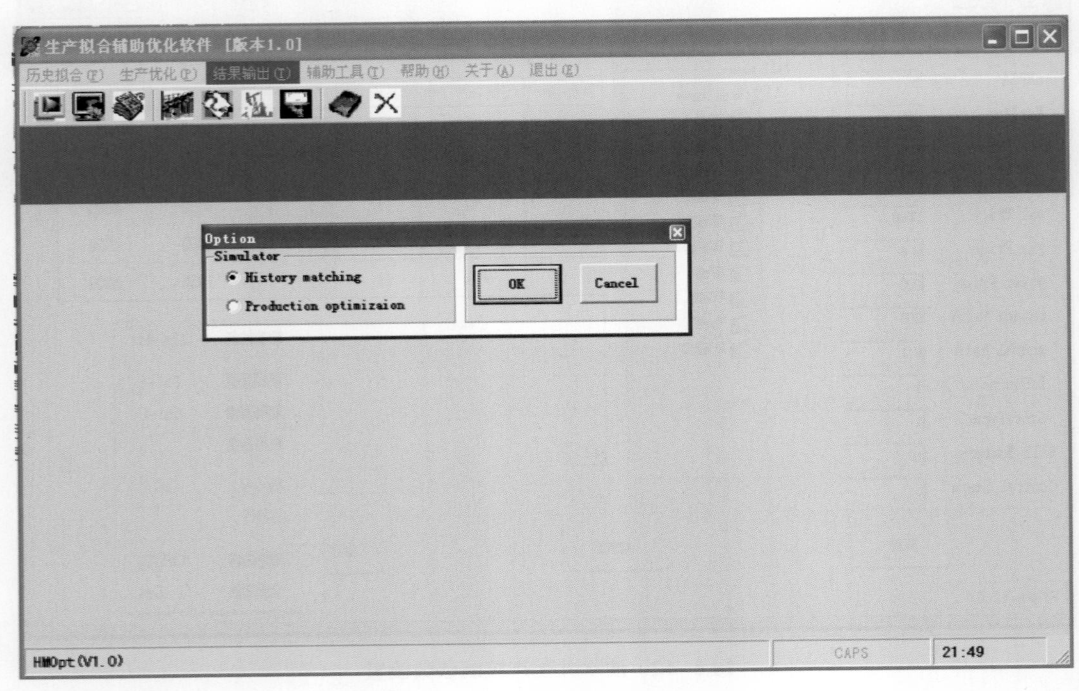

图 8-43 计算结果显示选项

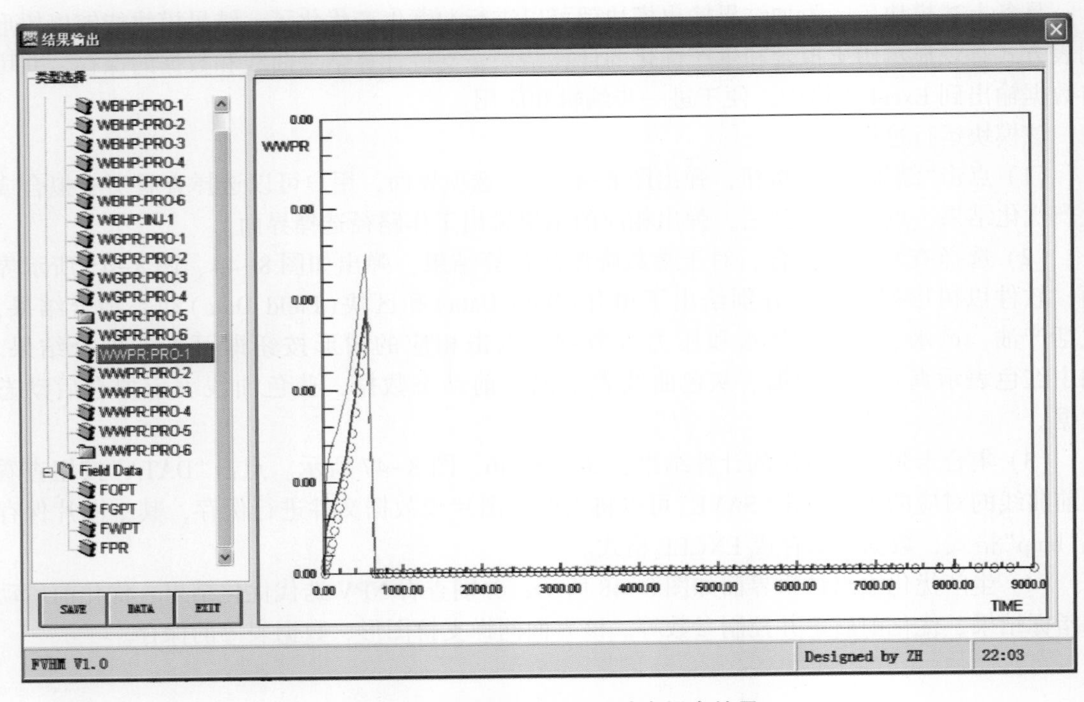

图 8-44 参数降维法单井动态拟合结果

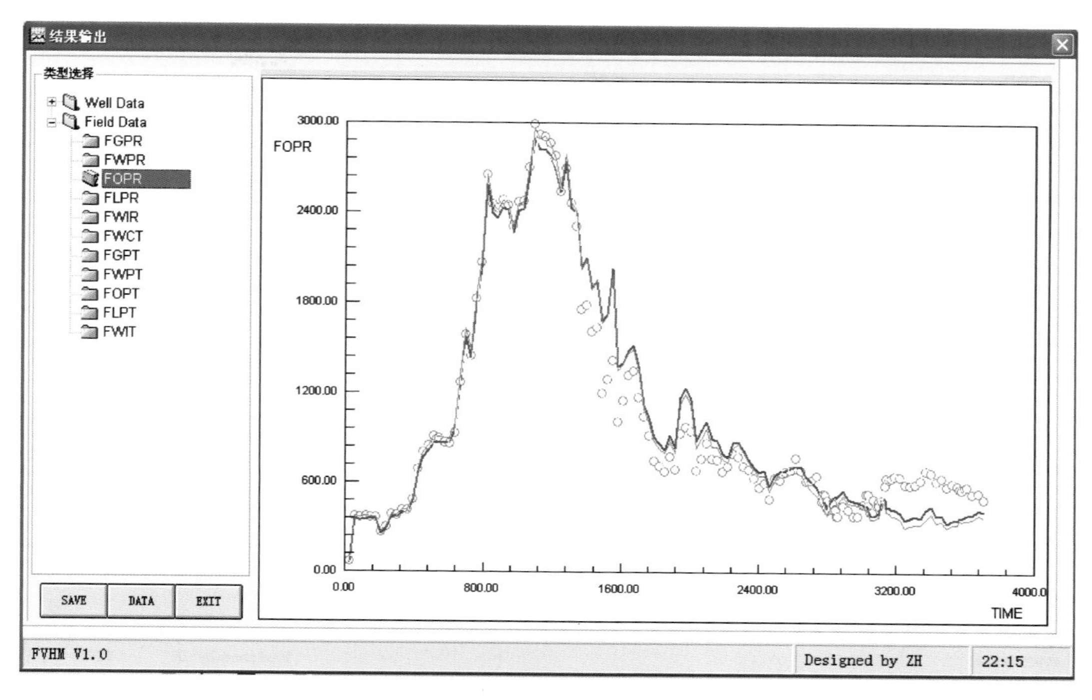

图 8-45　参数降维法区块动态拟合结果

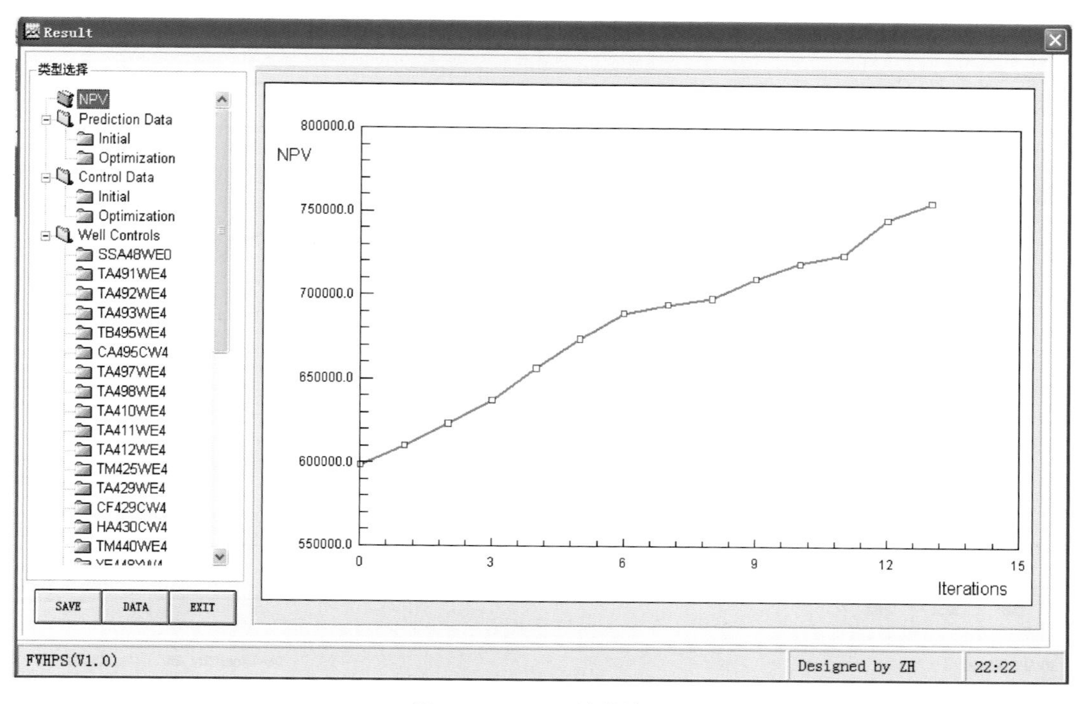

图 8-46　NPV 计算结果

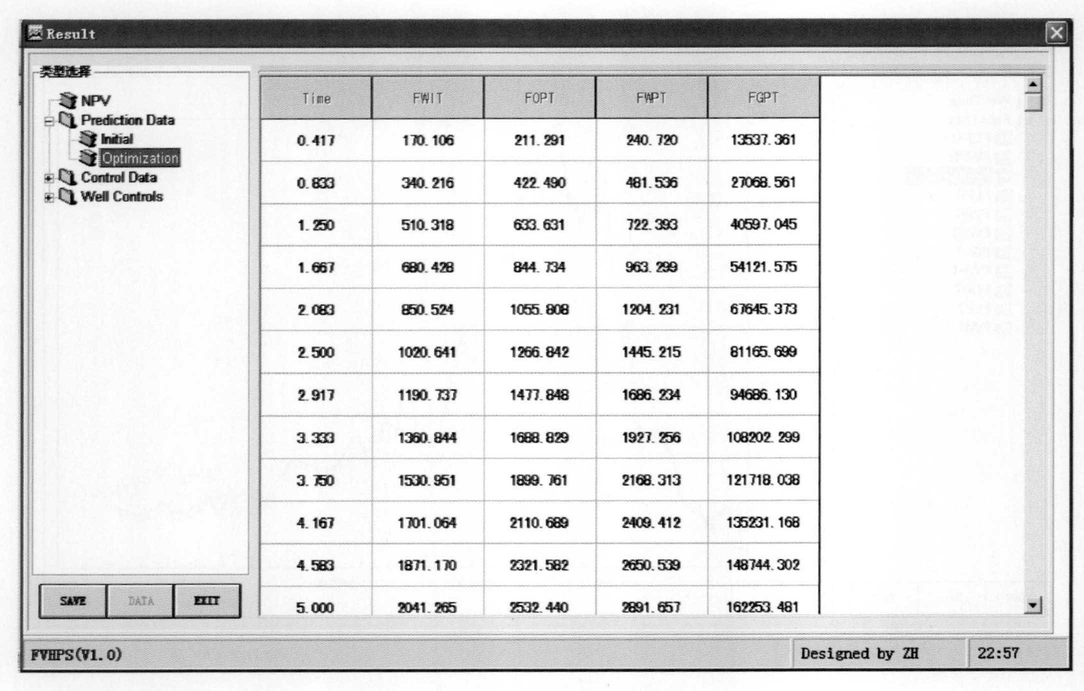

Time	FWIT	FOPT	FWPT	FGPT
0.417	170.106	211.291	240.720	13537.361
0.833	340.216	422.490	481.536	27068.561
1.250	510.318	633.631	722.393	40597.045
1.667	680.428	844.734	963.299	54121.575
2.083	850.524	1055.808	1204.231	67645.373
2.500	1020.641	1266.842	1445.215	81165.699
2.917	1190.737	1477.848	1686.234	94686.130
3.333	1360.844	1688.829	1927.256	108202.299
3.750	1530.951	1899.761	2168.313	121718.038
4.167	1701.064	2110.689	2409.412	135231.168
4.583	1871.170	2321.582	2650.539	148744.302
5.000	2041.265	2532.440	2891.657	162253.481

图 8-47　优化后动态指标

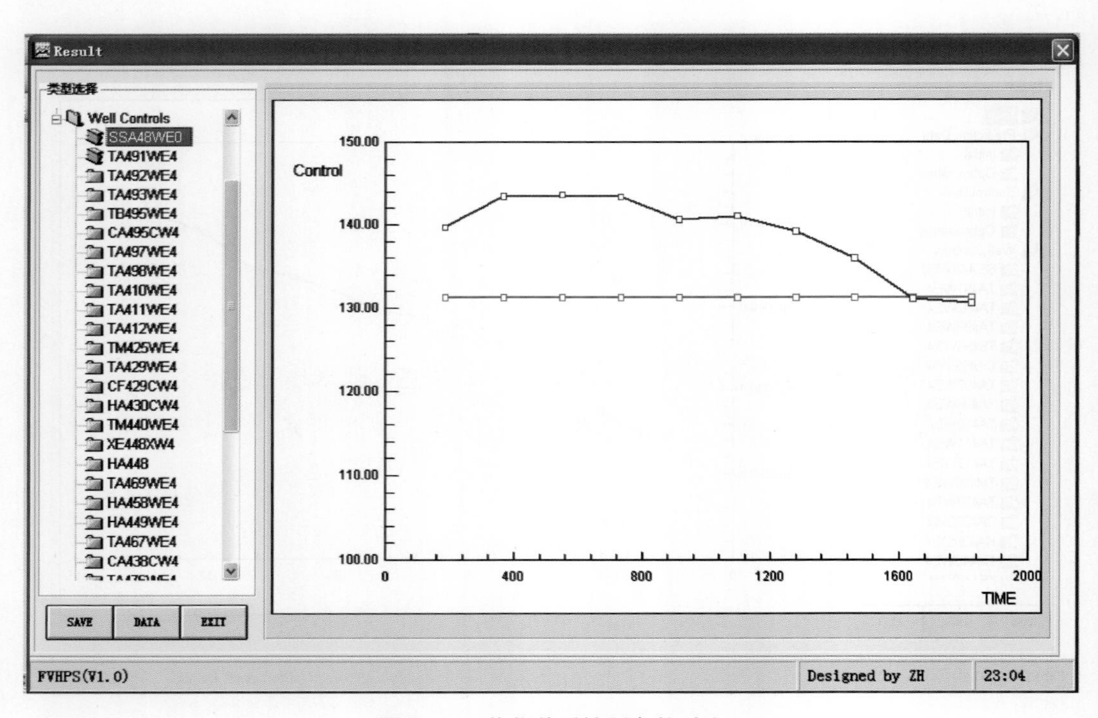

图 8-48　优化前后控制参数对比

第九章　缝洞型油藏高效开发的发展战略与方向

中国碳酸盐岩油气藏成藏模式多样、构造复杂、储集层差异大，目前的开发理论与技术还不能完全解决碳酸盐岩油气藏开发中的各种问题，今后仍然面临诸多挑战。

（1）新发现碳酸盐岩油气藏埋深不断增加，地质条件更加复杂，需要更先进的开发技术。如塔里木盆地顺北油田奥陶系碳酸盐岩断裂溶蚀型油藏，平均埋藏深度超7000m，岩溶作用小，断控作用更加显著，缝洞储集体结构及流动机理差异大，具有“平面分段、纵向厚度大（300~1000m）、储层非均质性强、高温、高应力、原油流动差异大”等突出特点，塔河开发技术难以照搬。

（2）提高油气田采收率，注水开发受非均质性影响，水驱采收率低于碎屑岩，塔河油田采收率低于25%，氮气洞顶驱虽见到好的效果，但精确气驱还有较大距离；

（3）降低勘探开发成本，碳酸盐岩油气藏埋藏深、高温高压、非均质性强，产能差异大，导致勘探开发成本升高，降低成本是效益开发的关键。

针对以上难题，需要持续开展基础前瞻与关键技术的研发，才能保持油田高效、高水平开发。缝洞型油藏开发理论与技术下一步发展战略与方向包括：①以单项技术进步、带动整体技术水平的提高。②推动不准确性理论，提高采收率静、动态一体化研究，通过大系统优化，减小整个油藏系统的不准确性。③加强基于大数据、人工智能的技术方法研究；④持续研究超深层碳酸盐岩油气藏开采机理及开发理论与关键技术研究。

第一节　以单项技术进步带动整体技术水平的提高

一、缝洞储集体地震识别与预测技术

缝洞储集体埋藏深、储集空间尺度差异大，地球物理响应特征复杂，多解性强，有效储集体识别与预测困难。

目前面临的难点：①地层界面处地震反射强，压制了风化壳表层缝洞体地震反射信息，储集体预测困难大；②小尺度缝洞体地震上表现为弱反射，分布及有效性预测困难；③不同类型缝洞体内部结构特征复杂，描述和表征困难；④深层断控储集体缺乏识别与描述技术。

技术发展方向：向“更细、更小、更新、更系统”的方向推进，更细是指大型溶洞内部结构、表层缝洞体识别与预测，更小是指小缝洞体（地震弱反射）的描述，更新是指新发现断控缝洞系统的预测，更系统是最终形成不同储集体预测方法系列。

具体研究内容：① 不同缝洞储集体的井震响应关系研究；② 缝洞储集体高精度地震成像技术研究；③ 大型缝洞系统内部结构表征技术研究；④ 小尺度缝洞储集体预测技术研究；⑤碳酸盐岩裂缝储集体分级预测技术研究；⑥断断控缝洞系统的识别与预测技术研究。

二、缝洞型油藏精细描述与三维地质建模技术

缝洞储集体受古地貌、构造及岩溶作用控制，空间分布规律复杂，具有不连续性，传统连续性储集体的描述和建模方法难以套用。

目前面临的难点：①缺少缝洞型油藏地质知识库，不能有效指导三维地质建模；②缝洞系统的结构与组合规律不清；③井间缝洞体预测方法与算法需要完善。

技术发展方向：向“更全面、更准确”方向发展，更全面是指通过地质露头进一步开展小尺度缝洞体的发育规律及展布研究，建立缝洞型油藏地质知识库；更准确是指形成基于知识库的井间赋值方法及降低模型不确定性技术。

具体研究内容：①不同类型缝洞储集体测井精细评价；②缝洞型碳酸盐岩油藏地质知识库构建与知识挖掘；③缝洞型油藏内部结构特征及精细描述；④应用与发展基于不准确性的地质建模方法；⑤缝洞型碳酸盐岩油藏储量精细评价。

三、剩余油分布预测及注水优化技术

缝洞储集体结构及油水关系复杂，水易沿大型裂缝水窜，剩余油分类定量描述难。

目前面临的难点：塔河油田水驱效果变差，剩余油分布、油水关系、油气关系更为复杂，进一步提高采收率难度大，精细水驱亟待突破。

技术发展方向：向“定量、深入、优化应用”方向发展，定量是指剩余油与井间连通程度的定量化；深入是指研究不同储集体、不同剩余油的精细改善水驱机理；优化应用是指加强空间结构井网与精细注水的优化应用。

具体研究内容：①复合介质油藏热流固耦合数值模拟方法与软件；②缝洞型油藏改善水

驱潜力及效果预测方法研究；③缝洞型油藏精准水驱研究；④靶向注水研究等。

四、缝洞型油藏注气提高采收率技术

溶洞不同充填程度有不同的气驱机理，有效波及体积及驱油效率差别大，合理注气方式及注气量有待进一步深化研究。

目前面临的难点：缺乏针对缝洞型油藏的注气数值模拟方法，无法满足注采参数优化需求；缺少注气精细效果评价方法，难以评价缝洞型油藏注气开发效果及揭示气驱开发潜力。

技术发展方向：从单井吞吐向多井缝洞单元气驱发展，从单一注入剂(氮气)及向多种注入剂(空气、二氧化碳、复合气、泡沫等)发展，同时形成注气数值模拟技术，实现注入方式优化。

具体研究内容：①注入不同气体提高采收率机理实验研究；②缝洞型油藏注气数值模拟技术研究；③缝洞型油藏注气方式优化研究；④缝洞型油藏气水复合驱技术研究

五、缝洞型油藏配套工艺技术

由于缝洞尺度差异大，油藏高温高盐，给堵水剂研发及方案设计带来困难，使现场堵水措施有效率偏低；针对远井处缝洞体储量的有效动用问题，需要进一步形成超深井定靶点酸压工艺技术等。

目前面临的难点：超深断控储集钻井时间长、目的层井漏严重；侧钻水平井、短裸眼段、严重漏失井的有效堵水困难；超深井靶向酸压药剂优选及施工参数设计难；小尺度缝洞体扩大泄油半径(提高储量动用率)的酸压技术难度大。

技术发展方向：发展超深断控储集快钻完井技术；高导流通道的堵调技术；动用远井缝洞体的靶向酸压技术。

具体研究内容：①超深断控储集快钻完井技术研究；②缝洞型油藏高效选择性堵水优化技术研究；③缝洞型油藏注水井流道调整技术研究；④靶向酸压裂材料及工艺技术研究

第二节　以创立的不准确性理论为指导优化开发方案提高采收率

中国下古生界碳酸盐岩塔河缝洞型油藏，具有很强的非均质性与随机性，针对复杂油藏不准确性问题，持续完善与发展不准确性优化理论与方法的研究，加强静、动态一体化研究，减小整个油藏系统的不准确性，实现开发研究整体化、系统化、定量化。

（1）加强油藏静、动态参数测量，开展多参数、多条件符合建模、静动条件符合的一体化研究，发展与应用不准确地质建模方法，有效降低储集体预测的不准确性，提高表征精度。

（2）加强超深层油藏的概念模型开采机理研究，包括高矿化水与烃组分的相态影响、深层油藏条件复合介质应力变形、高温高压条件下油气水多相流规律，发展超深层油气藏高效开发对策与开发方法。

（3）持续开展基于大系统的实时优化方法研究。基于地球物理模型、地质模型和油藏动态模型信息，油藏静态、动态一体化研究，以油藏生产最优为目标，实现油藏研究的整体化、系统化，减小地质模型不准确引发生产优化基础不准确。

（4）加强持续生产拟合与优化的长期调控研究。生产历史拟合来更新油藏模型，并以更新后的模型进行后期生产优化，油田实施后，再生产拟合，再生产优化，使油藏一直处于最优控制状态，实现油藏长期实时的最优化开发。

（5）加强多个不准确地质模型的鲁棒优化研究。基于多个不准确模型鲁棒优化，任意一个模型都能改善开发效果，有效降低开发风险。

（6）推进碳酸盐岩塔河缝洞型油藏规范化、流程化的油藏管理方法体系，开发技术向集成化、有形化、软件化方向发展。

第三节　基于人能智能的油藏精细描述与生产优化方法

大数据与人能智能目前应用广泛，在复杂油藏精细描述与生产优化方面有更广阔的应用前景。

（1）基于人工智能的缝洞储集体地震识别技术。以有利缝洞体的地震属性作为研究对象，利用大数据深度学习方法构建自适应预测模型，寻找串珠有利缝洞体，表征其形态与内幕，预期目标：精细表征串珠储集体内幕，为部署高效井位提供研究基础。

（2）“三模合一”油藏精细描述技术。基于多参数智能反演算法，融合地球物理模型、地质模型和油藏动态模型信息的方法，建立储层结构反演方法，自动优化储层参数，解决缝洞型油藏表征多解性难题，实现油藏研究的系统性、智能性。

（3）基于人工智能的油藏生产系统。建立缝洞储集体反演模型及优化流程，通过实时优化求解油水井的注采及措施参数，获取各井的最优生产调控方案。

塔里木盆地顺北油田为奥陶系碳酸盐岩断裂–洞穴型油藏，平均埋藏深度超 7300m，受深大断裂控制作用明显，具有高压、高温与高应力的特点，储集体描述和有效开发难度更大。需要进一步加强研究，推动碳酸盐岩油气藏开发理论和技术的持续发展。

CONCLUDING REMARKS / 结束语

海相碳酸盐岩油气藏开发是我国增储上产的重要领域，中国下古生界奥陶系塔河碳酸盐岩缝洞型油藏，地质时代古老、多期构造运动，油气成藏条件十分复杂，经过多期岩溶、多期充填及垮塌改造，缝洞储集体具有强非均质性与离散性，油藏高效开发是世界性难题。经过多年研究与实践，首次提出了中国碳酸盐岩缝洞型油藏认识不准确性理论及生产优化理论，有效指导复杂油藏科学开发。

理论认为：缝洞型油藏是客观存在的，但由于成藏的随机性、复杂性、时变性，导致人类认识油藏具有模糊性、或然性、暂时性和大概性，即油藏认识的不准确性。针对缝洞型油藏剖析了不准确性主控因素，创建了缝洞型油藏不准确性、多条件符合、静动态一体化的地质建模理论和方法，降低储集体预测的不准确性，提高了表征精度。

针对缝洞型油藏如何高效开发问题，创建基于不准确性的油藏生产优化理论，理论认为：①加强概念模型的开采机理研究，建立开发对策，解决地质模型不准确性不能直接指导生产的问题。②创建基于地质模型、动态模型与方案优化的大系统研究方法，以油藏生产最优为目标，实现油藏实时最优化开发。③创建基于多个不准确模型鲁棒优化方法，优化获得一个最优方案，但该方案对于任意一个模型都能改善开发效果，有效降低开发风险。

油藏认识不准确性及生产优化理论是在油田生产实践中研究与提炼出来的，其过程为：生产问题→问题研究→应用→效果评价→应用→理论总结→推广应用。随着油藏开发的不断深入，其理论也将在生产实践中不断地完善与发展。

参考文献

[1] 康志江，李江龙，张冬丽，等．塔河缝洞型碳酸盐岩油藏渗流特征[J]．石油与天然气地质，2005，26(5)：634-640.

[2] 康志江，赵艳艳，张冬丽．缝洞型碳酸盐岩油藏数值模拟理论与方法．北京：地质出版社，2015.

[3] 康志江，邸元，崔书岳．缝洞型碳酸盐岩油藏数值模拟技术与应用．青岛：中国石油大学出版社，2018.

[4] 康志宏，康志江．中国古生界海相碳酸盐岩岩溶储集体地质特征．北京：地质出版社，2017.

[5] 康志江，李红凯．塔河油田奥陶系碳酸盐岩储集体特征[J]．大庆石油地质与开发，2014，33(2)：21-24.

[6] 康玉柱，孙红军，康志宏，等．中国古生代海相油气地质学．北京：地质出版社，2012.

[7] 康玉柱，蔡希源，等．中国古生代海相油气田形成条件与分布．新疆科技卫生出版社，2002.

[8] 康玉柱．中国古生代碳酸盐岩古岩溶储集特征与油气分布[J]．天然气工业，2008，28(6)：1-12.

[9] 李阳，范智慧．塔河奥陶系碳酸盐岩油藏缝洞系统发育模式与分布规律[J]．石油学报，2011，32(1)：101-106.

[10] 李阳，金强，钟建华，等．塔河油田奥陶系岩溶分带及缝洞结构特征[J]．石油学报，2016，37(3)：289-298.

[11] 李阳．塔河油田奥陶系碳酸盐岩溶洞型储集体识别及定量表征[J]．中国石油大学学报(自然科学版)，2012，36(1)：1-7.

[12] 李阳．碳酸盐岩缝洞型油藏开发理论与方法[M]．北京：中国石化出版社，2012.

[13] 李阳，范智慧．塔河奥陶系碳酸盐岩油藏缝洞系统发育模式与分布规律[J]．石油学报，2011，32(2)：101-107.

[14] 亨利．N. 波拉克．不确定的科学与不确定的世界．北京：世纪出版集团，2005.

[15] Kang Z J, Wu Y S. Modeling multiphase flow in naturally fractured vuggy petroleum reservoirs [C]// The 2006 SPE Annual Technical Conference and Exhibition. Texas, USA: SPE 102356, 2006: 1-10.

[16] Wu Y S, Di Y, Kang Z J, et al. A multiple-continuum model for simulating single-phase and multiphase flow in naturally fractured vuggy reservoirs [J]. Journal of Petroleum Science and Engineering, 2011, 78(1): 13 - 22.

[17] A Triple-Continuum Numerical Model For Simulating Multiphase Flow inVuggy Fractured Reservoirs, Computational Methods in Water Resources, XVI International Conference, 2005.

[18] 康志江，张杰．缝洞型碳酸盐岩油藏三维三相数值模拟新方法[J]．特种油气藏，2010，17(3)：77-79.

[19] 康志江，李阳，计秉玉，等. 碳酸盐岩缝洞型油藏提高采收率关键技术[J]，石油与天然气地质，2020，(2)：434-441.

[20] 漆立新，云露. 塔河油田奥陶系碳酸盐岩岩溶发育特征与主控因素[J]. 石油与天然气地质，2010，31(1)：1-12.

[21] 赵艳艳，袁向春，康志江. 缝洞型碳酸盐岩油藏油井产量及压力变化模型[J]. 石油与天然气地质，2010，31(1)：54-62.

[22] 张允，袁向春，姚军，等. 离散裂缝性油藏数值模拟方法[J]. 大庆石油学院学报，2010，34(3)：80-85.

[23] 鲁新便，胡文革，汪彦，等. 塔河地区碳酸盐岩断溶体油藏特征与开发实践[J]. 石油与天然气地质，2015，36(3)：347-355.

[24] 刘中春，李江龙，吕成远，等. 缝洞型油藏储集空间类型对油井含水率影响的实验研究[J]. 石油学报，2009，30(2)：271-274.

[25] 张冬丽，李江龙，杜文军，等. 缝洞型油藏三重介质油水两相流数值试井解释方法[J]. 水动力学研究与进展 A 辑，2010，25(4)：429-437.

[26] 杨坚，程倩，李江龙，等. 塔里木盆地塔河 4 区缝洞型油藏井间连通程度[J]. 石油与天然气地质，2012，33(3)：484-489.

[27] 康志江. 缝洞型碳酸盐岩油藏耦合数值模拟新方法[J]. 新疆石油地质，2010，31(5)：514-516.

[28] 康志江. 缝洞型复杂介质油藏数值模拟方法[J]. 大庆石油地质与开发，2013，32(2)：55-59.

[29] 康志江，赵艳艳，张允，等. 缝洞型碳酸盐岩油藏数值模拟技术与应用[J]. 石油与天然气地质. 2014(06).

[30] 李阳，吴胜和，侯加根，等. 油气藏开发地质研究进展与展望[J]. 石油勘探与开发，2017，44(4)：569-579.

[31] 王鸣川，段太忠，计秉玉. 多点统计地质建模技术研究进展与应用[J]. 古地理学报，2017，19(3)：557-566.

[32] 李阳. 塔河油田碳酸盐岩缝洞型油藏开发理论及方法[J]. 石油学报，2013，34(1)：115-121.

[33] 鲁新便，赵敏，胡向阳，等. 碳酸盐岩缝洞型油藏三维建模方法技术研究：以塔河奥陶系缝洞型油藏为例[J]. 石油实验地质，2012，34(2)：193-198.

[34] 胡向阳，李阳，权莲顺，等. 碳酸盐岩缝洞型油藏三维地质建模方法：以塔河油田四区奥陶系油藏为例[J]. 石油与天然气地质，2013，34(3)：383-387.

[35] 李阳，侯加根，李永强. 碳酸盐岩缝洞型储集体特征及分类分级地质建模[J]. 石油勘探与开发，2016，43(4)：600-606.

[36] 李阳，薛兆杰，程喆，等. 中国深层油气勘探开发进展与发展方向[J]，中国石油勘探，2020(1)：45-49.

[37] 赵辉，康志江，孙海涛，等. 水驱开发多层油藏井间连通性反演模型[J]. 石油勘探与开发. 2016(01).

[38] 赵辉，曹琳，康志江，等. 油藏开发闭环生产优化控制理论与方法[M]. 北京：科学

出版社，2016：64-100.
[39] 赵辉，谢鹏飞，曹琳，等．基于井间连通性的油藏开发生产优化方法[J]．石油学报．2017(05)．
[40] 赵辉，康志江，张允，等．表征井间地层参数及油水动态的连通性计算方法[J]．石油学报．2014(05)．
[41] A Physics-Based Data-Driven Numerical Model for Reservoir History Matching and Pridiction With a Field Application
[42] 康志江，李彤，赵艳艳．一种大规模油藏地质模型数据快速载入方法．CN201310259671．中国发明专利．
[43] 康志江，赵辉，张允，等．一种井间连通性模型建立方法．CN201410156033．中国发明专利．
[44] 康志江，张杰，李红凯，等．一种大规模油藏数值模拟计算的方法．CN201310228377．中国发明专利．
[45] 马秀媛，康志江，芮洪兴，等．一种测量多尺度岩石渗透率的试验装置及其试验方法．CN201410024698．中国发明专利．
[46] 张冬梅，康志江，陈小岛，等．一种基于高斯分布的电容模型反演井间连通性方法及装置．CN201510734077．中国发明专利．
[47] 张冬梅，陈小岛，程迪．一种基于复杂非线性注采建模的井间连通定量评价方法．CN201711286502．中国发明专利．
[48] 张冬梅，程迪，康志江，等．基于目标检测的缝洞型油藏串珠状反射特征识别方法．CN201910011405．中国发明专利．
[49] 康志江，芮洪兴，赵艳艳，等．一种分析缝洞型油藏孔洞间油水流动特征的方法．CN201010271433．中国发明专利．
[50] 康志江，赵艳艳，张冬丽，等．一种缝洞型碳酸盐岩油藏数值模拟方法．CN201310750426．中国发明专利．
[51] 康志江，邸元，赵艳艳，等．一种分析缝洞型油藏剩余油分布的方法．CN201010234800．中国发明专利．
[52] 康志江，张冬丽，崔书岳，等．一种基于非结构网格的水平井分段压裂数值模拟方法．CN201410837286．中国发明专利．
[53] 康志江，袁向春，赵艳艳，等．一种分析模拟缝洞型油藏流体流动的方法．CN201010228296．中国发明专利．
[54] 崔书岳，康志江，赵艳艳，等．一种基于遗传算法的油藏自动历史拟合系统及其拟合方法．CN201010199124．中国发明专利．
[55] 康志江，张允，崔书岳．一种基于降维策略的油藏模拟快速拟合方法．CN201410838226．中国发明专利．
[56] 康志江，张冬丽，崔书岳，等．一种缝洞野外露头水驱油数值模拟方法．CN201310201289．中国发明专利．
[57] 康志江，赵辉，张冬丽，等．油藏井间连通关系的建立方法．CN201410086429．中国

发明专利.
[58] 康志江，赵艳艳，张允，等. 用于缝洞油藏的模拟试验的方法. CN201510435126. 中国发明专利.
[59] 康志江，张冬丽，张允，等. 一种不同尺度裂缝油藏数值模拟综合处理方法. CN201410059141. 中国发明专利.
[60] 康志江，崔书岳，张冬丽，等. 一种大规模数据的快速渲染方法. CN201510342239. 中国发明专利.
[61] Brillinger D R. Time series: Data analysis and theory. New York: Holt-Rinehart, 1975.
[62] Dempster A P. Upper and Lower Probabilities Induced by a Multivalued Mapping. Annals of Mathematical Statistics, 1967, 38(2): 325-339.
[63] Shafer G. A Mathematical Theory of Evidence. New Jersey: Princeton University Press, 1976.
[64] Rong L. Two New Uncertainty Programming Models of Inventory with Uncertain Costs. Journal of Information and Computational Science, 2011, 8(2): 280-288.
[65] Liu B, Yao K. Uncertain Multilevel Programming: Algorithm and Applications, http://orsc.edu.cn/online/120114.pdf
[66] Liu B, Chen X. UncertainMultiobjective Programming and Uncertain Goal Programming, Technical Report, 2012.
[67] Liu B. Uncertain Risk Analysis and Uncertain Reliability Analysis. Journal of Uncertain Systems, 2010, 4(3): 163-170.
[68] Peng J. Value at Risk and Tail Value at Risk in Uncertain Environment. Proceedings of the Eighth International Conference on Information and Management Sciences, Kunming, China, 2009. 787-793.
[69] Liu B. Uncertainty Theory. Berlin: Springer-Verlag, 2007.
[70] 高欣. 不准确测度及其应用[D]. 北京：清华大学, 2009.
[71] Liu B. Uncertainty Theory: A Branch of Mathematics for Modeling Human Uncertainty. Berlin: Springer-Verlag, 2010.
[72] Gao J. Determine Uncertainty Distribution via Delphi Method. Proceedings of the First International Conference on Uncertainty Theory, Urumchi, China, 2010. 291-297.
[73] Liu B. Theory and Practice of Uncertain Programming. Berlin: Springer-Verlag, 2009.
[74] Yan L. Optimal Portfolio Selections with Uncertain Returns. Modern Applied Science, 2009, 3(8): 76-81.
[75] Zhang X, Chen X, Ding C. A New Uncertain Programming Model for Project Scheduling Problem. Technical Report, 2010.
[76] Liu J. Uncertain Comprehensive Evaluation Method. Journal of Information & Computational Science, 2011, 8(2): 336- 344.

[77] Li X, Liu B. Hybrid Logic and Uncertain Logic. Journal of Uncertain Systems, 2009, 3(2): 83-94.

[78] Liu B. Uncertain Entailment and Modus Ponens in the Framework of UncertainLogic. Journal of Uncertain Systems, 2009, 3(4): 243-251.

[79] Liu B. Uncertain Logic for Modeling Human Language. Journal of Uncertain Systems, 2011, 5 (1): 3-20.

[80] Liu B. Uncertain Set Theory and Uncertain Inference Rule with Application to UncertainControl. Journal of Uncertain Systems, 2010, 4(2): 83-98.

[81] 任爱军. 塔河油田托甫台区块缝洞型碳酸盐岩油藏开发技术研究[J]. 石油天然气学报, 2011, 33(6): 304-306.

[82] 刘中春. 塔河油田缝洞型碳酸盐岩油藏提高采收率技术途径[J]. 油气地质与采收率, 2012, 19(6): 66-69。

[83] 吴胜和, 张一伟, 等, 提高储层随机建模精度的地质约束原则[J]. 石油大学学报, 2001(1): 55~58.

[84] 陈萍. 随机数学[M]. 北京: 国防工业出版社出版, 2008.

[85] 韩立岩, 汪培庄. 应用模糊数学[M]. 北京: 首都经济贸易大学出版, 1998.

[86] 刘开第. 未确知数学[M]. 武汉: 华中科技大学出版社出版, 1997.

[87] 吴今培, 李学伟. 系统科学发展概论[M]. 北京: 清华大学出版社, 2010.

[88] N. 维纳. 数学名著译丛: 控制论[M], 北京: 科学出版社, 2009.

[89] [美]Kolman B, Hill D R. 信息论基础[M]. 北京: 机械工业出版社, 2007.

[90] [法] Jean Tirole, Drew Fudenberg. 博弈论[M]. 北京: 中国人民大学出版社, 2010.

[91] 王开荣. [M]. 北京: 科学出版社 , 2012.

[92] 闫霞. 基于梯度逼真算法的油藏生产优化理论研究[D]. 东营: 中国石油大学(华东), 2013.

[93] 焦李成, 尚荣华. 多目标优化免疫算法、理论和应用[M]. 北京: 科学出版社, 2009.

[94] 雷德明, 严新平. 多目标智能优化算法及其应用[M]. 北京: 科学出版社, 2009.

[95] Coello Coello. Evolutionary multi-objective optimization: A historical view of the field. Ieee Computational Intelligence Magazine [J]. 2006, 1: 28-36.

[96] H W Kuhn, A W Tucker. Proceeding of the Second Burkeley Sympoisium on Mathematical Statistics and Probability [J] . University of Califorlia Press, Berkey, Califorlia, 1951, 481-492.

[97] 孙文渝等. 最优化方法[M]. 北京: 高等教育出版社, 2005.